天然气渗漏

——全球烃类气体释放

〔意〕Giuseppe Etiope 著

龚德瑜 卫延召 杨 帆等 译

科学出版社

北 京

图字号：01-2020-1107 号

内 容 简 介

本译著介绍了不同类型天然气渗漏的命名规范，在此基础上系统论述了全球陆地和海洋天然气渗漏的分布及其地质与地球化学特征，探讨了天然气渗漏与含油气系统、温室气体收支、全球气候变化、生命起源和古代宗教文化的密切联系。

本书可供从事石油天然气地质学、环境学、行星地质学和天体生物学等多个学科领域的科学工作者、相关科研院所和高校师生、油田现场生产部门的技术和管理人员阅读参考。

First published in English under the title
Natural Gas Seepage: The Earth's Hydrocarbon Degassing
by Giuseppe Etiope, edition: 1
Copyright © Springer International Publishing Switzerland, 2015
This edition has been translated and published under licence from
Springer Nature Switzerland AG.
Springer Nature Switzerland AG takes no responsibility and shall not be made liable for the accuracy of the translation.

图书在版编目（CIP）数据

天然气渗漏：全球烃类气体释放／（意）季赛佩·艾迪奥佩（Giuseppe Etiope）著；龚德瑜等译 . —北京：科学出版社，2020.10
书名原文：Natural Gas Seepage：the Earth's Hydrocarbon Degassing
ISBN 978-7-03-057466-4

I. ①天… II. ①季… ②龚… III. ①烃–大气扩散–研究–世界 IV. ①P422

中国版本图书馆 CIP 数据核字（2020）第 188533 号

责任编辑：韦 沁／责任校对：张小霞
责任印制：肖 兴／封面设计：北方东方人华科技有限公司

科学出版社 出版
北京东黄城根北街 16 号
邮政编码：100717
http://www.sciencep.com

三河市春园印刷有限公司 印刷
科学出版社发行 各地新华书店经销
*
2020 年 10 月第 一 版 开本：787×1092 1/16
2020 年 10 月第一次印刷 印张：11 1/4
字数：267 000
定价：158.00 元
（如有印装质量问题，我社负责调换）

"天下莫柔弱于水，而攻坚强者莫之能胜"

——老子 600 B. C.

中 文 版 序

天然气渗漏是一个全球性的地质过程，在中国十分普遍，包括泥火山、油气苗和弥散性的微观渗漏等表现形式。然而，目前中国对天然气渗漏开展的研究还很少，我有幸参与了其中一些有关泥火山（Ma *et al.*, 2014）、油气田周围微观渗漏（Tang *et al.*, 2017）的研究，并参与建立了中国新的烃类渗漏清单（Zheng *et al.*, 2018）。中国拥有900余处天然气渗漏，是世界上拥有天然气渗漏数量最多的国家。这就需要我们开展大量的工作去不断扩展中国的烃类渗漏清单，更好地认识天然气渗漏在大气甲烷收支、大地污染和油气勘探中所扮演的角色。《天然气渗漏——全球烃类气体释放》最初的英文版在2015年由Springer出版。今天，其中文版的问世可谓恰逢其时，这对于鼓励更多的中国学者和科研机构对天然渗漏这一复杂而重要的地质过程开展更加深入而广泛的研究具有十分积极的意义。

关于中国的天然气渗漏研究，亟待设立一些研究项目并开展相关研究工作。正如本书第5章所述，对天然气渗漏中天然气分子和同位素组成的分析可以帮助我们在钻前确定和表征新的油气田。开展天然气渗漏和气藏中天然气地球化学特征的比较研究是全面认识含油气系统并划分其类型的关键。

通过陆基和遥感手段对大气甲烷通量进行测定同样是当务之急，因为这些信息是研究特定区域和全国范围内甲烷释放的基础。这对于本书第6章所介绍的全球地质成因甲烷资源的估算意义重大。

此外，识别泉水和气苗中那些通常和超基性岩系统（蛇绿岩、橄榄岩地体和侵入体）蛇纹石化作用有关的无机成因气对于天然气勘探和生命起源研究同样具有重要的意义。本书第7章对相关知识进行了详细的论述。

全球科学界对中国天然气渗漏的研究抱有高度期待。我有充分的理由相信这些研究成果将给我们带来新的革命性的认识。

Foreword to Chinese Edition

Natural gas seepage is a planetary process, and China hosts a large number of seepage manifestations, including mud volcanoes, gas and oil seeps, and diffuse microseepage. But only a few of these manifestations have been studied, so far. I had the opportunity to collaborate in the study of some Chinese mud volcanoes (Ma *et al.*, 2014) and microseepage over petroleum fields (Tang *et al.*, 2017), and in the development of a new inventory of seeps in China (Zheng *et al.*, 2018). With more than 900 seeps, China results to be the country with the highest number of seeps in the world. A lot of work is demanded to improve the inventory and to understand the role that hydrocarbon seepage in China can have on atmospheric methane budget, ground pollution and petroleum exploration. So, a Chinese edition of the book "*Natural Gas Seepage: The Earth's hydrocarbon degassing*", originally published by Springer in 2015, is particularly welcome, as it can stimulate Chinese scholars and research institutions to undertake more extensive and complete investigations on this complex and important geological phenomenon.

Several tasks and research activities would need to be carried out in China. Molecular and isotopic analyses of gas seeps can help to identify and characterize new petroleum fields, before drilling, as described in Chapter 5. Comparing gas geochemistry of seeps and reservoirs is a key to understand entirely a total petroleum system and its compartmentalization.

Measurements of methane flux to the atmosphere, by ground-based and remote sensing methods, are particularly demanded, as they represent the base to estimate regional and country scale methane emissions, and so important to refine the global estimates of geological methane sources, as discussed in Chapter 6.

Not last, the identification of seeps and springs containing abiotic gas, typically related to serpentinization of ultramafic rock systems (ophiolites, peridotite massifs and intrusions) will be of great importance, with potential unexpected implications on gas exploration and in the studies on life origin, as explained in Chapter 7.

Results of the studies on gas seepage in China are highly awaited by the international scientific community. I am confident that new and revolutionary discoveries will be reported.

译 者 前 言

天然气渗漏是一类全球性富烃气体的自然释放过程，涵盖了石油天然气地质学、环境学、行星地质学和天体生物学等多个学科领域。由于天然气渗漏对现代工业、全球气候、生命起源和古代人类文明都产生了巨大的影响，因此越来越受到国内外学者的广泛关注。

2015 年，意大利国家地理科学研究所 Giuseppe Etiope 教授所著的《天然气渗漏——全球烃类气体释放》一书由 Springer 出版社出版发行，这是迄今为止关于天然气渗漏研究最为全面的介绍。本书制定了不同类型天然气渗漏的命名规范，在此基础上系统介绍了全球陆地和海洋天然气渗漏的分布及其地质与地球化学特征，探讨了天然气渗漏与含油气系统、温室气体收支、全球气候变化，生命起源和古代宗教文化的密切联系。本书对于上述学科的从业人员、科研工作者和在校学生都具有较高的参考价值。

在本书的编译过程中，得到了中国石油勘探开发研究院戴金星院士、李建忠教授级高工和曹正林教授级高工的热情鼓励和悉心指导，杨春、周川闽、刘刚、陈棡、卢山、闫继红、李宁熙、袁苗、郑曼等同志为本书的文字和图片校对工作付出了大量的心血，哈佛大学商学院曹沂宁研究员对部分文字提出了宝贵建议，重庆科技学院李小刚副教授审阅了本书的第 3 章，在此表示衷心感谢。此外，本书还得到了来自国家自然科学基金（No. 41802177）的资助。Giuseppe Etiope 教授本人也对本书的中文译本高度重视，与笔者多次交流，并欣然为中译本作序。由于时间仓促和译者水平有限，中文译本中可能存在不少错漏之处，敬请广大读者批评指正。

序

地球上的天然气渗漏及其进入大气圈之前在非饱和带（包气带）内的化学、物理学和生物学相互作用正成为一个越来越重要的研究领域。富二氧化碳天然气在火山和地热系统中的显著地位，已经使其在相当长的一段时间内成为火山学研究中一门独立的分支。相比之下，更加微弱的富甲烷天然气流仅被零星的应用于油气勘探领域，并仍存在一些争论，相关研究通常被称之为"地表地球化学"。

近来，地球上天然气渗漏的环境意义开始受到越来越多的关注。人们发现并普遍认识到了天然气流（作为对气压梯度变化的响应）在非饱和带的物理流入或流出作用。大气科学界和生态学家已经发现，在生物化学过程的背景下，天然气流在非饱和带和渗流层之间的交换作用（大气交换）可能会改变大气圈边界层的组成。一些更加微弱的地质过程也可能成为进入大气圈的天然气来源并在那些已被认识到的生物化学过程中留下印记。这些过程在很大程度上为人们所忽视，或者被认为是微不足道甚至是不存在的。这本由 Giuseppe Etiope 博士撰写的著作为我们简明地阐述了天然气（富烃气体）的地质来源，并分析了对大气组成施加外在环境影响的各种地球化学过程。这项工作在前人的研究中被忽视了，而 Giuseppe Etiope 博士的著作恰好填补了这一空白。他用独特的视角将这些以往被忽视的研究议题在本书中加以集中阐述。

本书中专门辟有两章讨论了固体地球中天然气的分类，分布和运移机理。另有两章讨论了天然气渗漏的探测和计量技术，以及这些技术在地质研究和油气勘探领域的应用。油气勘探工作及近期大规模的水力压裂（"fracing"或"fracking"）施工使大家开始更加关注地质成因甲烷对大气圈的释放。相较于二氧化碳，甲烷是一种更强力的"温室气体"。目前已经开展了大量针对二氧化碳释放的研究，主要是关于自小冰河期以来大气中二氧化碳浓度的增加及这一过程对全球气候变暖的潜在贡献。二氧化碳的封存及其在超压系统中可能发生的渗漏同样属于地球天然气渗漏带来的环境影响。过去和现今天然气渗漏与气候变化之间的关系也是本书的重要内容之一。

本书专辟一章，总结了地球上的无机成因天然气，阐述了相应的地球化学过程如何帮助我们认识火星大气圈中存在甲烷的可能性。最后一章概述了天然气在古代神话中所扮演的角色，并阐述了其在地中海文明发展过程中所发挥的作用。

最后，我想谈一谈和 Giuseppe 博士的私人友谊。1995 年，Giuseppe 在位于拉萨维扎的罗马大学获得了他的博士学位。尽管我不是 Giuseppe 的导师，但我始终把他看作我最得意的"门生"。在大气圈–地球气体交换研究中，有一些我没有涉及的领域。Giuseppe 博士在这些领域做出了杰出的贡献。我们之间的合作一直持续至今，取得了丰硕的成果。

Ronald W. Klusman
化学与地球化学系名誉退休教授
科罗拉多矿业学院

致　　谢

衷心感谢所有为本书的出版做出贡献的朋友。我尤其要感谢我的良师益友：Ronald W. Klusman 教授（美国科罗拉多矿业学院）、Martin Schoell 博士（美国伯克利国际天然气咨询公司）和 Michael J. Whiticar 教授（加拿大维多利亚大学），他们帮助我建立了对天然气地球化学和天然气渗漏的认知。Klusman 教授审阅了本书第 1、3 和 6 章的初稿。Schoell 博士和 Whiticar 教授对本书的第 5 章和第 8 章提出了宝贵的评论和建议。Arndt Schimmelmann（印第安纳大学）仔细审阅了本书的第 4 章。Dorothy Z. Oehler（NASA 约翰逊空间中心）审阅了第 7 章中关于火星上潜在天然气渗漏的内容。本书中一些重要的观点和数据受益于 Calin Baciu、Antonio Caracausi、Dimitris Christodoulou、Giancarlo Ciotoli、Bethany Ehlmann、Paolo Favali、George Ferentinos、Maurizio Guerra、Charles Holland、Hakan Hosgormez、Elena Ifandi、Artur Ionescu、Francesco Italiano、Stavroula Kordella、Keith Lassey、José Manuel Marques、Giovanni Martinelli、Adriano Mazzini、Dorothy Z. Oehler、George Papatheodorou、Arndt Schimmelmann、Barbara Sherwood Lollar、Liana Spulber、Peter Szatmari、Basilios Tsikouras、Iñaki Vadillo 和 Oliver Witasse。关于天然气运移和土壤气体的基本概念源自于我的博士生导师 Salvatore Lombardi 教授的教诲。Lombardi 教授当时指导我的研究方向为天然气运移。特别要感谢 Alexei Milkov，他慷慨地和我分享了关于天然气地球化学和泥火山的革命性观点。感谢 Kimberly Mace 对文字编辑做出的宝贵工作。本书中的照片和图像由 Calin Baciu、Bethany Ehlmann、Akper Feyzullayev、Luigi Innocenzi、Dorothy Z. Oehler、George Papatheodorou、David Rumsey、Liana Spulber 和 Michael J. Whiticar 提供。最后，我要对负责本书出版的编辑 Stephan A. Kalpp 致以由衷的感谢。正是有了他的帮助，本书才得以顺利付梓。我还要感谢我的妻子 Olga 在本书出版过程中对我的悉心陪伴。

目　　录

第1章 引　言

本章介绍了关于自然成因天然气渗漏的一些基本概念，包括适用于各种类型天然气渗漏的代表性术语及天然气的成因来源（生物成因、热成因和无机成因），同时还介绍了天然气渗漏对油气勘探、环境学、行星地质学和天体生物学的重要性和启示。本章还特别参考现代气和古代气的概念，以及在冻土区和极地出现的天然气，厘清了各类可以定义为"天然气渗漏"的地表天然气显示。通过追溯学术界和石油工业界对天然气渗漏的研究历史，本书以现代、全面和总体的观点为指导，总结了陆上和海洋天然气渗漏的影响。后续章节中讨论到的一些争议在本章中也会做一个简述。

1.1　基本概念和定义

1.1.1　哪些属于天然气渗漏哪些不是

1.1.1.1　富烃气体

天然气渗漏是指从地下释放到地表的烃类气流，这一释放过程可以是稳定持续的，也可以是幕式的；可以是快速的，也可以是缓慢的；可以是肉眼可见的，也可以是不可见的。在石油地质学文献中，传统上将"渗漏"这一名词限制为富烃气体，其主要由甲烷（CH_4）组成，其次是乙烷（C_2H_6）、丙烷（C_3H_8）和丁烷（C_4H_{10}），它们是含油气盆地烃源岩中（通常为泥岩和灰岩）有机质通过微生物作用或热成熟作用形成的（如 Hunt，1996）。由于其来自生物化合物，主要是海相（腐泥型）和陆相（腐殖型）有机质释放的碳水化合物和脂类，因此将其称为有机成因气。像 CO_2、N_2、He 和 H_2S 这些非烃气体，通常仅作为微量组分存在。因此，天然气渗漏不包括地热或火山系统中富含 H_2O 和 CO_2 的含气显示（如火山喷气孔、碳酸喷气孔和间歇泉等），在这些含气显示中烃类气体成为微量组分。

在大部分情况下，我们不把煤层中的甲烷渗漏作为一种自然现象，因为这些气体绝大部分都是在煤层脱水或是采矿活动中形成的。但是，在鲁尔（Ruhr）盆地（德国）也发现了与煤系地层伴生的热成因天然气渗漏，很明显它们与采矿活动无关（Thielemann *et al.*，2000）。此外，Judd 等（2007）报道，在爱尔兰海的石炭系含煤岩系中发现了大量甲烷成因的自生碳酸盐。因此，不能排除存在与煤层有关的重要的天然渗漏。

富甲烷气体同样可以来自变质岩或火山岩地层，如蛇绿岩（地幔超基性岩仰冲到大陆）、造山带橄榄岩地体（超基性岩侵入到造山带）、基岩（火山岩侵入体）和结晶地盾等。在这些环境中，甲烷和其他烃类气体可能是无机成因的，与有机质的降解无关

（Etiope and Sherwood Lollar，2013）。关于无机成因天然气渗漏，我们将在第 7 章详细介绍。

1.1.1.2　地质成因、古代和现代甲烷

深部烃源岩生成的甲烷不含放射性碳（^{14}C）（即年龄大于 50000a 的碳），属于"古代"天然气，因此也可以将其称之为"地质成因"甲烷（图 1.1）。所谓地质成因甲烷是指现今人类作为能源使用的天然气，它和石油对全球经济有着巨大的影响力。我们不能将这些和"古代"天然气有关的渗漏与时代更近的（晚更新世和全新世）在河口、三角洲、海湾沉积物及永冻层中捕获的甲烷混为一谈。然而，仍有一些学者希望将这些"近代"形成的甲烷归为"地质成因"甲烷。在任何情况下，地质成因天然气都不应该与那些近代和当代泥炭地、湿地、湖泊和海洋中微生物活动所形成的天然气混为一谈，天然气渗漏不包括这些来源。当讨论大气中甲烷释放来源时，这一区别尤为重要。鉴于地质成因来源和现代生物化学来源的天然气在清单中的供气强度差别显著，具有不同的过程模型、不同的排放系数和不同的区域分布特征，因此必须对二者区别对待。

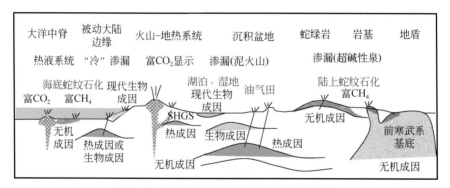

图 1.1　地球上不同地质环境下形成的甲烷

在本书中将天然气渗漏定义为在地球表层运移的"古代"富甲烷（CH_4）气体，包括了沉积盆地中的有机成因气（生物成因气和热成因气）及来自陆上蛇纹石化系统中的无机成因气。在火山或地热系统中的富 CO_2 天然气显示（烃类属于微量气体），以及湿地和浅层沉积物中排出的"现代"生物成因甲烷在石油地质学中都不属于天然气渗漏。沉积型地热系统（Sediment Hosted Geothermal System，SHGS）热成因甲烷可以被岩浆-热液流体运送至地表

1.1.1.3　冻土地区的天然气渗漏

对于极地冻土地区的天然气渗漏需要特殊对待。大量报道表明甲烷存在于北极地区的永久冻土、冰川、冻湖和海床中。人们普遍将这些气体释放归因于冰的融化、冰冻圈的瓦解及水合物的分解（即全球气候变暖；Walter *et al.*，2006）。通常，这些甲烷都属于"现代"甲烷，是在很浅的沉积物或水系统中通过细菌作用形成的。实际上，大部分永冻层可以被看作"冰冻的"湿地。当永冻层融化，气体就会逸散到地表，进入大气圈。根据上文提供的信息，这些气体不应该归为天然气渗漏。但也有很多实例在冰冻区发现了"地质成因"或"古代"天然气。永冻层、冰冻地面和上覆的大型冰川可以形成一个低渗透盖层，阻止甲烷从下伏土壤运移至地表。如果盖层融化了，气体就会渗漏到地表，这一类的气体

释放就可以定义为天然气渗漏。此外，在一些相对较深的永冻层中含有热成因甲烷（如 Collett and Dallimore，1999），可以将这些甲烷认为是"冰冻天然气渗漏"。极地地区和其他地区一样，也发育有含油气系统，对地质成因天然气生成和渗漏而言，与其他地区并无二致。只不过在这些地区，随着各种内生（气体压力、地热流和断裂）和外生（气候和气象）因素之间平衡关系的摇摆，气体会被暂时地"禁锢"或释放。近期一些研究发现并检测到了未被"禁锢"的天然气渗漏（如 Walter et al.，2012）。由于直到最近 20～30a，才获得了相关发现，因此很难确定这类天然气渗漏是不是现今后工业时代气候变化的结果。与之对应的是古代的、前工业时代的自然变化，或是近至"小冰河期"末（约1850年）的变化。此刻，天然气的释放甚至可能仅有一部分是由冰冻圈变化所导致的。

1.1.2　名词辨析：渗漏、宏观渗漏、微观渗漏、微渗漏和迷你气苗

纵观所有关于有机成因和无机成因气的实例，天然气渗漏既可能是可见的、汇聚的表现形式，也可能表现为不可见的土壤大范围呼气作用。汇聚的表现形式称为"渗漏"（seeps）或"宏观渗漏"（macro-seeps，偶尔写作"macroseeps"），而大范围弥散型的气体释放则称之为"微观渗漏"（microseepage；偶尔写作"micro-seepage"）。第一类天然气渗漏（宏观渗漏）中还包含了泥火山，其有别于传统的与岩浆有关的火山。然而，还有一些其他天然气渗漏的类型和命名方法，如微渗漏（microseep）和迷你气苗（miniseepage）等。有时，这些名词会在科技文献中被不恰当的使用，给人们带来误解。所有这些命名法则及不同类型天然气渗漏对应的气体通量在第 2 章中将会做详细介绍。通常，词缀"-seep"只能用来反映一个点源（排气口型；流量的测量单位为质量/时间，如 g/d）。后缀"-page"用来反映面源［呼气型；流量的测量单位为质量/面积/时间，如 g/(m² · d)］或描述一个整体现象。"seep"同样还可以用来描述原油（液态石油或更笼统地说，液态范围的烃类），于是就有了"油苗"（oil seeps）、"原油宏观渗漏"（oil macroseeps）或"原油微渗漏"（oil microseeps）等名词，但没有"原油微观渗漏"（oil microseepage）一说。

1.1.3　有天然气渗漏就意味着有运移作用

天然气渗漏意味着气体的长距离运移，可达约数千米。流体运移主要有两种机制，分别为：①扩散：遵循"菲克（Fick）定律"，气体的运移依赖于浓度梯度；②对流：遵循"达西（Darcy）定律"，气体的运移受压力梯度的控制。这两种机制将在第 3 章中具体讨论。对（宏观）渗漏和微观渗漏而言，对流是其最主要的运移机制。运移速率既受控于气体穿过岩石的渗透率，又受控于在运移初始位置（烃源岩或次生油藏）由气体压力形成的压力梯度。因此，天然气渗漏反映了地下岩石的渗透率，进而可以揭示地下地质构造特征的诸多信息。事实上，气体主要是沿着优势运移路径（阻力小的路径）运移的，受断层和裂缝的控制。因此，渗漏常常是断层发育的标志（见第 5 章）。

1.1.4　生物成因、热成因和无机成因甲烷

此时此刻，非常有必要回顾一下反映"地质"成因甲烷和其他烃类气体馏分的地球化学概念和特征。基于甲烷、乙烷、丙烷和丁烷分子和同位素组成的天然气地球化学理论在各类论文和著作中被广为报道。早期开创性的专著如 Tissot 和 Welte（1984）、Hunt（1996）；开创性的论文如 Stahl（1977）、Bernard 等（1978）、Sackett（1978）、Schoell（1980）、Rice 和 Claypool（1981）、Whiticar 等（1986）、Faber（1987）、Chung 等（1988）和 Schoell（1988）等。近些年完成的一些基础性工作或模型包括 Berner 和 Faber（1996）、Lorant 等（1998）、Whiticar（1999），Tang 等（2000）、Mango（2001）和 Milkov（2011）等。虽然上述研究工作罗列的并不完整（若未被引用，敬请见谅），但基本涵盖了和石油工业有关的解释天然气成因来源的文献。另外一些文献关注了无机成因天然气的来源，特别是那些在火成岩中发现的天然气。截至目前的信息，读者可以参考 Etiope 和 Sherwood Lollar（2013）、McCollom（2013）和 Etiope 和 Schoell（2014）发表的综述。

本书提供了一些基本的定义和解释标准以帮助那些不具备天然气地球化学专业知识的读者识别渗漏天然气的三种主要类型（生物成因气、热成因气和无机成因气）。图 1.2 介绍了典型的天然气成因鉴别图版。在第 5 章中讨论了在含油气系统中如何将上述标准运用到渗漏天然气的成因鉴别。

生物成因（microbial/biogenic）气是在沉积物的成岩过程中通过特殊的细菌群落（古生菌）在相对较低的温度下（通常在 60～80℃，在特定的热液系统中一些极端微生物的生存温度最高可达 120℃，甚至更高）形成的（Hunt，1996）。细菌主要产甲烷，乙烷次之，可能还会生成痕量的丙烷（Formolo，2010）。在一些文献中，也有学者将其称之为"生物成因甲烷"。但是，需要指出的是细菌（bacteria）并不产甲烷，只有古生菌（archaea）才产甲烷。生物成因气的组分是非常干的，几乎全部都由甲烷组成。通常（但也并不总是这样），这类天然气指示埋深较浅的气源岩和储层。热成因气是在埋藏相对较深的岩石中，通过有机质深成作用或原油在相对较高的温度下热裂解而形成的，其形成温度通常在 190～200℃（Hunt，1996）。热成因气既可以与油气藏有关，也可以与其无关，并且可能含有数量不等的乙烷、丙烷、丁烷和凝析油（C_{5+} 烃类）等馏分。顾名思义，由于均来自于生物化合物，生物成因气和热成因气都属于有机成因气。相反，无机成因气是通过化学反应形成的，不需要有机质的存在。这些无机反应包括岩浆作用和水–岩反应[如费–托型（Fischer-Tropsch type，FTT）反应]，可以发生在一个很宽的温度区间（见 Etiope and Sherwood Lollar，2013）。在火山和地热流体中，我们仅发现了极少量的无机成因烃类气体（通常体积分数在几百万分之一），但在前寒武纪结晶地盾、大洋中脊蛇纹石化超基性岩、陆上蛇绿岩、橄榄岩地体和火山侵入岩中却存在数量可观的无机成因甲烷，其数量级可达 80%～90%（vol.，体积百分比，下同），相关讨论详见第 7 章。

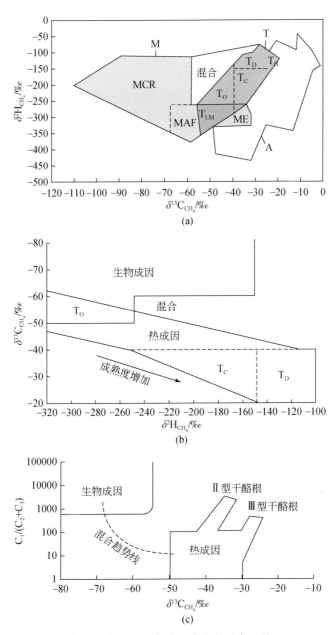

图 1.2　确定天然气成因来源的基本工具

（a），（b）目前使用的两个版本的 Schoell 图版及碳氢同位素交会图版（Etiope and Sherwood Lollar，2013 和 Etiope *et al.*，2013b 在 Schoell，1980 年数据和新的经验数据的基础上重新绘制）；（c）Bernard 图版（Bernard *et al.*，1978 重新绘制）。M. 生物成因气；T. 热成因气；A. 无机成因气；MCR. 微生物碳酸盐岩还原；MAF. 微生物乙酸还原；ME. 蒸发环境下的生物成因气；T_O. 热成因油伴生气；T_C. 热成因凝析气；T_D. 热成因干气；T_H. 高温条件下，CO_2-CH_4 平衡作用生成的热成因气；T_{LM}. 低熟热成因气

　　确定天然气成因来源的第一步是分析天然气的稳定碳同位素组成（$^{13}C/^{12}C$）和稳定氢同位素组成（$^2H/^1H$）［分别表示为 $\delta^{13}C$ 和 δ^2H（单位‰），标准分别为 VPDB 和 SMOW

标准；Schoell，1980]。然后，将分析的结果投到"Schoell"图版中。该图版是一个经验图版，用来区分生物成因、热成因和无机成因甲烷。图1.2（a）、（b）分别展示了该图版现今使用的两个版本。通过碳、氢同位素组成可以很好地区分全世界的热成因气和生物成因气。通常，生物成因甲烷的$\delta^{13}C$值小于−50‰。典型的热成因甲烷，其$\delta^{13}C$值分布在−50‰~−30‰，但高成熟热成因甲烷的碳同位素值可以达到−20‰。无机成因甲烷$\delta^{13}C$和δ^2H值的分布范围非常宽，尽管部分和生物成因气或热成因气$\delta^{13}C$值的分布区间有所重叠，但总体表现出相对更加富^{13}C而贫^2H的特征（见第7章）。

确定天然气成因来源的第二步是用Bernard系数$[C_1/(C_2+C_3)]$分析天然气中甲烷（C_1）、乙烷（C_2）和丙烷（C_3）的相对丰度。生物成因气的$C_1/(C_2+C_3)$通常大于500，因此通过分析该参数与$\delta^{13}C$值的相互关系，有助于我们确认是否发生了生物成因气和热成因气的混合，这种混合作用在许多油气藏中经常发生[图1.2（c）]。天然气的湿度（$\sum C_{2-5}/C_{1-5}$）是另一个十分有效的评价天然气混合作用和成熟度的参数（Jenden et al.，1993）。在成岩作用的第一个阶段（低成熟阶段），温度相对较低，生成的天然气称为"湿气"（天然气中C_2—C_5等重烃气含量相对较高），其湿度的范围分布在10~100左右。随着成熟度的增加和温度的升高，由于裂解作用导致C_2—C_5等重烃气含量逐渐降低，天然气开始变"干"，有时湿度甚至可以降到1以下。如果没有分析碳同位素组成，这类天然气很可能和生物成因气发生混淆，因为后者的湿度也很低，通常小于0.1。

其他一些解释天然气成因来源的重要步骤还包括天然气甲烷和乙烷碳同位素组成随烃源岩成熟度升高的演化趋势（Berner and Faber，1996），以及其他非烃气体（尤其是氮气和二氧化碳）的同位素组成等。在第5章，提供了鉴别（宏观）渗漏中天然气成因来源和遭受次生改造作用的典型实例。此外，把天然气地球化学特征放到地质背景下去解释是十分重要的。为了确定特定天然气的成因来源（或者为了理解在某一特定系统中某些气体异常富集的原因），对天然气本身各类特征详细的分析和对当地地质约束条件的了解缺一不可。当地质背景不同时，相似的地球化学参数可能在实际情况中指示不同的天然气成因来源。

1.2 天然气渗漏的重要性和影响

1.2.1 天然气渗漏和油气勘探

通常，天然气渗漏是由于地下烃类气藏或含烃储层中天然气发生垂向运移而形成的。这些气藏或含烃储层有的具有商业开采价值，有的则没有。鉴于上述原因，自古以来天然气渗漏就是全球油气勘探的一股重要驱动力。世界上位于北美、滨里海盆地、亚洲和加勒比海的许多大油气田实际上都是在与其邻近的（宏观）渗漏区开展钻探后才发现的（Link，1952；Macgregor，1993；Abrams，2005）。包括地球化学和地震勘探分析在内的许多证据都揭示了（宏观）渗漏和烃类储层之间存在着密切的联系。最近，由Aminzadeh等（2013）编辑的一套论文集就探讨了运用新技术探测天然气渗漏，推动油气田的勘探与开发。在过去，微观渗漏探测在油气勘探中的应用效果有好有坏，人们对这一方法的看法也一直反反复复（Philp and Crisp，1982；Price，1986；Klusman，1993；Tedesco，1995）。今天，我们开始尝试使用一些新的探测技术来研究微观渗漏，详见第 4 和第 5 章。

1.2.2　浪峰上的海洋天然气渗漏

无论在过去还是现在，海洋环境中的天然气渗漏都是一个被人们广泛研究的对象。自 King 和 MacLean（1970）在海底发现称之为"麻坑"的独特天然气渗漏特征以来，大量的海洋学巡航调查活动都报道称发现了分布广泛的"冷渗漏"，包括位于大陆架上的碳酸盐岩丘、烟囱及泥火山（如 Judd and Hovland，2007）。这些（宏观）渗漏被证实具有重要的生物学意义，因为它们可以向以化学合成为基础的海底生物提供能量，代表了独一无二的生态环境和生物栖息地。鉴于它们可能对地震活动很敏感并诱发海底的失稳和滑坡，因此"冷渗漏"对于油气工业中的地质灾害监测同样具有十分重要的意义。在过去三十年间，欧洲、美洲和亚洲的顶尖海洋研究机构对海洋环境中天然气渗漏的研究仍然以信息收集为主。由于大量的文献是由海洋研究机构发表的，因此"天然气渗漏"这个名词几乎都与海洋环境有关（如 Judd，2000；Kvenvolden *et al.*，2001）。除一些大型泥火山外，陆上（宏观）渗漏在科学文献中受到的关注很少，主要集中在石油工业领域。这种趋势所造成的结果之一就是在全球大气甲烷排放的综述论文（如 Crutzen，1991）及政府间气候变化专门委员会（Intergovernmental Panel on Climate Change，IPCC；Prather *et al.*，2001）早期的报告中（1990～2007 年），地质成因来源甲烷的释放被遗忘了或仅包括与天然气水合物有关的海底（宏观）渗漏（见 6.4.4.1 节）。Lacroix（1993）发表了第一篇在讨论大气甲烷来源时将陆上天然气渗漏考虑在内的综述性论文。由于海洋研究所提供的进入大气的天然气通量数据极其有限（同时还缺乏陆上天然气渗漏的研究数据），和其他来源天然气释放相比，全球范围内地质成因甲烷对大气的排放被认为是微不足道的。然而，科罗拉多矿业学院的 Ronald Klusman 教授在过去几年里对陆上天然气渗漏开展的一系列开创性工作迅速地改变了上述认识。

1.2.3　从海洋走向陆地

Ronald Klusman 是最早在石油地质学中将"密闭腔"技术运用到气体通量测定的学者之一（第 4 章将做详述）。此前，这项技术主要广泛被用于研究生物土壤的呼吸作用。自 20 世纪 30 年代以来，土壤中吸附的甲烷、轻烃及现今土壤孔隙空间中的游离气（土壤气）被地质学家和地球化学家广泛用作勘探石油和天然气的一项工具（如 Laubmeyer，1933；Horvitz，1969；Jones and Drozd，1983；Schumacher and Abrams，1996）。然而，上述这些研究工作都仅仅只关注对烃类气体浓度异常的探测（以及与之相关的地球物理或地球化学指示参数）。相对于较为简单的气体组分测量而言，气体通量的测定要复杂得多，因此并没有开展土壤-大气中气体通量的测定工作。认识气体释放对大气圈的影响也不是上述研究工作的目的。然而，由于气体通量提供了天然气渗漏系统的活动信息及对气体压力的响应，Klusman 等（2000）认为了解气体通量信息对油气勘探同样是十分有用的。如第 5 章所述，结合天然气的分子和同位素组成，气体通量将会为我们提供丰富的信息，成为帮助我们认识含油气系统的重要参数。

Klusman 间接地发现了一个重要的现象，即干燥土壤并不总是一个甲烷的吸收汇（Klusman et al.，1998）。这一现象对石油地质学家而言显而易见，但对于研究土壤学和温室气体排放的专家来说，却被忽视了。通常，由于嗜甲烷细菌的甲烷氧化作用会吸收大气中的甲烷，因此那些没有被水淹或孔隙中含水较少的土壤（如温带气候下草地或森林中的土壤）会吸收大气中的甲烷。因此，这种情况下从土壤进入到大气的甲烷通量就是负的（即甲烷从大气圈运移到土壤中）。在天然气渗漏区，从土壤之下运移到土壤中的甲烷量可能会超过甲烷氧化作用的消耗量。此时，天然气从土壤到大气的净通量就是正的。如第 6 章所述，微观渗漏在所有的含油气盆地和沉积盆地中的分布都十分普遍且广泛，很明显，它们是大气甲烷的一类重要排放源（Etiope and Klusman，2010）。

现今，我们从欧洲、北美和亚洲的富烃沉积盆地中获得了大量的宏观和微观渗漏的通量数据（如 Etiope，2009；Etiope et al.，2011，2013a 及文中引用文献）。我们可以掌握不同类型天然气渗漏的气体通量（排放系数）特征及它们在地理上的分布。尽管插值和自下而上的估算流程固有的不确定性导致全球微观渗漏的实际分布面积具有不确定性，但无论如何陆上天然气渗漏已经成为大气中甲烷排放的一大重要来源。如第 6 章更详细的叙述及最近 US-EPA 和 IPCC 2013 报告所论述的那样（Ciais et al.，2013），包括陆上渗漏、海洋渗漏和地热系统在内的地质成因甲烷总排放量已经成为仅次于湿地的大气甲烷第二大自然来源（如 Etiope，2012）。

1.2.4　一个新的视角

今天，我们对不同类型的天然气渗漏在全球陆上和海洋的分布及其气体地球化学特征有了更加全面的认识。在 21 世纪，人们提出了油气渗漏系统（petroleum seepage system，PSS）这一新的重要概念。PSS 被定义为："总沉积物充填、构造活动（运移路径）、生烃作用（烃源和热演化）、区域流体流动（压力体系和水动力学体系）及近地表过程（最大扰动层）之间的相互关系"（Abrams，2005）。PSS 是总含油气系统（total petroleum system，TPS）的一部分。总含油气系统这一术语被运用于石油地质学中（Magoon and Schmoker，2000），用以描绘岩石圈中整个烃类流体系统，包括油气运移、聚集和渗漏所需的必备要素和过程。这个概念假设在过去或是现在必定存在沟通源与藏的油气运移路径。天然气渗漏也不例外，是 TPS 一个常见的不可或缺的组成部分。换而言之，PSS 是连接 TPS 和地球表面的纽带。Abrams（2005）还指出"理解油气渗漏系统及盆地的油气动力学特征关键在于认识和利用地表地球化学勘探方法进行盆地评价和勘探评价"。TPS 和 PSS 的概念使人们认识到油气藏不是完全封闭和孤立的一个密闭体。即便是在大型高产油气田，天然气（和石油）也经常会从储层中渗漏出来，穿过盖层，这意味着那些具有经济价值的油气藏并不一定需要完美的封盖条件。对油气勘探而言，渗漏并不一定是问题，更可能是机遇。

今天，我们已经认识到天然气渗漏的重要性并不仅仅局限于油气勘探和海底生物学。相对于海洋天然气渗漏而言，陆上天然气渗漏作为向大气圈排放甲烷的一个重要来源，其重要性更为突出。天然气渗漏具有广泛的社会、经济和环境影响，其中一些影响已经被人们所提及。下面的文字和图 1.3 概括了天然气渗漏的全貌，同时也涵盖了本书中提到的一些争论。

（1）在野外地质学中，天然气渗漏可以有效地反映具有较高裂缝（含断裂）渗透率的构造不整合和的岩石层（5.1 节）。

（2）在油气勘探中，天然气渗漏可以作为一扇天然的"窗户"，用来反映地下含油气系统的情况，尤其是天然气的地球化学（分子和同位素组成）特征可以帮助勘探家们在钻井之前评估烃类储层及与之相关的烃源岩的性质和质量（5.2 节和 5.3 节）。

（3）由于甲烷和硫化氢是易燃易爆和有毒气体，可以腐蚀土壤，降低土基的岩土力学性质，因此这些气体的渗漏可能对人类和建筑物造成危害（6.1 节）。

（4）在环境影响研究中，关于天然气渗漏的知识对确定人为因素还是自然因素造成的地下水或土壤污染（杂散气）是必不可少的，如近期饱受争议的页岩气开采（6.2 节）。

（5）海洋和湖泊环境中的天然气渗漏可以降低水柱的溶氧量（缺氧），从而影响水生生态系统和渔业（6.3 节）。

（6）天然气渗漏对现代大气中烃类收支的重要影响已有定论，这不仅仅局限在温室气体（甲烷），也同样包括了光化学污染物（乙烷和丙烷）（6.4 节）。

（7）在深部沉积岩二氧化碳地质封存过程中，微观渗漏可以反映那些已注入的二氧化碳重新逸散到地表的渗透性运移路径；更重要的是，对于进入枯竭期的油气田而言，二氧化碳的注入会导致储层流体压力的增加，从而可能激发新的烃类气体渗漏并进入大气圈（6.5 节）。

（8）相比于我们之前想象的情况，蛇纹石化火山岩形成的无机成因气渗漏的分布似乎要更加广泛。理解无机成因甲烷生成的环境和机理有助于我们改进生命起源的模型（7.1 节）。事实上，无机成因甲烷一种可能的来源是二氧化碳和氢气之间发生萨巴捷（Sabatier）反应，生成甲烷和水。这是一种从无机到有机的基础化学变化，推动了生命的演化。在研究其他星球烃类（如火星上的甲烷）来源时，可以将陆上的无机成因气渗漏作为类比物。

（9）甲烷渗漏可能在过去气候变化中扮演了重要的角色（第 8 章）。它可能引起了不同地质时间尺度内大气中甲烷浓度的变化和与之相关的温室气体效应。一些实例已经反映了这样的结果。最近的一些模型重新评估了地下埋藏的有机碳和热成因甲烷在大气-海洋-生物-气体相互作用过程中所发挥的作用，同样反映了上述结果。

（10）最后，油、气苗在古代文化中扮演着特殊的角色，是神话传说和宗教传统的驱动力，为人类文明做出了重要的贡献（第 9 章）。

本书自始至终都基于这样一个事实，即天然气渗漏比通常所认识的要更常见、更易于扩散，认识到这一点十分重要。天然气渗漏是一个全球性的地质过程，在全世界广泛分布，影响到地球内部的各个"圈层"，水圈、大气圈、冰冻圈、生物圈和人类圈无一例外。回顾历史，天然气渗漏就像古希腊自然哲学中所说的"灵魂"或东方哲学中所说的

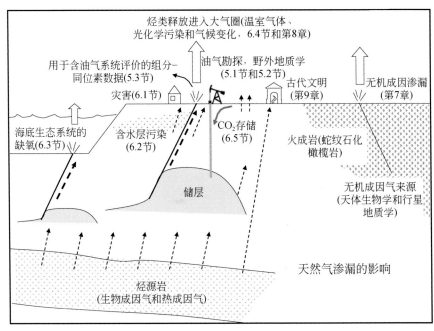

图 1.3　对本书中谈到的天然气渗漏各种影响的总结

"逃"，渗透在地球的大部分系统中。从更技术的层面来说，天然气渗漏可以被认为是"地球上烃类气体的脱气过程"，暗示了地壳的脱气过程。地球深部和地幔所扮演的角色也许可以被忽略。但是，关于幔源无机成因烃类的来源和运移过程仍然存在广泛的争论（Etiope and Sherwood Lollar，2013）。更广义的地球脱气概念一定不能只局限在火山和富二氧化碳地热系统中。在这个"整体"的观点中，只有通过跨学科和多学科的研究才能完全认识天然气渗漏及其影响。这项工作影响深远，我们在撰写本书的时候，仅仅揭开了冰山一角。

参 考 文 献

Abrams M A. 2005. Significance of hydrocarbon seepage relative to petroleum generation and entrapment. Mar Pet Geol,22:457−477

Aminzadeh F,Berge T,Connolly D,O'Brien G. 2013. Hydrocarbon seepage:from source to surface. AAPG/SEG Special Publication,Geophysical Developments,No. 16:256

Bernard B B,Brooks J M,Sackett W M. 1978. Light hydrocarbons in recent Texas continental shelf and slope sediments. J Geophys Res,83:4053−4061

Berner U,Faber E. 1996. Empirical carbon isotope/maturity relationships for gases from algal kerogens and terrigenous organic matter,based on dry,open-system pyrolysis. Org Geochem,24:947−955

Ciais P,Sabine C,Bala G,Bopp L,Brovkin V,Canadell J,Chhabra A,DeFries R,Galloway J,Heimann M,Jones C,Le Quéré C,Myneni R B,Piao S,Thornton P. 2013. Carbon and other biogeochemical cycles. In:Stocker T F,et al(eds). Climate Change 2013:the Physical Science Basis. Contribution of Working Group I to the Fifth Assessment Report of IPCC. Cambridge,New York:Cambridge University Press

Chung H M,Gormly J R,Squires R M. 1988. Origin of gases hydrocarbons in subsurface environments:theoretical considerations of carbon isotope distribution. Chem Geol,71:97-104

Collet T S,Dallimore S R. 1999. Hydrocarbon gases associated with permafrost in the Mackenzie Delta,Northwest Territories,Canada. Appl Geochem,14:607-620

Crutzen P J. 1991. Methane's sinks and sources. Nature,350:380-381

Etiope G. 2009. Natural emissions of methane from geological seepage in Europe. Atmos Environ,43:1430-1443

Etiope G. 2012. Methane uncovered. Nat Geosci,5:373-374

Etiope G,Klusman R W. 2010. Microseepage in drylands:flux and implications in the global atmospheric source/sink budget of methane. Glob Plan Change,72:265-274

Etiope G,Schoell M. 2014. Abiotic gas:atypical but not rare. Elements,10:291-296

Etiope G,Sherwood Lollar B. 2013. Abiotic methane on Earth. Rev Geophys,51:276-299

Etiope G,Drobniak A,Schimmelmann A. 2013a. Natural seepage of shale gas and the origin of "eternal flames" in the Northern Appalachian Basin,USA. Mar Pet Geol,43:178-186

Etiope G,Ehlmann B,Schoell M. 2013b. Low temperature production and exhalation of methane from serpentinized rocks on Earth:a potential analog for methane production on Mars. Icarus,224:276-285

Etiope G,Nakada R,Tanaka K,Yoshida N. 2011. Gas seepage from Tokamachi mud volcanoes,onshore Niigata Basin(Japan):origin,post-genetic alterations and CH_4-CO_2 fluxes. Appl Geochem,26:348-359

Faber E. 1987. Zur Isotopengeochemie gasförmiger Kohlenwasserstoffe. Erdöl Erdgas Kohle,103:210-218

Formolo M. 2010. The microbial production of methane and other volatile hydrocarbons. In:Kenneth N(ed). Timmis Handbook of Hydrocarbon and Lipid Microbiology. New York:Springer:113-126

Horvitz L. 1969. Hydrocarbon geochemical prospecting after 20 years. In:Heroy W(ed). Unconventional Methods in Exploration for Petroleum and Natural Gas. Dallas:Southern Methodist University Press:205-218

Hunt J M. 1996. Petroleum Geochemistry and Geology. New York:W H Freeman and Co:743

Jenden P D,Drazan D J,Kaplan I R. 1993. Mixing of thermogenic natural gases in northern Appalachian Basin. AAPG Bull,77:980-998

Jones V T,Drozd R J. 1983. Predictions of oil and gas potential by near-surface geochemistry. AAPG Bull,67:932-952

Judd A G. 2000. Geological sources of methane. In:Khalil M A K(ed). Atmospheric Methane:Its Role in the Global Environment. New York:Springer-Verlag:280-303

Judd A G, Hovland M. 2007. Seabed Fluid Flow:Impact on Geology,Biology and the Marine Environment. Cambridge:Cambridge University Press

Judd A G,Croker P,Tizzard L,Voisey C. 2007. Extensive methane-derived authigenic carbonates in the Irish Sea. Geo-Mar Lett,27:259-268

King L H,MacLean B. 1970. Pockmarks on the Scotian shelf. Geol Soc Am Bull,81:3141-3148

Klusman R W. 1993. Soil Gas and Related Methods for Natural Resource Exploration. Chichester:Wiley:483

Klusman R W,Jakel M E,LeRoy M P. 1998. Does microseepage of methane and light hydrocarbons contribute to the atmospheric budget of methane and to global climate change? Assoc Petrol Geochem Explor,11:1-55

Klusman R W,Leopold M E,LeRoy M P. 2000. Seasonal variation in methane fluxes from sedimentary basins to the atmosphere:results from chamber measurements and modeling of transport from deep sources. J Geophys Res,105D:24661-24670

Kvenvolden K A,Lorenson T D,Reeburgh W. 2001. Attention turns to naturally occurring methane seepage. EOS, 82:457

Lacroix A V. 1993. Unaccounted-for sources of fossil and isotopically enriched methane and their contribution to the emissions inventory:a review and synthesis. Chemosphere,26:507-557

Laubmeyer G. 1933. A new geophysical prospecting method,especially for deposits of hydrocarbons. Petrol Lond, 29:14

Link W K. 1952. Significance of oil and gas seeps in world oil exploration. AAPG Bull,36:1505-1540

Lorant F,Prinzhofer A,Behar F,Huc A Y. 1998. Isotopic(^{13}C)and molecular constraints on the formation and the accumulation of thermogenic hydrocarbon gases. Chem Geol,147:249-264

Macgregor D S. 1993. Relationships between seepage,tectonics and subsurface petroleum reserves. Mar Pet Geol, 10:606-619

Magoon L B,Schmoker J W. 2000. The total petroleum system—the natural fluid network that constraints the assessment units. US Geological Survey World Petroleum Assessment 2000, Description and Results: USGS Digital Data Series 60,World Energy Assessment Team:31

Mango F D. 2001. Methane concentrations in natural gas:the genetic implications. Org Geochem,32:1283-1287

McCollom T M. 2013. Laboratory simulations of abiotic hydrocarbon formation in Earth's deep subsurface. Rev Miner Geochem,75:467-494

Milkov A V. 2011. Worldwide distribution and significance of secondary microbial methane formed during petroleum biodegradation in conventional reservoirs. Org Geochem,42:184-207

Philp R P,Crisp P T. 1982. Surface geochemical methods used for oil and gas prospecting. A review. J Geochem Explor,17:1-34

Prather M,Ehhalt D,Dentener F,Derwent R G,Dlugokencky E,Holland E,Isaksen I S A,Katima J,Kirchhoff V, Matson P,Midgley P M,Wang M. 2001. Chapter 4. Atmospheric chemistry and greenhouse gases. In:Houghton J T, et al(eds). Climate Change 2001:the Scientific Basis. Cambridge:Cambridge University Press:239-287

Price L C. 1986. A Critical Overview and Proposed Working Model of Surface Geochemical Exploration. Unconventional Methods in Exploration for Petroleum and Natural Gas IV. Southern Methododist University Press:245-309

Rice D D,Claypool G E. 1981. Generation,accumulation,and resource potential of biogenic gas. AAPG Bull,65: 5-25

Sackett W M. 1978. Carbon and hydrogen isotope effects during the thermocatalytic production of hydrocarbons in laboratory simulation experiments. Geochim Cosmochim Acta,42:571-580

Schoell M. 1980. The hydrogen and carbon isotopic composition of methane from natural gases of various origins. Geochim Cosmochim Acta,44:649-661

Schoell M. 1988. Origins of methane in the Earth. Chem Geol,71:265

Schumacher D, Abrams M A. 1996. Hydrocarbon migration and its near surface expression. AAPG Memoir, 66:446

Stahl W J. 1977. Carbon and nitrogen isotopes in hydrocarbon research and exploration. Chem Geol,20:121-149

Tang Y,Perry J K,Jenden P D,Schoell M. 2000. Mathematical modeling of stable carbon isotope ratios in natural gases. Geochim Cosmochim Acta,64:2673-2687

Tedesco S A. 1995. Surface geochemistry in petroleum exploration. New York:Chapman & Hall:206

Thielemann T,Lucke A,Schleser GH,Littke R. 2000. Methane exchange between coal-bearing basins and the atmosphere:the Ruhr Basin and the Lower Rhine Embayment,Germany. Org Geochem,31:1387-1408

Tissot B P,Welte D H. 1984. Petroleum Formation and Occurrence. New York:Springer

US Environmental Protection Agency(US-EPA). 2010. Methane and nitrous oxide emissions from natural sources. EPA Rep 430-R-10-001,Off of Atmos Programs,Washington,DC

Walter K M, Zimov S A, Chanton J P, Verbyla D, Chapin F S III. 2006. Methane bubbling from Siberian thaw lakes as a positive feedback to climate warming. Nature, 443:71-75

Walter Anthony K M, Anthony P, Grosse G, Chanton J. 2012. Geologic methane seeps along boundaries of Arctic permafrost thaw and melting glaciers. Nat Geosci, 5:419-426

Whiticar M J. 1999. Carbon and hydrogen isotope systematics of bacterial formation and oxidation of methane. Chem Geol, 161:291-314

Whiticar M J, Faber E, Schoell M. 1986. Biogenic methane formation in marine and freshwater environments: CO_2 reduction versus acetate fermentation - isotope evidence. Geochim Cosmochim Acta, 50:693-709

第2章 天然气渗漏的分类和全球分布

可以根据空间维度、可视度和流体类型对天然气渗漏的地表表现形式进行分类，总结如下：

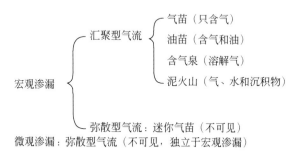

宏观渗漏（macro-seeps）有时也简称为渗漏（seeps），是一类"有通道引导"的气流，通常和断层系统密切相关，其气体通量通常用质量/时间来表示（如 kg/d 或 t/a）。微观渗漏（microseepage）是一类广覆式的，在相对宏观渗漏更大面积内释放出的气体。尽管它可能同样也是沿着断层向上运移，但和宏观渗漏是两个独立的概念。微观渗漏的气体通量通常用质量/（面积·时间）来表示〔以甲烷为例，通常表示为 mg/（m^2·a）〕。有时，"微渗漏"（microseeps）这个词会出现在一些科技文献中，尤其是在海洋环境科学中（如 Hovland *et al.*，2012），用来定义相对较小的用水声技术无法发现的（宏观）渗漏。但是，这个定义可能会造成误导，因为它可能和微观渗漏发生混淆。理论上，上文的分类方案对近地表（陆地）和水下（海洋和湖泊）环境都适用。如 2.3 节将要讨论的那样，在海洋环境中可能还会有一些特殊的天然气渗漏类型。

2.1 宏 观 渗 漏

2.1.1 气苗

气苗是指仅释放气体的流体表现形式（图 2.1、图 2.2），也称作"干渗漏"。天然气可能从岩石露头、土壤层或河床、湖床排出。由于地表水仅被气流穿过，因此地下水注水井和其他浅层水体中的气泡都可以被认为是干渗漏。气苗的表现形式还可能包括强烈的气味、植被不发育、湿润冒泡地面和异常融雪模式等。此外，气苗还可能导致土壤温度异常。正如 5.3 节详述的那样，这类天然气通常都是热成因气（在一些特殊情况下有可能会是无机成因气，见第 7 章），其次是生物成因气或二者的混合气。

穿过岩石和干燥土壤的富甲烷气流可能会发生自燃，形成所谓的"永恒火焰"（历史文献记载的一种持续燃烧的火焰）。事实上，对于任何的干气苗，只要富甲烷气流足够集中且具有一定的强度，就可以人工点燃（如用打火机点燃）。例如，在阿塞拜疆的 Yanardag、伊拉克的 Baba Gurgur 或者土耳其的 Chimaera 发现的独具魅力的"永恒火焰"（图 2.2）。正如第 9 章中详述的那样，这些气苗火焰常与古代的宗教传统和神话有着密切的联系。

无论是来自单个排气口还是来自整个宏观渗漏区（包括迷你气苗），甲烷通量的分布区间都很宽，约为 $10^{-3} \sim 10^{-1}$ t/a。表 2.1 介绍了在现场直接测得的气苗（或下文将要介绍的油苗、含气泉和泥火山）中的甲烷通量。来自大型气苗火焰（如 Yanardag 或 Baba Gurgur）的甲烷通量可能超过 10^{3} t/a（表 2.1 中，Yanardag 的甲烷通量仅代表了环绕在大型火焰周围的一小部分迷你气苗，见图 2.2）。对于直径小于 1m 的排气口而言，其气体通量通常在 $0.1 \sim 100$ t/a。通常，甲烷通量随时间的变化是恒定的。只有那些甲烷通量小于 1t/a 的相对较弱的气苗，其活动强度会随着季节、气象和其他因素的变化（如水环境的变化）而发生相应的变化。

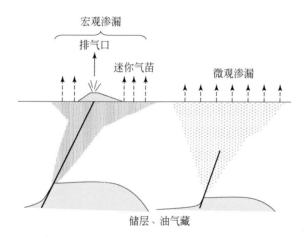

图 2.1 宏观渗漏、迷你气苗和微观渗漏的概念示意图

图 2.2　气苗和"永恒火焰"实例

（a）Deleni，罗马尼亚；（b）Yanardag，阿塞拜疆；（c）Giswil，瑞士；（d）Baba Gurgur，伊拉克；（e）Chimaera，土耳其；（f）Faros-Katakolo，希腊。照片：（a）、（c）、（e）和（f）据 G. Etiope；（b）据 L. Innocenzi；（d）据 http://www. en. wikipedia. org/wiki/File：P3110004. jpg

表 2.1　用第 4 章中介绍的密闭腔或反向过滤系统测量的宏观渗漏中的甲烷通量

国家（地区）	类型	宏观渗漏位置	甲烷通量/（t/a）	参考文献
阿塞拜疆	气苗	Yanardag（仅包含迷你气苗）	>68	Etiope *et al.*，2004
	泥火山	Lokbatan	342	Etiope *et al.*，2004
	泥火山	Kechaldag	94	Etiope *et al.*，2004
	泥火山	Dashgil	843	Etiope *et al.*，2004
	泥火山	Bakhar	45	Etiope *et al.*，2004
希腊	气苗	Katakolo Faros	68	Etiope *et al.*，2013a
	气苗	Katakolo 港	21	Etiope *et al.*，2013a
	气苗	Killíni	1.4	Etiope *et al.*，2006
	气苗	Patras 海岸	1.2	Etiope *et al.*，未发表数据
意大利	气苗	Montécchino	100	Etiope *et al.*，2007
	气苗	Miano	200	Etiope *et al.*，2007
	气苗	M. Busca 火焰	9.2	Etiope *et al.*，2007

续表

国家（地区）	类型	宏观渗漏位置	甲烷通量 /（t/a）	参考文献
意大利	气苗	Censo 火焰	6.2	Etiope et al.，2007
	气苗	Occhio Abisso	2.7	Etiope et al.，2007
	泥火山	Rivalta	12	Etiope et al.，2007
	泥火山	Regnano	34	Etiope et al.，2007
	泥火山	Nirano	32.4	Etiope et al.，2007
	泥火山	Ospitaletto	1.4	Etiope et al.，2007
	泥火山	Dragone	0.3	Etiope et al.，2007
	泥火山	Bergullo	1	Etiope et al.，2007
	泥火山	Pineto	2.7	Etiope et al.，2007
	泥火山	Astelina（Cellino Attanasio）	0.5	Etiope et al.，2007
	泥火山	Frisa Lanciano	1.9	Etiope et al.，2007
	泥火山	Serra dé Conti	3.3	Etiope et al.，2007
	泥火山	Offida	1.8	Etiope et al.，2007
	泥火山	S. Vincenzo la Costa	0.02	Morner and Etiope，2002
	泥火山	Puianello	0.12	Etiope et al.，未发表数据
	泥火山	Rotella	0.1	Etiope et al.，未发表数据
	泥火山	Vallone	0.05	Etiope et al.，未发表数据
	泥火山	Maccalube Aragona	394	Etiope et al.，2002
	泥火山	Paternò Stadio	2.1	Etiope et al.，2002
	油苗	Madonna dell'Olio Bivona	0.02	Etiope et al.，2002
	含气泉	Tocco da Casauria	0.01	Etiope et al.，未发表数据
日本	泥火山	Murono 十日町	>20	Etiope et al.，2011b
	泥火山	Kamou（Gamo）十日町	3.7	Etiope et al.，2011b
罗马尼亚	气苗	Andreiasu	50	Etiope et al.，2004
	气苗	Bacau Gheraiesti	40	Baciu et al.，2008
	气苗	Bazna	0.4	Spulber et al.，2010
	气苗	Praid	4.4	Spulber et al.，2010
	气苗	Deleni	~20	Spulber et al.，2010
	气苗	Sarmasel	595	Spulber et al.，2010
	泥火山	Fierbatori	37	Etiope et al.，2009
	泥火山	Paclele Mari	730	Etiope et al.，2009
	泥火山	Paclele Mici	383	Etiope et al.，2009
	泥火山	Beciu	>260	Etiope et al.，2009
	泥火山	Homorod	1	Spulber et al.，2010

续表

国家（地区）	类型	宏观渗漏位置	甲烷通量 /（t/a）	参考文献
罗马尼亚	泥火山	Monor	16	Spulber et al., 2010
	泥火山	Valisoara	0.03	Spulber et al., 2010
	泥火山	Filias	0.4	Spulber et al., 2010
	泥火山	Porumbeni	0.5	Spulber et al., 2010
	泥火山	Cobatesti	1.6	Spulber et al., 2010
	泥火山	Boz	0.2	Spulber et al., 2010
瑞士	气苗	Lago Maggiore Ten	71	Greber et al., 1997
	气苗	Giswil	>16	Etiope et al., 2010
中国台湾	气苗	Suei-huo-tong-yuan	0.97	Yang et al., 2004
	气苗	Chu-Ho	75.7	Hong et al., 2013
	泥火山	Luo-shan	0.1	Yang et al., 2004
	泥火山	Chunglun （CL#02）	1.43	Yang et al., 2004
	泥火山	Kuan-tze-ling	0.08	Yang et al., 2004
	泥火山	Yan-chao	0.7	Yang et al., 2004
	泥火山	Gung-shuei-ping	1.1	Yang et al., 2004
	泥火山	Diang-kuang	0.7	Yang et al., 2004
	泥火山	Hsiao-kung-shuei	1	Hong et al., 2013
	泥火山	Hsin-yang-nyu-hu	2.2	Hong et al., 2013
	泥火山	Wu-shan-ding	35	Hong et al., 2013
乌克兰	泥火山	Boulganack	40	Herbin et al., 2008
美国加利福尼亚	气苗+油苗	Ojai 谷宏观渗漏	3.6	Duffy et al., 2007
美国纽约	气苗	Chestnut Ridge 公园	0.3	Etiope et al., 2013b
美国科罗拉多	气苗	拉顿（Raton）盆地宏观渗漏 643 高点	908	LTE, 2007
美国科罗拉多	气苗	拉顿盆地宏观渗漏 644 高点	86	LTE, 2007

注：在大部分情况下，甲烷通量包括了来自排气口及其附近迷你气苗释放出的天然气。

根据下面的公式（Delichatsios, 1990; Hosgormez et al., 2008; Etiope et al., 2011c），我们可以发现火焰的尺寸和气体流量大小（F，单位 g/s）是成比例的，因此气苗火焰的主要特点之一就是可以提供肉眼可见的气体通量信息。

$$F = \frac{Q}{H_C} \tag{2.1}$$

$$Q = \left(\frac{Z_f}{0.052}\right)^{\frac{3}{2}} * P \tag{2.2}$$

式中，Q 代表热流释放的速率，kW 或 kJ/s；H_C 代表燃烧的热量，kJ/g；Z_f 代表火焰高度，m；P 代表火焰周长，m（$P = 4D$，D 为火焰的底部宽度，估算得到）。利用上述相关公式计算得到的理论结果和在土耳其、希腊、意大利、罗马尼亚和瑞士等地气苗火焰直接测定的甲烷通量十分吻合（Etiope *et al.*, 2006，2007，2010，2011c）。目测的 Z_f 和 D 可能存在很大的不确定性，此外可能还有别的因素会影响火焰的高度（如穿过火焰的风）。因此，式（2.2）对于规模非常大且异常猛烈的火焰而言，可靠性就会相对较低（当火焰达到猛烈级时，火焰的高度不会随着气体流量的增加而变化）。然而，即便在最坏的情况下，该方法至少可以估算一个气体释放量的数量级，对每一个火焰给出一个气体通量的可能范围。例如，一个高约 50cm，直径超过 10cm 的火焰对应的气体通量通常大于 15kg/d；规模相对较小的火焰（10cm×5cm），对应的气体通量通常在 5kg/d 以下。

2.1.2　油苗

原油渗漏并不是本书关注的主要内容，之所以在这里对其进行简单介绍是因为气相（渗漏）中常常会伴生少量的原油，尤其是当原油和天然气同时出现在储层的情况下。当原油暴露在大气时，油苗中天然气的含量会受氧化作用、生物降解作用和凝结作用的影响而逐渐减少。沥青和柏油（固体渗漏）通常并不包含大量的天然气。和原油伴生的天然气通常是热成因气，乙烷–丁烷等重烃气组分含量很高，$\sum C_{2-5}/\sum C_{1-5}$（见第 1 章定义）通常大于 5%～10%。因此，油苗也是大气中乙烷和丙烷一类特定的天然来源。乙烷和丙烷既是一类光化学污染物，也是臭氧的先质，关于这部分内容将在第 6 章中详述。油苗可以形成黑油池或者生成原油并从土壤或岩石中流出，或形成油浸地。在这些情况下，原油的流动都是幕式的。在水环境中，油在肉眼下以油滴的形式存在，周围被油晕、油膜（多层浮油）和油渍所环绕，或是以弥散的油晕存在。泥火山构造也会释放原油（见下文）。在这种情况下，这些释放的原油是泥火山油气渗漏系统一个不可分割的组成部分。从清单的角度来说，这些原油显示不应该被认为是独立的宏观渗漏。

图 2.3　位于阿塞拜疆 Dashgil 的油苗（照片由 L. Innocenzi，INGV 拍摄）

地质证据表明，许多在历史上形成的油苗现在已经消失不见了，或者由于自 19 世纪起的强劲的石油开采业务，导致现在的流体活动性大大减弱（见第 8 章）。油流的减弱是储层内部流体压力降低的结果。在 20 世纪石油地质学著作中（如 Link，1952）描述的阿尔卑斯–喜马拉雅山脉、太平洋和加勒比沉积带的原油显示现在已经不复存在了。尽管如此，几乎所有的现今含油气盆地中仍包含了数以千计的活跃油苗。现今可以发现的最活跃的大型陆上油苗主要分布在阿塞拜疆（Dashgil 附近，图 2.3）、阿拉斯加（Samovar 山）、加利福尼亚（如 McKittrick 油田和 Sargent 油田）、伊拉克（Pulkhana）、科威特（如 Burgān）及新西兰（Kōtuku）等地。

2.1.3 含气泉

淡水泉和浅部地层水可能含有不同浓度的溶解甲烷，是通过现代微生物过程形成的。正如第 1 章讨论的那样，这类背景甲烷不应该被定义为天然气渗漏。理论上，只有当地下水环境具有足够的还原性且溶解氧（dissolved oxygen，DO）浓度足够低时，才会出现这类背景甲烷；否则，气体就会被迅速氧化，限制了在局限含水层中出现"非渗漏"甲烷。实际中，在任何一类含水层中都可能发现生物成因甲烷（如 Darling and Gooddy，2006），其浓度的范围从 0.05μg/L（通常情况下的探测下限）到 mg/L 级。只有通过分析甲烷和其他溶解烷烃（乙烷和丙烷等）的碳、氢同位素组成，才能区分这类背景甲烷和渗漏甲烷。

在一些天然气渗漏的案例中，地下的矿泉水和自流水层可以释放大量气体进入大气圈（表 2.1，图 2.4）。水可能有深部来源，在其上升到地表的过程中可能和地下天然气发生了相互作用。由于泄压作用和水体的扰动，排气作用主要发生在泉水的出口处。含气泉中的矿物质水体可以作为地下烃类气藏的搬运工，这一点常常为人们所忽略。因此，在含油

图 2.4　意大利中部 Tocco da Casauria 的含油和含气泉（照片由 G. Etiope 拍摄）

气沉积盆地中，相关的溶解气数据（浓度、气体释放量）很少。近期，一些关于油气的环境影响研究，尤其是关于美国页岩气生产过程中水力压裂对环境影响的研究为我们提供了新的数据样本。这些数据说明，地下水中溶解天然甲烷的情况（约几十 mg/L）比我们过去的认识要常见得多（如 Kappel and Nystrom，2012；Warner *et al.*，2013；同样可见 6.2 节）。由于这些含气泉可能和地下的油气藏存在密切联系，近期在欧洲，尤其是在意大利和罗马尼亚（如 Ionescu，2015），开展的一些研究中将其列为了重要的研究对象。

位于意大利中部亚平宁山脉的 Tocco da Casauria 含气泉为我们提供了一个有用的实例（图 2.4）。自古以来该处泉水就一直幕式释放原油，在水中可以观察到油晕。人们在现场使用便携式光谱仪［傅里叶变换红外（Fourier Transform Infrared，FTIR）光谱仪］和密闭腔相连，测定了水中溶解气的分子组成和气体通量（同样见第 4 章）。经测定，泉水出口每天释放超过 20g 甲烷，沿着水流方向，通量逐渐降低。在离含气泉几十米处，流动的水体仍在释放天然气。含气泉周围的土壤同样在释放气体，其甲烷通量约为 10 ~ 100mg/（$m^2 \cdot d$），同时还检测到了重烃气（乙烷、丙烷、丁烷和戊烷）和苯。实验室分析证实这些天然气主要是热成因气，可能混有很少一部分的生物成因气［Bernard 系数 $C_1 / (C_1 + C_2)$ 为 23，甲烷碳同位素组成 $\delta^{13}C_1$ 为 −57‰，见第 1 章和图 1.2 的说明］。这些烃类可能是从中新世的生物礁灰岩产层运移而来的（Reeves，1953）。

如第 7 章讨论的那样，蛇纹石化超基性岩中含气泉的甲烷可能还有无机成因天然气的贡献。

2.1.4　泥火山

泥火山是含油气沉积盆地中烃类运移在地表最大规模的表现形式（图 2.5）。大量科技文献中已经讨论了泥火山的地质特征和形成机理（如 Milkov，2000；Kopf，2002；Dimitrov，2002a）。在本书中我们仅列举其中一些基本概念。

泥火山具有锥状的构造形态，是天然气和原油将沉积物（泥）液化，沿断层上涌而形成的。泥火山既可以形成单个独立的锥体和火山口，在更多情况下还可以形成锥体群或火山口群。泥火山单个火山口的直径在几厘米到几十米之间，而锥体构造可以高达几百米，如位于阿塞拜疆的巨型泥火山群（图 2.5）。

天然气通常从火山口、热泉（天然气–泥浆排放口，通常发育在主穿顶或火山口的侧翼；图 2.6）、气泡池和小型湖泊（泥火山池；图 2.7）排出。此外，与其他类型宏观渗漏一样，天然气还可以透过淤泥地以扩散呼气作用（迷你气苗）的形式释放到地表（表 2.1）。一些泥火山通过热泉和泥火山池表现出强烈的连续脱气作用，而其他泥火山的排气活动强度则很低或几乎没有，但可能具有相对更高的喷发潜力。天然气和泥浆的喷发可能会引起爆炸，给当地居民和公共基础设施造成危害（见第 6 章）。从 1810 年至今，阿塞拜疆的 60 座泥火山发生了超过 250 次喷发。其中一些喷发过程可能在几小时内就释放了数千吨甲烷（如 Guliyev and Feizullayev，1997）。

图 2.5　泥火山

（a），（b）Bakhar New 和 Bakhar，阿塞拜疆；（c）Paclele Mari，罗马尼亚；（d）Fierbatori，罗马尼亚；（e）Regnano，意大利北部；（f）Nirano，意大利北部；（g）Maccalube，西西里岛，意大利；（h）Pineto，意大利中部。照片：（a）和（b）据 L. Innocenzi INGV；（c）～（f）和（h）据 G. Etiope；（g）承蒙 www. iloveagrigento. it 惠允

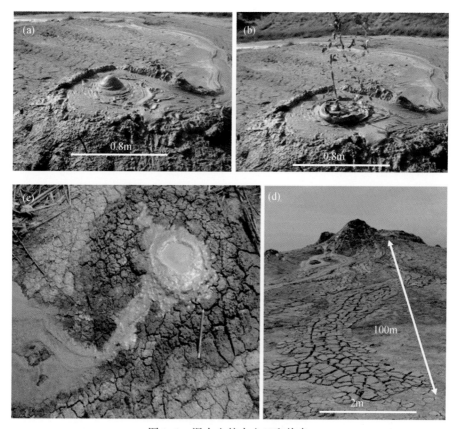

图 2.6　泥火山的火山口和热泉

（a），（b）Regnano，意大利；（c）Murnono，十日町，日本；（d）Bakhar，阿塞拜疆。

照片：（a）~（c）据 G. Etiope；（d）据 L. Innocenzi INGV

　　泥火山形成于沉积盆地中，包含了沉积岩（主要是页岩）的流动作用。因此，可以把它们当作是一种"沉积火山"（这样可以避免和传统的火山发生混淆，而后者是通过岩浆过程形成的）。然而，泥火山一词的使用在各类科技文献中仍然还会有一些混淆，有一些烃类不丰富的或者与沉积火山作用无关的含泥天然气显示也被错误的称为泥火山。例如，一些与地热或热液系统有关的富含水蒸气或二氧化碳的排气口过去也被称为泥火山［如加利福尼亚的索尔顿湖（Salton Sea）天然气显示；Sturz et al., 1992 和 Mazzini et al., 2011；或印度尼西亚的 LUSI 气体喷发；Mazzini et al., 2012］。并不是所有类似泥浆池或高耸锥形体（由于泥浆喷出而形成）的天然气显示都能被称为"泥火山"。这不仅仅是语言表述的问题，还涉及一些概念上的本质差别。泥火山作用暗示发生了一系列特殊的地质过程，具有特殊的地质特征。更重要的是，它还反映了与烃类成岩作用、深成作用和聚集作用密切相关的天然气和水。在真正的泥火山中，水是"古代的"，具有盐度，来自烃类储层或页岩中黏土矿物的伊利石化。全球范围的样本数据库表明在 80% 的陆上泥火山中，甲烷是热成因的；生物成因气并不常见（Etiope et al., 2009）。在一些特殊情况下，气体以氮气和二氧化碳为主。这类泥火山可能出现在与俯冲增生楔和地热环境邻近的烃类系统中（如

Motyka *et al.*, 1989)，或者和含气系统的分馏作用（即后生成因非烃气体相对于甲烷的富集）和晚期生气作用有关（如 Etiope *et al.*, 2011a）。但它们总是和某个"总含油气系统"（见第 1 章定义）有关。下文尝试性地归纳了泥火山的特有要素和判别标准（如 Etiope and Martinelli, 2009）：

- 释放三相流体（气、水和沉积物）。
- 存在与成岩作用阶段或深成作用阶段生烃系统有关的气体和盐水。
- 在快速沉降导致重力失稳的情况下，沉积岩参与形成了相应的底辟或火山爆发口（见 Kopf, 2002 的定义）。
- 在排出物中出现了角砾岩。

图 2.7　泥火山中的气泡池和湖泊

（a）Kechaldag, 阿塞拜疆；（b）Paclele Mari, 罗马尼亚；（c）Pujanello, 意大利；（d）Dashgil, 阿塞拜疆；
（e）Paclele Mici, 罗马尼亚。照片：（a）和（d）据 L. Innocenzi；（b）、（c）和（e）据 G. Etiope

因此，对"泥火山"定义的误用很明显会导致错误的解释结论或预期（Etiope and Martinelli, 2009）。特别是在关于行星地质学的讨论中，如当讨论到火星上的泥火山时（Skinner and Mazzini, 2009）。

2.1.5　迷你气苗

"迷你气苗"这个名词最早是 Klusman（2009）提出的。Etiope 等（2011b）重新塑造了这个名词，用来定义在宏观渗漏分布带内，位于在肉眼可见的天然气渗漏附近的，通过扩散呼气作用释放的不可见气体。在 2010 年之前，宏观渗漏（macro-seeps）中的扩散呼气作用被称为微观渗漏（如 Etiope，2009a）。十分有必要把这类渗漏从微观渗漏中独立出来，定义为迷你气苗（miniseepage），因为它在概念上有别于那些远离宏观渗漏或独立于宏观渗漏存在的气体释放（只有后者才应该使用"微观渗漏"这个词来定义）。迷你气苗中甲烷的通量通常高于微观渗漏，二者通常分别约为 $10^3 \sim 10^5$ mg/（$m^2 \cdot d$）和数百 mg/（$m^2 \cdot d$）（如 Etiope *et al.*，2004；Etiope and Klusman，2010）。

迷你气苗就像是围绕在有通道引导的（宏观）渗漏周围的一道光环（图 2.1、图 2.2）。这个概念非常重要，因为它很清楚地区分了可见的气体释放点（火山口、排气口或火焰）和他们周围的土壤。在这些可见的气体释放点周围方圆几十米到几百米的范围内存在一个气体通量逐渐减小的过渡区域，在这里气体通量逐渐降低至 0。通过对排气口周围土壤气体通量的测量发现迷你气苗可以分布在方圆几十甚至几千 m^2 的范围内，其对大气圈总的天然气输出量可能要高于那些肉眼可见的汇聚型气体释放。日本的十日町泥火山就为我们提供了一个相关的实例（Etiope *et al.*，2011b）。经测定，在该区域冒泡的火山口附近的泥地里不可见的气体通量相当于可见的气泡羽流通量的近三倍。在面积约 4900m^2，离火山口最远 90m 的研究区土壤中，记录下的甲烷正向通量为几十到几千 mg/（$m^2 \cdot d$）。（汇聚型）宏观渗漏中甲烷的总排出量（在所有排气口中测定的总排气量）估算约为5t/a。通过扩散呼气作用从土壤中排出的气体量约为 16t/a（通过单个测量点进行平面插值获得，插值方法为"自然邻点插值法"）。因此，在甲烷总排放量中，有超过 75% 的部分是从泥火山排气口附近的不可见的弥散型天然气渗漏（迷你气苗）中释放的。因此，不可见的那部分气体（迷你气苗）可能比可见的那部分更为重要。

由于土壤被气体充满，迷你气苗可以通过某些土地上枯萎或正在死亡的植被而被揭开面纱，也可以通过地层被水饱和后（如在雨后）产生气泡而被发现。通过迷你气苗还可以发现地下数米深度范围内的土壤温度异常及在冬季季节变化时出现的蓝灰雾霾（Klusman，2009）。

2.1.6 陆上宏观渗漏的全球分布

全球陆上（宏观）渗漏的精确数量目前仍不得而知，但是很显然超过 10000 处（Clarke and Cleverly，1991；Etiope *et al.*，2008），分布在所有大陆的含油气盆地中。尤其是泥火山，追随油气藏的足迹，分布在阿尔卑斯–喜马拉雅山脉、太平洋和加勒比地质带（Etiope and Milkov，2004）。最近，一个称为全球陆上油气渗漏（Global Onshore Gas-oil Seeps，GLOGOS）的数据库（Etiope，2009b）报道了全球 88 个国家 2100 个有文献记载的（宏观）渗漏，将其分为气苗、油苗、泥火山或含气泉（图 2.8）。表 2.2 概括了每一个大陆的数据并分国家、分类型总结了其数量。

尽管该数据库仅代表了地球上全部陆上（宏观）渗漏的一部分，但可能已囊括了所有的大型（宏观）渗漏，因为它们更加易于被记载，也更易吸引科学研究、油气勘探和自然遗产保护等方面的关注。小型的或活动性较弱的（宏观）渗漏往往发现较少，报道也较少。尽管获得的统计数据并不一定具有代表性，但该数据库表明（表 2.2，图 2.9）全球范围内油苗、气苗和泥火山的数量多多少少是比较相似的（分别为 634 个、694 个和 652

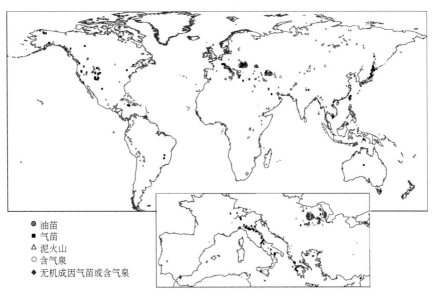

图 2.8　全球陆上（宏观）渗漏分布图（来自 GLOGOS 数据库，2014 版）

个），含气泉的数量相对较少（120 个）。实际上，泉水中"烃类（宏观）渗漏"的识别工作还不是很全面，总体而言仅仅是对一些地区集中调查的结果（实际记录的 120 个含气泉主要是针对意大利和罗马尼亚的专门研究）。关于在全球范围内，能将烃类气体输送至地表的矿物泉的确切数量可能要比上述数字高得多。

　　在各个大陆上，各类（宏观）渗漏的数量各不相同，受控于油气分布区的类型（倾油或是倾气）。这些油气分布区通常伴有活跃的构造运动，有利于天然气渗漏系统的形成。在阿塞拜疆、加拿大、希腊、印度、印度尼西亚、伊拉克、意大利、牙买加、尼泊尔、菲律宾、罗马尼亚、瑞典、中国、土耳其和美国（加利福尼亚州和纽约州）等地都有关于活跃的燃烧气苗的记载，其中多多少少包含了一些永恒火焰。GLOGOS 的陆上（宏观）渗漏数据库还表明泥火山在欧洲、亚洲和大洋洲的 26 个国家均有分布；但目前在非洲还没有发现。泥火山在罗马尼亚分布尤为广泛，共发现了 214 处构造，大部分规模相对较小，仅有几米宽。在阿塞拜疆，发现了 180 处泥火山构造，大部分高达数百米，单个泥火山覆盖面积达到几个 km²。在意大利共发现了 87 处泥火山构造（如 Etiope *et al.*，2007；Martinelli *et al.*，2012），其中大部分是小型的泥质圆锥体（泥地面积最大约几个 m²）。只有西西里岛的 Maccalube 泥火山是一个例外，面积达 0.7km×0.5km。在美国（阿拉斯加）、加拿大、哥伦比亚、格鲁吉亚、印度（Andaman）、印度尼西亚、伊朗、日本、马来西亚、墨西哥、蒙古、缅甸、新西兰、巴基斯坦、巴布亚新几内亚、秘鲁、俄罗斯（塔曼，Taman）、中国、东帝汶、特立尼达、土库曼斯坦、乌克兰（Kerch）和委内瑞拉等地也发现了几个到几十个大小不等的泥火山。这些泥火山的位置都和发育流动性页岩、经历强烈构造变形和断层发育的沉积盆地有关。

表 2.2 GLOGOS 数据库中对（宏观）渗漏分布国家（地区）和（宏观）渗漏数量的总结（2014.2 版）

（单位：个）

地区	国家（地区）	油苗	气苗	泥火山	含气泉	宏观渗漏总数
Ⅰ	19	207	239	534	111	1091
Ⅱ	30	123	62	57	7	249
Ⅲ	14	36	5	0	0	41
Ⅳ	2	115	363	3	2	483
Ⅴ	19	107	6	30	0	143
Ⅵ	4	46	19	28	0	93
总和	88	634	694	652	120	2100

Ⅰ：阿尔巴尼亚、亚美尼亚、阿塞拜疆、克罗地亚、丹麦、格鲁吉亚、希腊、爱尔兰、意大利、波兰、葡萄牙、俄罗斯、西班牙、瑞典、瑞士、土耳其、英国、乌克兰；

Ⅱ：巴林、孟加拉国、文莱、柬埔寨、中国、印度、印度尼西亚、伊朗、伊拉克、以色列、日本、约旦、朝鲜、科威特、吉尔吉斯斯坦、老挝、马来西亚、蒙古、缅甸、尼泊尔、阿曼、巴基斯坦、菲律宾、叙利亚、泰国、东帝汶、土库曼斯坦、阿联酋、越南、也门；

Ⅲ：安哥拉、埃及、埃塞俄比亚、加纳、马达加斯加、摩洛哥、莫桑比克、尼日利亚、圣多美、坦桑尼亚、突尼斯、乌干达、刚果民主共和国；

Ⅳ：加拿大、美国（包括 17 个州：亚拉巴马、阿拉斯加、加利福尼亚、科罗拉多、伊利诺伊、肯塔基、密歇根、蒙大拿、内华达、新墨西哥、纽约、俄勒冈、南达科他、得克萨斯、犹他、华盛顿和怀俄明）；

Ⅴ：阿根廷、巴巴多斯、伯利兹、玻利维亚、巴西、智利、哥伦比亚、哥斯达黎加、多米尼加、厄瓜多尔、危地马拉、牙买加、墨西哥、尼加拉瓜、巴拿马、秘鲁、波多黎各、特立尼达、委内瑞拉；

Ⅵ：新西兰、巴布亚新几内亚、汤加。

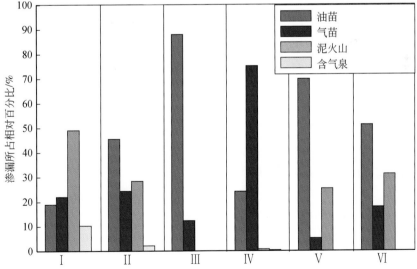

图 2.9 GLOGOS 数据库记载的各大陆上不同类型（宏观）渗漏所占相对百分比
（88 个国家和地区的 2100 处宏观渗漏，来自 GLOGOS 数据库，2014 版）
Ⅰ～Ⅵ区所包含的国家（地区）见表 2.2

目前尚无明显的证据表明（宏观）渗漏的位置和气候、纬度或地表生态系统有关。宏观渗漏广泛地分布于沙漠、森林、湿地或草地等各种环境中。正如第 3 章和第 5 章所述，只有通过石油地质学和构造地质学分析才能确认是否发育（宏观）渗漏。换而言之，只有通过烃源和断层才能确定是否发育（宏观）渗漏。

2.2　微　观　渗　漏

微观渗漏是指含油气盆地中甲烷和轻烃连续或幕式的缓慢散失过程。本质上，微观渗漏是指独立于宏观渗漏而存在的土壤中广泛的呼气扩散作用。微观渗漏被假定为一种普遍现象，受气体相对原生水体的浮力驱动（见第 3 章）。这些肉眼无法分辨的天然气渗漏可以通过土壤气体分析被轻松地探测到，它们反映了土壤中烃类气体的浓度异常。使用密闭腔技术可以确定微观渗漏流入大气圈的气体通量。诸如微生物勘探（如 Tucker and Hitzman，1996；Wagner et al.，2002）、遥感（如 van der Meer et al.，2002）和磁测量（如 Liu et al.，2004）等间接手段同样也可以探测大区域范围内的微观渗漏。这些技术将在第 4 章中详述。现场测量结果已经表明微观渗漏是沿断层（尤其是那些和新构造运动有关的断层）运移上升的，会发生很强的季节性变化（Klusman，1993，2003；Etiope and Klusman，2010）。

在干燥土壤中（如在不存在水饱和土壤的情况下），甲烷通量通常是负值，这说明甲烷从大气流入土壤并在土壤中通过嗜甲烷细菌发生甲烷氧化作用而被消耗。正是由于这种生物活动，干燥的陆地被认为是大气圈甲烷的净吸收汇。全球范围内，土壤每年对大气中甲烷的吸收量约为 30Mt（百万吨），不同地区甲烷通量通常大约分布在 $-5 \sim -1 mg/(m^2 \cdot d)$（Dong et al.，1998）。当微观渗漏表现为较弱的负向甲烷通量或正向甲烷通量时，说明土壤对甲烷的消耗量可能低于地下烃源的甲烷供给量。在夏季，嗜甲烷细菌的甲烷氧化作用增强，微观渗漏的通量就会相应减小。在冬季则会出现与此相反的结果。甲烷的正向通量通常在几个或几十 $mg/(m^2 \cdot d)$，在邻近油气田且构造运动强烈、断层发育的地区，甲烷的正向通量可达几百 $mg/(m^2 \cdot d)$。上述数值和厌氧潮湿生态环境下的生物成因甲烷释放具有可比性，后者的数值在 $1 \sim 500 mg/(m^2 \cdot d)$（Batjes and Bridges，1994）。在那些可能发生细菌产甲烷作用的土壤中（潮湿土壤、具有泥炭层的土壤及位于浅部含水层或古湖泊之上的土壤），只有通过对甲烷同位素组成的分析，并在有可能的情况下确定重烃气（C_{2+}）的异常浓度才能识别微观渗漏中的"古代"天然气。表 2.3 提供了微观渗漏中甲烷通量的实例。

目前，对全球微观渗漏的分布情况仍然知之甚少。但是，大量油气勘探工作表明，所有的含油气盆地中都发育有微观渗漏（如 Schumacher and Abrams，1996；Saunders et al.，1999；Wagner et al.，2002；Etiope，2005；Khan and Jacobson，2008；Tang et al.，2010；Sechman，2012）。微观渗漏分布区包含了所有的气候干燥且地下深部发生了生烃过程的盆地，面积估计约为 43366000km² （Klusman et al.，1998）。现有的气体通量数据表明微观渗漏和油气田、煤系地层和发生产甲烷作用（成岩阶段）或热生烃作用（深成作用）的沉积盆地的空间分布有着密切的联系。Etiope 和 Klusman（2010）推测微观渗漏主要出现在总含油气系统（TPS，定义见第 1 章）中。在地球上，42 个国家生产了全球 98% 的油气，另外 70 个国家生产了约 2% 的油气（剩下的约 90 个国家生产 0% 的油气）。因此，可以推断 TPS 和与之相关的微观渗漏可能出现在 112 个国家。基于对陆上 TPS 分布图和 GIS 数据库的精细分析，估算得到的全球潜在微观渗漏分布区（图 2.10）面积约为 $8 \times 10^6 \text{km}^2$（Etiope and Klusman，2010）。尽管这一估算结果可能排除了广大的煤系地层和一部分经历了热生烃作用的沉积盆地，但仍然代表了地表干燥土壤面积的 15%。这里，必须强调的是估算结果仅代表潜在微观渗漏的分布区面积，而其实际分布面积可能要小得多。

表 2.3　微观渗漏在烃类分布区的气体通量数据［除了 Balakin 等（1981）以外，测量数据都是通过第 4 章所述的密闭腔技术获得］

地点	参考文献	采样点数量/个	面积/km²	通量范围 /[mg/(m²·d)]
美国				
Denver-Julesburg 盆地（科罗拉多）	Klusman *et al.*，2000	84	70250	−41 ~ 43.1
Piceance（科罗拉多）	Klusman *et al.*，2000	60	12130	−6.0 ~ 3.1
Powder River（怀俄明）	Klusman *et al.*，2000	78	62820	−14.9 ~ 19.1
Railroad 河谷（内华达）	Klusman *et al.*，2000	120	3370	−6.1 ~ 4.8
Rangely（科罗拉多）冬季	Klusman，2003a，2003b	59	78	−8.60 ~ 865
Rangely（科罗拉多）夏季	Klusman，2003a，2003b	59	78	−4.02 ~ 145
Teapot Dome（怀俄明）冬季	Klusman，2006	39	42	−0.48 ~ 1.14
俄罗斯-格鲁吉亚-阿塞拜疆				
大高加索山脉	Balakin *et al.*，1981	na	na	430
小高加索山脉	Balakin *et al.*，1981	na	na	12
库拉拗陷	Balakin *et al.*，1981	na	na	8
罗马尼亚				
Transylvania，Tarnaveni-Bazna	Etiope，2005	5	5	2 ~ 64
Transylvania，Media	Spulber *et al.*，2010	2	na	0 ~ 20
Transylvania，Ludu	Spulber *et al.*，2010	2	na	0 ~ 30
Transylvania，Cucerdea	Spulber *et al.*，2010	1	na	416
意大利，Abruzzo-Marche Adriatic 海岸				
Vasto	Etiope，2005	30	2	−5 ~ 142
Pescara	Etiope，2005	5	1	−4 ~ 13
区域地质调查（6000km²）	Etiope and Klusman，2010	45	6000	−3 ~ 190
Miglianico 油田	见第 5 章	55	75	−3 ~ 300
中国，塔里木盆地雅克拉油气田				
油气界面处	Tang *et al.*，2010	5	50m²	2.4 ~ 3.5
轮台断裂带	Tang *et al.*，2007	16	800m 剖面	4.4 ~ 11

注：na. 无数据。Klusman *et al.*，2000 和 Klusman，2003a，2003b，2005，2006 的数据都反复测量了三次。在所有研究到的盆地和 Rangely 油田，我们获得了同一个地点不同季节的重复测量数据。在 Teapot Dome 油田只在 2004 年冬天做了一次调查。欧洲地区的测量是在春季和夏季，使用的是 10L 的密闭腔。

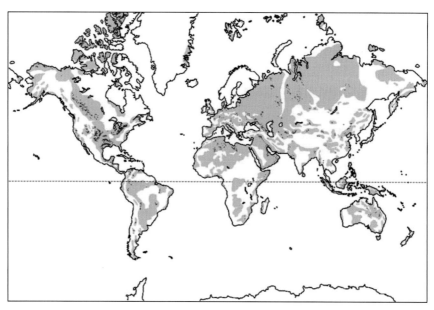

图 2.10　全球陆上沉积盆地（沙棕色）和主要油气田（灰色区域和点）的分布

潜在的微渗漏分布区是沉积盆地的一部分，环绕在用主含油气系统定义的产油气区附近

（据 St. John，1980；Masters *et al.*，1998；USGS 世界油气评估，http:// energy. usgs. gov/OilGas/）

2.3　海洋天然气渗漏

对海洋环境下的天然气渗漏，我们需要做额外单独的讨论。已经有大量的论文和专著对海底（宏观）渗漏进行了报道（如 Hovland and Judd，1988；Hovland *et al.*，1993；Judd and Hovland，2007；以及近期 Valentine，2011；Anka *et al.*，2012；Hovland *et al.*，2012；Boetius and Wenzhöfer，2013 的综述）。本节的目的是为非专业读者提供一个快速的回顾，介绍一些海底天然气渗漏所特有的重要定义和概念。

海洋（宏观）渗漏传统上也称作"冷渗漏"，用以区分通常和海底火山和洋中脊系统有关、富含二氧化碳的热液排气口。"冷渗漏"广泛分布于被动大陆边缘和斜坡地带，深度最大可达海平面以下约 3000m。在上述沉积区，许多都发育有主含油气系统（即海上油气田）。冷渗漏具有十分重要的生物学意义，因为它们可以为依赖化学合成的底栖生物群落提供能量。这些底栖生物群落由无脊椎动物组成，包括那些依赖硫化氢和甲烷的共生细菌。自 King 和 MacLean（1970）开创性地发现"麻坑"以来的 45 年间，在全球大陆边缘发现了数以千计的冷渗漏。基于大规模勘探的结果，可以将海底（宏观）渗漏的表现形式归纳如下：

（1）麻坑；

（2）楔状或烟囱状碳酸盐岩；

（3）沉积物潜蚀洞或微生物席；

（4）海底泥火山；

（5）天然气水合物岩丘；

（6）含气沉积物。

（1）麻坑是指由于天然气和水的"喷出"而在海底松软的沉积物上形成的锥形凹陷。通常，气体的释放是幕式的，伴随着多期循环充注（天然气在海床之下的聚集、沉积物的膨胀和穹顶的形成）和释放（气体在水中和悬浮的细粒沉积物一起释放）。在循环的初始阶段，气体逸散的更为猛烈；此后，气体通量随着超压的消散而逐渐降低。麻坑的直径从小于1m到几百米，凹陷可以深达几十米。据报道，在美国缅因州的贝尔法斯特湾（Kelley et al.，1994）和挪威巴伦支海（Solheim and Elverhoi，1997）发现的巨型麻坑，其直径可达100~200m。其他一些发现麻坑的地区包括东加拿大大陆架、黑海、西班牙西北海域、亚得里亚海（意大利）、帕特拉斯和科林斯湾（希腊；图2.11）、斯卡格拉克海峡（丹麦）、Scotian Shelf（英国）、挪威海峡、斯德哥尔摩群岛（瑞典）、阿拉伯湾、北刚果冲积扇和北冰洋等（见Etiope and Klusman，2002或Judd and Hovland，2007及其中的相关文献）。

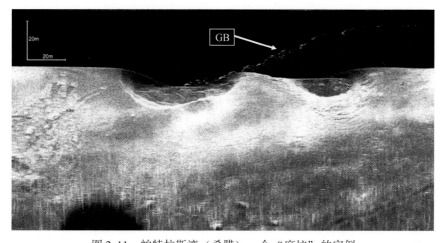

图2.11　帕特拉斯湾（希腊）一个"麻坑"的实例

位于水下30m深处，通过水平扫描声呐（声谱仪）发现。图像表明气泡（GB）从一个直径40m的活跃麻坑上升。

声谱通过一个双频（100Hz和500Hz）侧向扫描声呐在100Hz条件下获取（承蒙G. Papatheodorou惠赠）

（2）楔状或烟囱状碳酸盐岩，也称为"甲烷成因自生碳酸盐岩（methane-derived authigenic carbonate，MDAC）"，是由镁方解石、文石或白云石等构成的成岩沉积物，具有壳状、丘状或柱状等不同形状。它们的尺寸变化同样非常大，从厚度仅有几毫米的"结壳"到高达数米的"烟囱"乃至宽达百米的"硬底"。这些自生碳酸盐岩最早在1983年发现于北海（Hovland and Judd，1988）。碳酸盐的碳同位素组成贫^{13}C（$\delta^{13}C$通常<-20‰，VPDB，这与常规沉积碳酸盐岩0‰左右的$\delta^{13}C$值表现出显著区别），这是因为它们是由甲烷而不是海水或沉积物的孔隙水形成的（如Peckmann et al.，2001）。实际上，这些碳酸盐岩的沉积代表了现代或古代的甲烷渗漏。碳酸盐的沉淀过程可以通过下面的化学式来表示：

$$CH_4+SO_4^{2-}\longrightarrow HCO_3^-+HS^-+H_2O$$

这一过程是由于细菌对甲烷厌氧氧化（Anaerobic Oxidation of Methane，AOM）作用导致碱性增加而引起的，是古生菌群（参与逆产甲烷作用）和硫酸盐还原菌（如 Boetius et al., 2000; Thiel et al., 2001）共同作用的结果。除非有其他关于活跃天然气渗漏的证据（如微生物席或气泡），仅凭 MDAC 并不一定就能反映正在活动的天然气渗漏。但是，MDAC 可以反映天然气渗漏曾经在一个相当长的时间段内发生过。

（3）天然气经常还可以通过位于海床的小型（几厘米宽）缝洞来释放，常在溢出位置形成黑色斑块或棕色-白色的微生物席。可以通过黑色斑点或棕色-白色的微生物席来识别这些缝洞。当沉积物中氧气被耗尽时，细菌（通常是贝氏阿托氏菌，Beggiatoa）会氧化在微生物硫酸盐还原作用过程中生成的硫化氢，同时还伴随着烃类的氧化过程（Sassen et al., 1993）。希腊西部 Katakolo 港的浅水海域为我们提供了一个研究含气缝洞的实例（图 2.12）。最近在南极海域一个名为南佐治亚的亚南极洲岛离岸也报道了类似的情况：在一个广阔的范围内发现了至少 133 处释放气泡的缝洞和白色微生物席（Römer et al., 2014）。

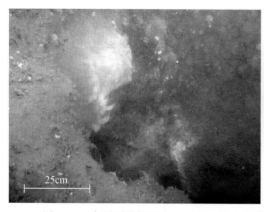
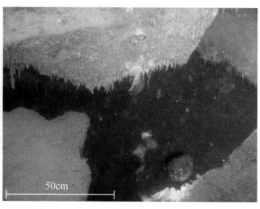

图 2.12　水下照片展示在 Katakolo 港（希腊西部伊奥尼亚海）从海床裂缝里升起的气泡
直径最大可达 20cm，水深 7m。海底裂缝的边缘被白色的微生物席所覆盖（照片承蒙 G. Papatheodorou 惠允）

（4）据报道，在大陆架上发现了超过 300 座泥火山，而在深水区有可能有超过 1000 座的泥火山（Milkov, 2000）。尽管可能还不是很全面，但主要的海底泥火山分布区包括了挪威海、地中海、黑海、里海、波斯湾、邻近日本的海沟、新西兰、阿留申群岛、加利福尼亚和哥斯达黎加外海、墨西哥湾、加勒比海和尼日利亚外海等。得益于地球物理遥感和声波成像技术的进步，年复一年，不断地有新的海底泥火山被发现。目前，研究的最为深入的泥火山是 Haakon Mosby 泥火山，它发现于 1989 年，位于巴伦支海西南部的斜坡上，深度为 1270m（Crane et al., 1995; Milkov et al. 2004）。Haakon Mosby 直径约 1km，相对于周围海床，其海拔高出约 10m。它释放出的甲烷是生物成因和热成因气的混合气。该泥火山构造是一个由不同类型天然气渗漏和与之相关的生态系统构成的非均质体，包括了汇聚型的排气口、自生碳酸盐岩和天然气水合物。换而言之，这是一个在海洋环境下研究和天然气渗漏有关的所有地球化学和生物学过程的天然实验室。

（5）在很多情况下，天然气就是简单地存储在浅层沉积物中，没有证据表明在海床上发育有形态学上所谓的构造。我们可以通过水声勘探法探测诸如声波混浊带、气穴、增强反射、柱状扰动和声波垮塌（衰减）等声波异常来发现这些被天然气充注的沉积物。在更新世沉积物和三角洲环境中，天然气通常是由沉积物自身生成的现代生物成因气。在更深处真正的天然气渗漏所释放的生物成因气和热成因气几乎总是和断层有关。因此，这些含气沉积物通常是沿着条带形或椭圆形地区分布（如 Papatheodorou *et al.*，1993）。

（6）最后，要介绍一下出现在北极地区（如 Milkov，2004）深海沉积物或浅部海床的天然气水合物（或笼形包合物），这是一类潜力巨大的天然气渗漏资源。据估算这些天然气水合物中甲烷的含量可能比所有常规气藏中的甲烷量（220Gt）高出一个数量级（Milkov，2004；Archer *et al.*，2009）。天然气水合物是一种冰状的结晶固体，由坚固的可以捕获气体分子的水分子晶格组成。它们主要形成于海床沉积物的孔隙中，只有当甲烷含量至少达到 5%~10% 时才会形成。1cm³ 的天然气水合物可以包含 160cm³ 的甲烷。在特定的温压条件下，这些固体结构十分稳定。当温压条件发生变化时（如海水变暖或沿着斜坡发生滑坡），气体就会被释放出来（如 Dillon *et al.*，2001）。天然气水合物可以形成高达几百米的岩丘。由于化学溶解作用，这些岩丘可能发生侵蚀、倒塌或退化，从而导致富气水合物的浮选。但是，天然气水合物不仅仅是天然气渗漏的潜在来源，同时也经常是天然气渗漏的结果。特别是热成因天然气水合物，可以捕获从地下气藏升上来的天然气（如 Sassen *et al.*，1999）。单单墨西哥湾一地热成因天然气水合物的数量就十分可观，达到了 500Gt（Milkov and Sassen，2001），因此热成因天然气渗漏对全球天然气水合物的贡献有可能被低估了。

在上述所有情况中，天然气都可以在水柱中以单个气泡串或气泡羽流的形式上升，这一过程通常是间歇的或幕式的。大型、长时间且连续的气泡羽流表明较强的压力梯度和资源潜力，实际上往往反映了热成因气的存在。相关实例包括加利福尼亚近海（煤油点；Hornafius *et al.*，1999）、黑海（黄金沙滩；Dimitrov，2002b），以及希腊伯奔尼撒半岛伊奥尼亚沿岸地区（Katakolo；Etiope *et al.*，2013a）。关于这些甲烷是否能够到达海面并最终进入大气圈，我们将在第 6 章做详细讨论。

当气流较弱且大部分天然气溶解在沉积物的孔隙水中时，甲烷更易于被不同群落的细菌和古噬甲烷菌氧化和消耗（如 Boetius and Wenzhöfer，2013）。在这方面，海床代表了一个对甲烷的生物吸收汇。因此，微观渗漏微弱的呼气作用是十分迅速的，并且全部被消耗和破坏了。

参 考 文 献

Anka Z，Berndt C，Gay A. 2012. Hydrocarbon leakage through focused fluid flow systems in continental margins. Mar Geol，332-334：1-3

Archer D，Buffet B，Brovkin V. 2009. Ocean methane hydrates as a slow tipping point in the global carbon cycle. Proc Nat Acad Sci USA，106：20596-20601

Baciu C，Etiope G，Cuna S，Spulber L. 2008. Methane seepage in an urban development area（Bacau，Romania）：origin，extent and hazard. Geofluids，8：311-320

Balakin V A，Gabrielants G A，Guliyev I S，Dadashev F G，Kolobashkin V M，Popov A I，Feyzullayev A A. 1981. Test of experimental study of hydrocarbon degassing of lithosphere of South Caspian Basin and adjacent mountains systems，using laser gas-analyzer "Iskatel-2". Dokl Akad Nauk SSSR，260（1）：154-156（in Russian）

Batjes N H，Bridges E M. 1994. Potential emissions of radiatively active gases from soil to atmosphere with special reference to methane: development of a global database (WISE). J Geophys Res, 99(D8): 16479–16489

Boetius A, Wenzhöfer F. 2013. Seafloor oxygen consumption fuelled by methane from cold seeps. Nat Geosci, 6: 725–734

Boetius A, Ravenschlag K, Schubert C J, Rickert D, Widdel F, Gieseke A, Amann R, Jørgensen B B, Witte U, Pfannkuche O. 2000. A marine microbial consortium apparently mediating anaerobic methane oxidation. Nature, 407: 623–626

Clarke R H, Cleverly R W. 1991. Leakage and post-accumulation migration. In: England W A, Fleet A J (eds). Petroleum Migration, vol 59. London: Geological Society Special Publication: 265–271

Crane K, Vogt P R, Sundvor E, Shor A, Reed T IV. 1995. SeaMARC II investigations in the northern Norwegian-Greenland Sea. Meddelelser Norsk Polarinstitutt, 137: 32–140

Darling W G, Gooddy D C. 2006. The hydrogeochemistry of methane: evidence from english ground waters. Chem Geol, 229: 293–312

Delichatsios M A. 1990. Procedure for calculating the air entrainment into turbulent pool and jet fires. J Fire Prot Engin, 2: 93–98

Dillon W P, Nealon J W, Taylor M H, Lee M W, Drury R M, Anton C H. 2001. Seafloor collapse and methane venting associated with gas hydrate on the Blake Ridge—causes and implications to seafloor stability and methane release. In: Paull C K, Dillon W P (eds). Natural Gas Hydrates: Occurrence, Distribution, and Detection. Washington: American Geophysical Union: 211–233

Dimitrov L. 2002a. Mud volcanoes—the most important pathway for degassing deeply buried sediments. Earth-Sci Rev, 59: 49–76

Dimitrov L. 2002b. Contribution to atmospheric methane by natural gas seepages on the Bulgarian continental shelf. Contin Shelf Res, 22: 2429–2442

Dong Y, Scharffe D, Lobert J M, Crutzen P J, Sanhueza E. 1998, Fluxes of CO_2, CH_4 and N_2O from temperate forest soil: the effect of leaves and humus layers. Tellus, 50B: 243–252

Duffy M, Kinnaman F S, Valentine D L, Keller E A, Clark J F. 2007. Gaseous emission rates from natural petroleum seeps in the Upper Ojai Valley, California. Environ Geosci, 14: 197–207

Etiope G. 2005. Mud volcanoes and microseepage: the forgotten geophysical components of atmospheric methane budget. Ann Geophys, 48: 1–7

Etiope G. 2009a. Natural emissions of methane from geological seepage in Europe. Atm Environ, 43: 1430–1443

Etiope G. 2009b. GLOGOS, A new global onshore gas-oil seeps dataset. Search and Discovery, Article #70071, AAPG Online Journal. http://www. searchanddiscovery. net

Etiope G, Klusman R W. 2002. Geologic emissions of methane to the atmosphere. Chemosphere, 49: 777–789

Etiope G, Klusman R W. 2010. Microseepage in drylands: flux and implications in the global atmospheric source/sink budget of methane. Glob Plan Change, 72: 265–274

Etiope G, Martinelli G. 2009. "Pieve Santo Stefano" is not a mud volcano: comment on "Structural controls on a carbon dioxide-driven mud volcano field in the Northern Apennines" (by Bonini 2009). J Struct Geol, 31: 1270–1271

Etiope G, Milkov A V. 2004. A new estimate of global methane flux from onshore and shallow submarine mud volcanoes to the atmosphere. Environ Geol, 46: 997–1002

Etiope G, Caracausi A, Favara R, Italiano F, Baciu C. 2002. Methane emission from the mud volcanoes of Sicily (Italy). Geophys Res Lett, 29. doi: 10. 1029/2001GL014340

Etiope G, Feyzullaiev A, Baciu C L, Milkov A V. 2004. Methane emission from mud volcanoes in eastern

Azerbaijan. Geology,32:465-468

Etiope G,Papatheodorou G,Christodoulou D,Ferentinos G,Sokos E,Favali P. 2006. Methane and hydrogen sulfide seepage in the NW Peloponnesus petroliferous basin (Greece):origin and geohazard. AAPG Bull,90:701-713

Etiope G,Martinelli G,Caracausi A,Italiano F. 2007. Methane seeps and mud volcanoes in Italy:gas origin, fractionation and emission to the atmosphere. Geophys Res Lett,34:L14303. doi:10. 1029/2007GL030341

Etiope G,Lassey K R,Klusman R W,Boschi E. 2008. Reappraisal of the fossil methane budget and related emission from geologic sources. Geophys Res Lett,35:L09307. doi:10. 1029/ 2008GL033623

Etiope G,Feyzullayev A,Baciu C L. 2009. Terrestrial methane seeps and mud volcanoes:a global perspective of gas origin. Mar Pet Geol,26:333-344

Etiope G,Zwahlen C,Anselmetti F S,Kipfer R,Schubert C J. 2010. Origin and flux of a gas seep in the Northern Alps (Giswil,Switzerland). Geofluids,10:476-485

Etiope G,Baciu C,Schoell M. 2011a. Extreme methane deuterium,nitrogen and helium enrichment in natural gas from the Homorod seep (Romania). Chem Geol,280:89-96

Etiope G,Nakada R,Tanaka K,Yoshida N. 2011b. Gas seepage from Tokamachi mud volcanoes,onshore Niigata Basin (Japan):origin,post-genetic alterations and CH_4-CO_2 fluxes. Appl Geochem,26:348-359

Etiope G,Schoell M,Hosgormez H. 2011c. Abiotic methane flux from the Chimaera seep and Tekirova ophiolites (Turkey):understanding gas exhalation from low temperature serpentinization and implications for Mars. Earth Planet Sci Lett,310:96-104

Etiope G,Christodoulou D,Kordella S,Marinaro G,Papatheodorou G. 2013a. Offshore and onshore seepage of thermogenic gas at Katakolo Bay (Western Greece). Chem Geol,339:115-126

Etiope G,Drobniak A,Schimmelmann A. 2013b. Natural seepage of shale gas and the origin of "eternal flames" in the Northern Appalachian Basin,USA. Mar Pet Geol,43:178-186

Greber E,Leu W,Bernoulli D,Schumacher M E,Wyss R. 1997. Hydrocarbon provinces in the Swiss southern Alps—a gas geochemistry and basin modelling study. Mar Pet Geol,14:3-25

Guliyev I S,Feizullayev A A. 1997. All about Mud Volcanoes. Baku Pub:NAFTA-Press:120

Herbin J P,Saint-Germès M,Maslakov N,Shnyukov E F,Vially R. 2008. Oil seeps from the "Boulganack" mud volcano in the Kerch Peninsula (Ukraine-Crimea),study of the mud and the gas:inferences for the petroleum potential. Oil Gas Sci Technol Rev IFP,63:609-628

Hong W L,Etiope G,Yang T F,Chang P Y. 2013. Methane flux of miniseepage in mud volcanoes of SW Taiwan: comparison with the data from Europe. J Asian Earth Sci,65:3-12

Hornafius J S,Quigley D,Luyendyk B P. 1999. The world's most spectacular marine hydrocarbon seeps (Coal Oil Point,Santa Barbara Channel,California):quantification of emissions. J Geophys Res,20(C9):20703-20711

Hosgormez H,Etiope G,Yalçın M N. 2008. New evidence for a mixed inorganic and organic origin of the Olympic Chimaera fire (Turkey):a large onshore seepage of abiogenic gas. Geofluids,8:263-275

Hovland M,Judd A G. 1988. Seabed Pockmarks and Seepages:Impact on Geology,Biology and the Marine Environment. London:Graham and Trotman:293

Hovland M,Judd A G,Burke R A Jr. 1993. The global flux of methane from shallow submarine sediments. Chemosphere,26:559-578

Hovland M,Jensen S,Fichler C. 2012. Methane and minor oil macro-seep systems—their complexity and environmental significance. Mar Geol,332-334:163-173

Ionescu A. 2015. Geogenic methane in petroliferous and geothermal areas in Romania:origin and emission to the atmosphere. Dissertation,Babes-Bolyai University,Cluj-Napoca

St. John B. 1980. Sedimentary basins of the world and giant hydrocarbon accumulations. Tulsa, AAPG, Map and Accompanying Text, 26

Judd A G, Hovland M. 2007. Seabed Fluid Flow: Impact on Geology, Biology and the Marine Environment. Cambridge: Cambridge University Press

Kappel W M, Nystrom E A. 2012. Dissolved methane in New York groundwater. US Geological Survey Open-File Report 2012-1162, 6. http://pubs. usgs. gov/of/2012/1162/

Kelley J T, Dickson S M, Belknap D F, Barnhardt W A, Henderson M. 1994. Giant sea-bed pockmarks: evidence for gas escape from Belfast Bay. Mar Geol, 22: 59−62

Khan S D, Jacobson S. 2008. Remote sensing and geochemistry for detecting hydrocarbon microseepages. GSA Bull, 120: 96−105

King L H, MacLean B. 1970. Pockmarks on the Scotian shelf. GSA Bull, 81: 3141−3148

Klusman R W. 1993. Soil Gas and Related Methods for Natural Resource Exploration. Chichester: Wiley: 483

Klusman R W. 2003a. Rate measurements and detection of gas microseepage to the atmosphere from an enhanced oil recovery/sequestration project, Rangely, Colorado, USA. App Geochem, 18: 1825−1838

Klusman R W. 2003b. A geochemical perspective and assessment of leakage potential for a mature carbon dioxide-enhanced oil recovery project and as a prototype for carbon dioxide sequestration, Rangely field, Colorado. AAPG Bull, 87: 1485−1507

Klusman R W. 2005. Baseline studies of surface gas exchange and soil-gas composition in preparation for CO2 sequestration research: Teapot Dome, Wyoming USA. AAPG Bull, 89: 981−1003

Klusman R W. 2006. Detailed compositional analysis of gas seepage at the National Carbon Storage Test Site, Teapot Dome, Wyoming USA. App Geochem, 21: 1498−1521

Klusman R W. 2009. Geochemical detection of gas microseepage from CO_2 sequestration AAPG/SEG/ SPE Hedberg Conference. "Geological Carbon Sequestration: Prediction and Verification" August 16-19, 2009, Vancouver, BC Canada

Klusman R W, Jakel M E, LeRoy M P. 1998. Does microseepage of methane and light hydrocarbons contribute to the atmospheric budget of methane and to global climate change? Ass Pet Geochem Explor Bull, 11: 1−55

Klusman R W, Leopold M E, LeRoy M P. 2000. Seasonal variation in methane fluxes from sedimentary basins to the atmosphere: results from chamber measurements and modeling of transport from deep sources. J Geophys Res, 105D: 24661−24670

Kopf A J. 2002 Significance of mud volcanism. Rev Geophys, 40: 1−52

Link W K. 1952. Significance of oil and gas seeps in world oil exploration. AAPG Bull, 36: 1505−1540

Liu Q, Chan L, Liu Q, Li H, Wang F, Zhang S, Xia X, Cheng T. 2004. Relationship between magnetic anomalies and hydrocarbon microseepage above the Jingbian gas field, Ordos Basin, China. AAPG Bull, 88: 241−251

LTE. 2007. Phase II Raton Basin gas seep investigation Las Animas and Huerfano counties, Colorado. Project # 1925 Oil and Gas Conservation Response Fund. http://cogcc. state. co. us/Library/Ratoasin /Phase% 20II% 20Seep% 20Investigation% 20Final% 20Report. pdf

Martinelli G, Cremonini S, Samonati E. 2012. Geological and geochemical setting of natural hydrocarbon emissions in Italy. In: Advances in Natural Gas Technology. RIJEKA: InTech e Open Access Publisher: 79-120. http:// cdn. intechopen. com/pdfs/35288/InTech- Geological _ and _ geochemical _ setting _ of _ natural _ hydrocarbon _ emissions_in_italy. pdf

Masters C D, Root D H, Turner R M. 1998. World conventional crude oil and natural gas: identified reserves, undiscovered resources and futures. US Geol Survey Open-File Report, 98−468

Mazzini A,Svensen H,Etiope G,Onderdonk N,Banks D. 2011. Fluid origin,gas fluxes and plumbing system in the sediment-hosted Salton Sea Geothermal System (California,USA). J Volc Geoth Res,205:76-83

Mazzini A, Etiope G, Svensen H. 2012. A new hydrothermal scenario for the 2006 Lusi eruption, Indonesia. Insights from gas geochemistry. Earth Planet Sci Lett,317-318:305-318

Milkov A V. 2000. Worldwide distribution of submarine mud volcanoes and associated gas hydrates. Mar Geol, 167:29-42

Milkov A V. 2004. Global estimates of hydrate-bound gas in marine sediments:how much is really out there? Earth Sci Rev,66:183-197

Milkov A V,Sassen R. 2001. Estimate of gas hydrate resource,northwestern Gulf of Mexico continental slope. Mar Geol,179:71-83

Milkov A V, Vogt P R, Crane K, Lein A Y, Sassen R, Cherkashev G A. 2004. Geological, geochemical, and microbial processes at the hydrate bearing Håkon Mosby mud volcano:a review. Chem Geol,205:347-366

Morner N A,Etiope G. 2002. Carbon degassing from the lithosphere. Global Planet Change,33:185-203

Motyka R J,Poreda R J,Jeffrey W A. 1989. Geochemistry,isotopic composition, and origin of fluids emanating from mud volcanoes in the Copper River basin Alaska. Geochim Cosmochim Acta,53:29-41

Papatheodorou G,Hasiotis T,Ferentinos G. 1993. Gas-charged sediments in the Aegean and Ionian Seas,Greece. Mar Geol,112:171-184

Peckmann J,Reimer A,Luth U,Luth C,Hansen B T,Heinicke C,Hoefs J,Reitner J. 2001. Methane- derived carbonates and authigenic pyrite from the northwestern Black Sea. Mar Geol,177:129-150

Reeves F. 1953. Italian oil and gas resources. AAPG Bull,37:601-653

Römer M,Torres M,Kasten S,Kuhn G,Graham A G C,Mau S,Little C T S,Linse K,Pape T,Geprägs P,Fischer D,Wintersteller P,Marcon Y,Rethemeyer J,Bohrmann G,Shipboard Scientific Party ANT-XXIX/4. 2014,First evidence of widespread active methane seepage in the Southern Ocean, off the sub- Antarctic island of South Georgia. Earth Planet Sci Lett,403:166-177

Sassen R,Roberts H H,Aharon P,Larkin J,Chinn E W,Carney R. 1993,Chemosynthetic bacterial mats at cold hydrocarbon seeps,Gulf of Mexico continental-slope. Org Geochem,20:77-89

Sassen R,Joye S,Sweet S T,DeFreitas D A,Milkov A V,MacDonald I R. 1999. Thermogenic gas hydrates and hydrocarbon gases in complex chemosynthetic communities,Gulf of Mexico continental slope. Org Geochem,30: 485-497

Saunders D F,Burson K R,Thompson C K. 1999. Model for hydrocarbon microseepage and related nearsurface alterations. AAPG Bull,83:170-185

Schumacher D, Abrams M A. 1996. Hydrocarbon migration and its near surface expression. AAPG Memoir, 66:446

Sechman H. 2012. Detailed compositional analysis of hydrocarbons in soil gases above multi-horizon petroleum deposits—a case study from western Poland. App Geochem,27:2130-2147

Skinner J A Jr, Mazzini A. 2009. Martian mud volcanism:terrestrial analogs and implications for formational scenarios. Mar Pet Geol,26:1866-1878

Solheim A, Elverhoi A. 1997. Gas- related sea- floor depressions. In:Glaciated Continental Margins. London: Chapman and Hall

Spulber L,Etiope G,Baciu C,Malos C,Vlad S N. 2010. Methane emission from natural gas seeps and mud volcanoes in Transylvania (Romania). Geofluids,10:463-475

Sturz A A,Kamps R L,Earley P J. 1992. Temporal changes in mud volcanoes,Salton Sea Geothermal Area. In:

Kharaka Y K,Maest A S (eds). Water-rock Interaction. Rotterdam:Balkema:1363–1366

Suess E. 2010. Marine cold seeps. In:Kenneth N (ed). Handbook of Hydrocarbon and Lipid Microbiology. Timmis:Springer:185–203

Tang J,Bao Z,Xiang W,Gou Q. 2007. Daily variation of natural emission of methane to the atmosphere and source identification in the Luntai Fault region of the Yakela condensed oil/gas field in the Talimu Basin, Xinjiang, China. Acta Geol Sinica,81:771–778

Tang J,Yin H,Wang G,Chen Y. 2010. Methane microseepage from different sectors of the Yakela condensed gas field in Tarim Basin,Xinjiang,China. App Geochem,25:1257–1264

Thiel V,Peckman J,Richnow H H,Luth U,Reitner J,Michaelis W. 2001. Molecular signals for anaerobic methane oxidation in Black Sea seep carbonates and microbial mat. Mar Chem,73:97–112

Tucker J,Hitzman D. 1996. Long-term and seasonal trends in the response of hydrocarbon-utilizing microbes to light hydrocarbon gases in shallow soils. In:Schumacher D,Abrams M A (eds). Hydrocarbon migration and its near-surface expression. AAPG Mem,66:353–357

Valentine D L. 2011. Emerging topics in marine methane biogeochemistry. Ann Rev Mar Sci,3:147–171

van der Meer F,van Dijk P,van der Werff H,Yang H. 2002. Remote sensing and petroleum seepage:a review and case study. Terra Nova,14:1–17

Wagner M,Wagner M,Piske J,Smit R. 2002. Case histories of microbial prospection for oil and gas,onshore and offshore northwest Europe. In: Schumacher D, LeSchack L A (eds). Surface exploration case histories: applications of geochemistry,magnetics and remote sensing. AAPG Studies in Geology No 48 and SEG Geophys Ref Series No 11,453–479

Warner N R,Kresse T M,Hays P D,Down A,Karr J D,Jackson R B,Vengosh A. 2013. Geochemical and isotopic variations in shallow groundwater in areas of the Fayetteville Shale development,north-central Arkansas. App Geochem,35:207–220

Yang T F,Yeh G H,Fu C C,Wang C C,Lan T F,Lee H F,Chen C H,Walia V,Sung Q C. 2004. Composition and exhalation flux of gases from mud volcanoes in Taiwan. Environ Geol,46:1003–1011

第3章 天然气运移机制

本章通过分析各种影响天然气输运方程中物理参数的地质因素或过程，介绍了天然气运移并渗漏至地表的基本原理和规律。为了给那些对天然气动力学机制不是特别熟悉的读者提供一些简单的关于天然气渗漏形成过程的参考知识，在没有复杂数学计算和严格控制的术语的情况下，本章总结了各种形式的天然气运移机制、扩散和对流。如果需要回顾天然气运移的研究历史，读者们可以参阅 Illing（1933）、Muskat（1946）、MacElvain（1969）、Bear（1972）、Pandey 等（1974）、Malmqvist 和 Kristiansson（1985）、Price（1986）和 Brown（2000）等发表的文献，以及 Etiope 和 Martinelli（2002）发表的综述。本章中没有涉及石油的运移。

3.1 基本原理

3.1.1 源头和路径

天然气运移并渗漏至地表与以下两个地质特征密切相关：天然气运移的源头和优势路径。这些概念和第1章中介绍的油气渗漏系统（PSS）密切相关。

天然气运移的源头（运移的起点）并不一定就是气源。换而言之，运移的源头并不一定就是天然气生成的地方（烃源岩）。天然气藏（储层）才是最常见的天然气运移源头。然而，根据最近的理论模型（Berbesi et al., 2014）和美国纽约州一个宏观渗漏点的推测（Etiope et al., 2013），渗漏至地表的天然气也有可能直接来源于地下的烃源岩（如页岩），储层在其中并没有充当中转站。正如第5章讨论的那样，天然气运移对于评价含油气系统而言是一项基础工作。

天然气的优势运移路径是指那些具有相对较高渗透率的地层，如泥岩地层中夹持的砂岩水平层段（主要是侧向运移）及断层和裂缝网络等构造不整合（主要是垂向运移）。渗透率是控制天然气在多孔和裂缝介质中流动的最根本的参数（孔隙度仅仅决定岩石中可以存储天然气的体积）。渗透率是一个常数，只受介质结构的控制，而与通过介质的流体性质无关（Muskat, 1946）。因此，对于干燥介质而言，水和气的渗透率应该是一样的。在两相系统中，天然气的渗透率会随着介质含水量的增加而降低，因为提供给天然气的空间降低了。

在实际中，构造运动会形成断层和裂缝，与之相关的裂缝（含断裂）渗透率是驱动天然气渗漏的最重要因素。宏观渗漏的形状、尺寸和区域分布特征、注气测试（如 Ciotoli et al., 2005）及地震图像上的"烟囱"（如 Heggland, 1998；Loseth et al., 2009）都说明天然气通常是沿着具有相对较高渗透率的通道运移的（对天然气运移的阻力较小），一旦优势运移路径（"通道"）被激活，天然气流只会沿通道运移，而对相邻岩石的渗透率不敏感。这一过程又被称之为"裂隙流"（Loseth *et al.*，2009）。在这些通道内，对天然气能量的消耗最小，同时保持了压力和流量的守恒。本质上，天然气渗漏并不会贯穿整条断层线，而仅仅出现在某些部位，在地表形成点状渗漏。此后，由于断层的自我封闭性和断裂传播等原因，通道可能发生水平"位移"，沿断层发生位置的改变。实际上，宏观渗漏（排气口或火山口）位置每年移动几米甚至几十米的例子屡见不鲜。

3.1.2　扩散和对流

天然气的运移主要受浓度梯度和压力梯度两种应力场的驱动，这主要取决于天然气的源头和周围岩石的渗透率。在第一种情况下，气体分子沿着一个平衡整个岩石中气体浓度的方向去传播，表现为"扩散"的形式。在第二种情况下，整个气体物质往往从压力较高的层段运移到压力较低的层段，这种质量传递过程称之为"对流"。

在科技文献中，"质量传递"、"黏性流"、"流体流"、"空气流"、"非扩散运移"和"渗滤"等名词都被用来描述对流作用（如 Harbert *et al.*，2006）。然而，有一些作者错误地使用了"热对流"（convection）这个词来反映压力驱动的物质输运作用（如 Mogro-Campero and Fleischer，1977）。"热对流"这个词是指由于热梯度引起压力梯度变化从而发生的对流运动。由于在这种机制下，气体扩散更快、变得更轻，因此温度相对较高的气体会上升（即在体积不变的情况下，温度较高的气体压力更大）。换而言之，"热对流"是对流的形式之一，受温度梯度的驱动。通过状态方程就可以将温度转化为压力。但是，用热对流作用来命名那些与温度效应无关的气体流动（如与浮力梯度、静水压力梯度和静岩压力梯度有关的常规气流）是不正确的。热对流在地热系统中更为常见。

通过输运方程，我们不需要复杂的数学计算就可以分析扩散和对流作用，即假设流体和多孔介质的性质存在现实局限性（通常用于解决实际问题）。在 Muskat（1946）发表的文献中，Wickoff 列举了将某些物理定律的严格数学解运用到复杂地质环境时的局限性。

扩散作用是指一类化学物质从浓度较高的地方运移到浓度较低的地方。这种运移过程可以用菲克定律来描述，在该定律中气体通量直接和浓度梯度及一个常数有关，公式如下：

$$F = -D_m \nabla C \qquad (\nabla = \delta/\delta x + \delta/\delta y + \delta/\delta z) \qquad (3.1)$$

或者是一个沿 z 轴的一维公式：

$$F = -D_m dC/dz \qquad (3.2)$$

式中，D_m 是分子扩散系数，m^2/s；dC 是气体浓度沿 dz 轴（m）的变化量，kg/m^3。对某一类天然气而言，分子扩散系数是一个常数，受分子大小和形状的控制。烃类越轻，分子扩散系数就越大。该系数只随温度、压力和分子运移介质的变化而变化。在岩石孔隙中，这些物质通常是水和空气（或气体混合物）。因此，对每一类天然气，都必须把其在水中（D_{mw} 或简写为 D_w）和在空气中（D_{ma} 或简写为 D_m）的扩散系数区分开。此外，在多孔介质中气体扩散的体积减小，而两点之间的平均运移长度（即迁曲度）则增大。因此，可以用"有效"扩散系数（D_e）来定义孔隙间的扩散作用，公式如下：

$$D_e = D_m n \tag{3.3}$$

式中，n 是介质的有效孔隙度，%，通过反映气体分子在孔隙结构中的运动来描述扩散作用。总的扩散通过"表观"扩散系数来定义，在有些文献中也称为"真"系数或"体积"系数；它考虑了介质孔隙度和迁曲度的影响。对土壤来说，大部分学者认可对该系数的定义，公式如下（如 Lerman，1979）：

$$D = D_e n = D_m n^2 = D_m n / \tau \tag{3.4}$$

式中，τ 代表介质的迁曲度，$D_m > D_e > D$。

实际中，气体在时间 t 内的扩散会包含一个扩散距离（Z_d），公式如下：

$$Z_d = (Dt)^{0.5} \tag{3.5}$$

该公式表明在蒸馏水（D_w：1.5×10^{-5} cm^2/s）中扩散的甲烷每天可以运移 1.1cm，每年可以运移 22cm，每 1000 年可以运移 6.9m。乙烷、丙烷和丁烷的扩散系数则依次降低，通常前一个烃类组分的扩散系数是其后一个相邻同系物的 1.23 倍（如 Witherspoon and Saraf，1965）。

所谓对流，是指物质在外力（即压力梯度）作用下的运移。更广义地讲，下列所有由于"地球"动力导致的运移作用都属于对流（Lerman，1979）：大气降水、蒸发作用、风、沉积物的沉积、地下水的流动及地壳板块的运动等。

浓度为 C(kg/m^3)、速度为 v(m/s) 的气体，其通量可以用下式表示：

$$F = Cv \tag{3.6}$$

速度依赖于压力梯度和运移系数，后者和介质的几何形态及气体的黏度有关。在干燥多孔介质中发生对流作用时，运移系数依赖于介质的真渗透率。根据达西定律，该公式如下：

$$v = -k \nabla P / \mu \quad (\nabla = \delta/\delta x + \delta/\delta y + \delta/\delta z) \tag{3.7}$$

或者沿着 z 轴的一维形式，短距离运移：

$$v = k \Delta P / (\mu Z) \tag{3.8}$$

式中，v 代表气体的速率，m/s；k 是真渗透率，m^2；μ 为动态气体黏度，kg/(m·s)；ΔP 为两点之间的压差，kg/(m·s)；Z 为两点之间的距离，m。

气体在水平裂缝中的对流速度可以通过如下公式估算获得（Gascoyne and Wuschke，1992）：

$$v = [b^2/(12\mu)](\mathrm{d}P/\mathrm{d}z) \tag{3.9}$$

式中，$b^2/12$ 是裂缝的渗透率；b 是裂缝的宽度；μ 是气体的黏度。

可以用"立方定律"来估算裂缝媒介（垂直对流方向的裂缝系统）中的气体速率（Schrauf and Evans，1986），公式如下：

$$v = [b^3/(6\mathrm{d}\mu)](\mathrm{d}P/\mathrm{d}z) \tag{3.10}$$

式中，b 是裂缝间距的平均值，m。

在地下，只要两点之间存在压力梯度，就可能发生对流作用。压力梯度可能是由构造应力、静岩负载变化、岩石破裂、局部生气作用、含水层和深部储层中流体的补给-排泄及大气压在地表附近的泵吸效应等造成的。此外，那些较轻的气体（如氢气和氦气）由于密度较低而上升，这也是一种对流效应。实际上，对密度为 ρ_1 的气体，假定围绕在它周围

的气体密度为 ρ_2，当 $\rho_2 > \rho_1$ 时，密度为 ρ_1 的气体就会向上运移。较轻气体受压力梯度 $\rho_2 g$ 的控制，公式如下：

$$v = kg(\rho_2 - \rho_1)/\mu \tag{3.11}$$

重力加速度为 g 时，$g(\rho_2 - \rho_1)$ 相当于压力梯度。地球上天然存在的背景气压梯度本身就是一个持续排气作用的反映。

在地质环境下，扩散和对流作用几乎不可能单独发生，因此，在研究天然气运移时应该将二者统一在一起考虑。通过结合扩散和对流的公式，以一维形式表达的气流总通量公式如下：

$$F = [-nD_m(dC/dz)] + [vC] \tag{3.12}$$

式中，$[-nD_m(dC/dz)]$ 表示扩散作用；$[vC]$ 表示对流作用。

根据采纳的假设条件和限制条件，从质量守恒角度，一般的输运方程可以用不同复杂程度的公式来表达。在大多数情况下，对于实际问题，运移模型及相关方程可以遵循简单和可接受近似的原则。因此，就可以考虑用一维公式来表征层状和稳定状态的气流在干燥、均匀和各向同性多孔介质中的运移。

这样，我们就可以获得流体力学中输运方程的一般表达式：

$$nD_m(d^2C/dz^2) - v(dC/dz) + (\alpha - \omega) = 0 \tag{3.13}$$

式中，α 是天然气的生烃速率；ω 是气体从水流中被移除的速率（岩石吸附作用、地下水溶解或微生物降解的结果）。在实际中，该公式存在几种变体。

3.2　实际的运移机制和运移形式

特别是对于天然气渗漏系统而言，对流运动的速率和空间尺度要远高于扩散作用。扩散作用仅在毛细管或小孔隙岩石中较为重要，这说明在油气渗漏系统中，扩散作用仅是烃类在气源岩（页岩和灰岩）中生成及其后发生"初次运移"（Hunt，1996）的主要运移机制。因此，需要考虑水中甲烷和重烃气组分的扩散系数（如上文所述）。通常，生烃作用是和诸如蒙脱石向伊利石转化等黏土矿物的成岩作用同时发生的，导致水在对流作用进行的同时被排出。一些天然气就可以通过水溶相形式发生运移。天然气从烃源岩进入外部岩石、再进入到储层（二次运移），从一个储层运移到另一个储层或运移至地表（三次运移），这些过程在很大程度上都是受压力梯度驱动的（图 3.1）。因此，对流作用在烃源岩之外相对较大孔隙或裂缝介质中扮演了独一无二的角色。

但是，根据天然气所遇到的地质和物理情况，在其上升过程中，驱动力的性质可能会发生变化。此外，沉积盆地及其组成岩石还受到盆地负载、压实脱水、张性应力、挤压力和其他构造应力的影响，也会使天然气运移的驱动力发生变化。最后，温度、压力、机械应力、化学反应和矿物沉淀等因素的变化也会改变地层的含气性质。所有这些因素之间的相互作用会导致受时间制约的流体输运。对这些流体输运而言，每天、每个季节或在地质时间尺度内的天然气渗漏都是不断变化的。

根据气-水-岩系统的各种情况，天然气的对流可以有不同的形式（图 3.2）。在干燥的多孔或裂缝介质中，天然气在孔隙空间或裂缝中流动，可以定义为气相对流。此时，可

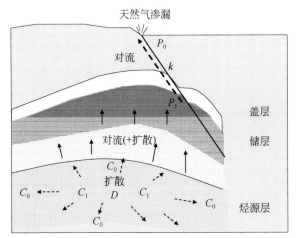

图 3.1 控制天然气从烃源岩运移至储层再到地表的主要因素

P. 气体压力；*k*. 渗透率；*D*. 气体扩散系数；*C*. 气体浓度

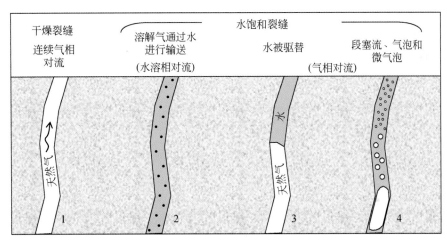

图 3.2 气体在干燥和水饱和裂缝介质中发生对流作用的示意图

1. 在干燥裂缝系统中压力驱动的连续气相流动；2. 天然气的水溶相运移；3. 在饱和裂缝系统中，
压力或密度驱动天然气连续排替孔隙水；4. 在含水层和含水裂缝系统中气泡以段塞流或微气泡的形式进行浮力运移

以使用式（3.7）。对于饱和的多孔介质，可能发生以下三种情况：

（1）气体溶解在地下水中并发生输运（水溶相对流）；

（2）气体流动并排替水（气相对流）；

（3）气体以气泡的形式流动。

在水溶相对流过程（1）中，天然气在溶液中和水以相同的速度运移；因此，在水文地质学中使用的达西定律是有效的，公式如下：

$$v = Ki \tag{3.14}$$

式中，K 是介质的渗透系数，$D(1D = 0.986923 \times 10^{-12} \, \text{m}^2)$；$i$ 是水力梯度。

在水饱和介质中要发生气相对流作用，气体压力（P_g）必须大于静水压力（P_w）与毛细管压力（P_c）之和。某一点的静水压力可以用该点到测压面的高度（H_w）来表示（$P_w = \rho_w g H_w$）。根据拉普拉斯方程（$P_c = 2\sigma/r$），毛细管压力与水的界面张力（σ）及孔隙喉道半径（r）有关。当 $P_g < (P_w + P_c)$ 时，天然气仅能通过扩散作用进入介质。当 $P_g > (P_w + P_c)$ 时会出现两相流动，水被天然气所驱替。如果 $P_g = P_{fr} >> (P_w + P_c)$，那么气体就会在岩石中形成裂缝（$P_{fr}$ 是裂缝开始生成时的压力，大体上和静岩压力相等）。当气体压力 P_g 达到 P_{fr} 时，气体就可以在形成的破裂面流动。然而，如果 $P_{fr} < (P_w + P_c)$，气体流动只会在裂缝中出现，而在岩石基质中不会发生气体的运移。压力的升高会导致裂缝网络的进一步扩大。相反，如果 $P_{fr} > (P_w + P_c)$，气体就会在裂缝中流动，并通过裂缝进入到岩石基质。这里，应该注意的是静水压力和静岩压力都会作用于天然气（如"气顶"中所发生的那样），是天然气自身的驱动力。

因此，当 $P_g > (P_w + P_c)$ 时就会发生水被驱替的过程（2），被驱替的规模取决于气体波前的尺寸，这与含水介质的类型有关（如均匀多孔介质、单个裂缝等）。例如，在饱和裂缝中，如果气带波前和裂缝宽度尺寸相似，气体就可以把水完全置换掉（Gascoyne and Wuschke，1992）。将气体和水之间的密度差表征为压力梯度，我们就可以使用式（3.9）进行计算。相反，如果气体运移的条带较小，尺寸小于裂缝的宽度，或者气流是间断的（即 P_g 不停变化，时而大于时而又小于驱替作用所需的临界值 $= P_w + P_c$），或者最终由于过饱和从水中脱出，这样就会形成气泡（3）。气泡的流动机制被认为是地下气体流动的常见形式，因此需要单独讨论。

3.2.1　气泡和微气泡流动

气泡和微气泡的浮力是一种经常被提到的天然气渗漏（包括微观渗漏）机制（Price，1986；Klusman and Saeed，1996；Saunders et al.，1999；Brown，2000）。通常从气泡的形成和运移两个阶段来研究该现象。

液体中的气泡可以来源于两种机制：①气体溶解达到过饱和状态；②气体直接进入液体（即机械夹杂；Teller et al.，1963）。饱和度取决于气体的溶解度，而溶解度反过来又受温度和压力（及 pH 和离子强度）的影响。温度增加和压力减小导致水发生脱气作用。在地下，当水在运移过程中遇到裂缝时，当静水压力或静岩压力降低时（例如，在发生侵蚀、滑坡或采矿活动之后）或当构造应力、含水层的充注和排出引发泵吸效应时，都会导致压力的降低。温度的增加可以和岩石热导率的变化相联系（即水穿过具有不同热导率的岩石）或与水文和构造运动引起的局部地温梯度变化有关。气泡的出现需要一个气核作为液体中的空隙。气核可以是纳米级气泡的形式，也可以是携带吸附气的固体。这种"非均质性"在温、压变化引起的排气过程中扮演了催化剂的角色。例如，在放射性矿物发生 α 衰变过程中生成的能量颗粒更易于形成气泡（Malmqvist and Kristiansson，1985）。显然，微生物作用或化学反应在局部生成天然气时，溶液同样会变得过饱和。更多关于气泡形成机理的详细论述参见 Frenkel（1995）、Mesler（1986）和 Tsuge（1986）。

当断层穿过含水层时，天然气从深部沿断层上涌，就会形成气泡流和微气泡流。水中气泡的形成受控于水中溶解天然气的扩散作用，同时还受控于静水压力降低造成的气泡中天然气压力的降低。随着气泡的增大，浮力变得越来越重要。在某一个特定的时间点，浮力会克服使气泡保持静止的拖拽力。此后，水中气泡就会遵循斯托克斯（Stokes）定律发生运移，公式如下：

$$v=d^2g(\rho_w-\rho_g)/(18\mu_w) \tag{3.15}$$

式中，v 代表气泡速度，m/s；d 代表气泡直径，m；g 代表重力加速度，m/s^2；ρ_w 和 ρ_g 分别代表了水和天然气的密度，kg/m^3；μ_w 代表水的黏度，$kg/(m \cdot s)$。该公式反映出气泡的运移速率直接与其直径的平方有关。当静水压力降低时，d 增加，气泡相对于周围水体的运移速率增加。上述公式是斯托克斯定律的一般表达式。在多孔介质中，必须对该公式进行相应的修正。首先，参数 d 必须要有一个上限，该上限和介质的结构有关。显然，气泡的最大尺寸受多孔介质中运移通道最小横截面的控制。对裂缝性岩石而言，气泡的尺寸可能和裂缝壁之间的最小距离有关。Várhegyi 等（1986）运用如下公式，建立了估算气泡尺寸（d_B）和运移速率的理论模型，模型中将上述参数作为介质孔隙度（n）和颗粒直径（d_G）的函数：

$$d_B=1.26d_Gn(n+0.21) \tag{3.16}$$

运用该公式，就可以获得一个气泡在均匀等粒状多孔介质中的最大运移速率（气泡尺寸与孔隙空间大小相等），尽管在自然界很少见到这样的介质。理论上，要确定 d_G 和实际颗粒尺寸之间的关系是非常困难的。但是，在大粒径分布的情况下，d_G（相当于颗粒的平均尺寸）很可能会偏向更细的颗粒尺寸，而供气泡流动的横截面也会变小（Várhegyi et al.，1986）。为了估算在地质媒介中微气泡运移速率的数量级，可能需要使用改进的斯托克斯公式（3.16），尽管该模型是通过考虑气泡运动的一般斯托克斯定律（将气泡直径作为岩石孔隙度的函数）而开发的。对裂缝性介质而言，裂缝或裂隙的宽度决定了在Várhegyi 的公式中所需的最大气泡直径。鉴于上述公式没有将许多实际因素考虑在内，因此这个简单的模型只能作为获得地质环境下气泡运移速率的第一步。斯托克斯公式中所给出的速度实际上代表了单个气泡在"自由"水环境中的运移情况。此时，该气泡的运移和形态不受其他气泡或裂缝壁效应的影响。通过增加天然气通量，气泡可以合并形成垂向拉长的气泡串，称之为"段塞流"，进而在裂缝中形成连续气流。

简而言之，依靠气体通量和裂缝尺寸这两个研究气泡速率所必需的参数，我们可以确定如下几个可能发生在天然岩石裂缝中的气泡流动模式：

（1）裂缝壁效应可以忽略不计的气泡。在假设裂缝壁对气泡流动没有造成扰动的前提下，可以使用单个气泡运移的经典公式。这种情况可能发生在相对较大的裂缝和岩石空间中的微气泡。

（2）气泡沿典型的狭窄裂缝上升，裂缝壁影响了气泡的上升（裂缝的宽度与气泡直径接近）。Brown（2000）基于气泡半径（r）和裂缝（用平行面近似）宽度值二分之一（b）的比值，将气泡速率（v_w）归一化为斯托克斯公式中的速度（v），公式如下：

$$v_w/v=1-1.004(r/b)+0.418(r/b)^3-0.21(r/b)^4-0.169(r/b)^5 \tag{3.17}$$

（3）长气泡串和段塞流（$r>b$）。通过增加气体通量和（或）减少裂缝孔径，气泡被拉长（段塞流），形成典型的气泡串流动。

（4）出现在较大岩石空间中的气泡羽流（$r<<b$）。由于气泡湍流，必须考虑流体额外

增加的上涌速率（变化为 10～40cm/s）（Clift et al., 1978）。在大型的节理系、被水充满的溶洞区和喀斯特溶坑中，强气泡羽流可以在不发生显著壁面摩擦的情况下上升。

在较高的气体压力和通量下，连续气流可以在压力梯度的驱动下取代段塞流。尤其是当压力驱动的速率高于浮力驱动的速率时，气泡就可能和后续气流发生合并。气泡串和段塞流的流动可能是由于储-盖组合间歇性的气体渗漏造成的，或者也可能是构造应力（地震）导致断裂作用增强引起压力脉冲的传导所引起的。只有在大量气体连续进入裂缝，同时压力大于静水压力和毛细管压力之和时（如地热系统或超压油气藏发生渗漏），才可能会出现连续相流动。任何气体压力或者裂缝宽度的减小都会使气流中断从而形成段塞流或气泡串。在气泡的上升过程中，由于半径的增加，可能在裂缝中被堵塞。一旦气泡被堵塞，它们就会再一次合成更长的段塞流，进而形成连续的气柱。

3.2.2　天然气渗漏的速率

在天然气渗漏研究中，获得气体运移速率是一项重要的工作。作为裂缝宽度的函数，气体运移速率的理论值可以通过式（3.9）和式（3.15）来获得，前者针对在平行面之间的连续气相流动，而后者针对斯托克斯公式中气泡的流动，并假设气泡直径小于裂缝宽度。图 3.3 描绘了对应于地下 1000m 深度参考条件（即 38℃ 和 10MPa；水的密度为 1000kg/m³；水的黏度为 0.0009Pa；天然气的密度为 100kg/m³；天然气的黏度为 0.000015Pa）下的速度曲线。由于天然气在水中的浮力，我们可以假设压力梯度受密度驱动。我们分别计算了存在和不存在裂缝壁效应时气泡的速率［分别为式（3.15）和式（3.17）］。

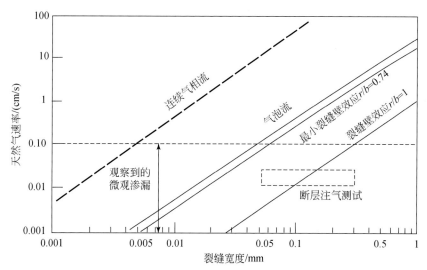

图 3.3　气体速率作为裂缝宽度函数的交会图（根据 Etiope and Martinelli，2002 重绘）

计算了深度为 1000m 时，连续气相流和气泡流的理论速度（见上文）。当 $r/b=0.74$ 和 $r/b=1$ 时，计算得到的受裂缝壁效应影响的气泡速率。矩形代表了一个沿断层注气测试的实验值（Ciotoli et al.，2005）。观测到的微观渗漏速率的范围来自 Brown（2000）

现场气体速率的实验数据是很难获得的。在各类文献中，很少有包含裂缝数据的例子。仅有的那些例子主要来自对储气库封闭性的研究（如 Jones and Thune，1982）或现场注气实验（通常作为放射性废物地质填埋研究的一部分；如 Lineham et al.，1996；Ciotoli et al.，2005），实验中注入气体的压力等于静水压力和毛细管压力之和。关于储气库渗漏的研究和相关控制实验表明气体的运移速率为每天几百厘米，其数量级要高于仅由扩散作用驱动的情况（Jones and Thune，1982；Harbert et al.，2006）。基于未知的裂缝孔径，一些研究通过评价地下压力变化对地表烃类渗漏地球化学特征造成的影响，保守估算了天然气的运移速率（Brown，2000）。在和排气口相关的特殊案例中，通过测量释放的气体通量可以估算天然气的运移速率；据保守估计，泥火山中天然气上升的速率约为 150 ~ 300m/d（Martinelli and Ferrari，1991）。

理论上，正如 Brown（2000）所展示的那样，连续气相运移是最快的运移机制。实际中，连续相气流的速率受气体黏度的控制 [式（3.7）]。控制气泡上升的黏度因素主要是指水的黏度，在假定的参考条件下，它约为气体黏度的 60 倍。对几毫米宽的裂缝而言，气泡的运移速率介于 0.001cm/s 到 10 ~ 20cm/s。MacElvain（1969）和 Price（1986）认为胶体大小的微气泡（半径小于 1μm），是一种烃类气体理想的运移机制，具有较低的速率，约为 10^{-6} ~ 10^{-5} cm/s。相反，目前观测到的气体速率范围约为 10^{-4} ~ 10^{0} cm/s（0.1 ~ 2000m/d）。图 3.3 表明，连续相气流在任意裂缝宽度或者气泡在裂缝宽度大于 0.01mm 的情况下，都可以轻而易举地达到这样的速率。对于厘米级的相对较大的裂缝和孔隙，微气泡羽流速率大约可以达到约 10^{4} m/d。受裂缝壁效应的影响，气泡串和段塞流的运移速率介于微气泡和连续气流之间。Heinicke 和 Koch（2000）发现了二氧化碳段塞流以约 7 ~ 8cm/s（6000 ~ 7000m/d）的速率沿充满水的断层上升时产生的水文地球化学地震信号。因此，Brown（2000）关于气泡上升无法解释微观渗漏速率的结论仅适用于胶体大小的气泡。

总体而言，现场和实验室的气体注入实验（如 Etiope and Lombardi，1996；Ciotoli et al.，2005）表明含水层不会构成天然气运移的障碍或降低天然气的运移速率。实际上，由于在天然气和水之间产生的浮力 [式（3.15）] 比天然气和天然气之间产生的浮力 [式（3.11）] 要大，在注入压力相同的情况下，气体在饱和岩石中运移速率要高于在干燥岩石中的运移速率。

3.2.3　微气泡引起的物质输运

尽管实验数据仍然很少，但通常认为微气泡在裂缝中上升的过程中可以输送气态和固态物质，包括金属矿物和放射性核素。这个过程通常称为"基于地质气体的物质输运"（Malmqvist and Kristiansson，1984；Kristansson et al.，1990；Hermansson et al.，1991；Etiope，1998）。鉴于这些颗粒可能包含了金、铜和锌等贵金属，以及铀、镭和钚等放射性元素，这一现象对于矿产勘探和地下核废料和有毒废料存储库的建设都具有一定的借鉴意义。气泡可以从围岩中带走（剥离）气态和固态物质，并通过以下四种物理机制将其输运出去（图 3.4；Hermansson et al.，1991；Etiope，1998）：①浮选（提升气泡内的固体颗粒）；②活性元素在气–水界面发生结合；③气溶胶输运；④溶于载气的挥发性化合物的输运。

　　浮选是一个众所周知的物理过程（如 Aplan，1966），是由于在水和天然气之间的表面能高于矿物和天然气之间的表面能所引起的。因此，穿过破碎岩石的微气泡流可以提升细小颗粒并将其向上输运。实验室观测有力地证明了多孔介质中的气泡可以输运黏土颗粒（Goldenberg *et al.*，1989），以及金属元素和放射性核素的粉末（Etiope and Lombardi，1996）。

　　活性元素在气–水界面的输运是由于界面本身的能级要低于溶液的能级，许多元素（主要是放射性核素），往往会附着并聚集在气泡表面（Peirson *et al.*，1974；Pattenden *et al.*，1981）。例如，已经有研究表明在穿过海水的气泡表面可以发生元素的大量富集。研究发现，地表水的泡沫中每单位体积的钍含量是海水的 600 倍（Walker *et al.*，1986）。

　　气溶胶物质输运是由于气穴在岩石中快速运移导致固态和（或）液态颗粒发生分解而引起的，这一机制也被称为“地质气溶胶输运”（Holub *et al.*，2001）。从岩石裂缝中提取出的气溶胶样品已被广泛运用于矿产勘探（Kristiansson *et al.*，1990；Krcmár and Vylita，2001）。

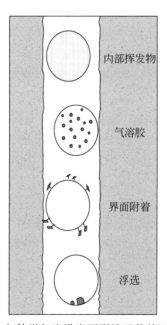

图 3.4　气体微气泡沿岩石裂缝运移的四种机制

　　最后，挥发性化合物可以在气泡内的天然气中发生混合。它们既包括了气体分子，又包括了汞和砷等挥发性化合物。如果这些化合物形成于岩石的裂缝中，它们就可能溶解在地质成因的天然气中并被输送至地表。

　　这些气泡的输运机制，尤其是浮选，可能还对烃类流体的快速运移具有重要的意义。在很多泥火山中，在气泡羽流附近经常可以观察到油滴和油晕（图 3.5）。因此，需要开展专门的研究以期更好的理解和模拟上述过程。

3.2.4 载气和痕量气体的概念

另一个关于气体运移的重要物理概念就是稀有气体通过载气的运移。上文所讨论的对流运移，无论是连续气流还是微气泡，都需要"游离气"流的参与，即重力只作用于浓度足够大的气体（气域）。为了形成某一特定类型的天然气流，就必须在相同的时间和地点存在大量的该类型气体分子。在许多情况下，重烃气（尤其是乙烷、丙烷和丁烷）及氦（He）、氡（Rn）等稀有气体在地下的数量，比形成宏观量的气体所需要的量要小很多个数量级（对 Rn 来说，约为 ppmv① 数量级）。这些气体无法对压力梯度做出响应并通过对

图 3.5　在泥火山口气泡周围的油膜和油晕

（a）Kechaldag，阿塞拜疆；照片由 L. Innocenzi，INGV 拍摄；（b）Paclele Mici，Berca，罗马尼亚；照片由 L. Spulber 拍摄

---

① ppmv. 百万分之一体积。

流作用自由流动（不存在纯的氡气和氦气气泡）。这些天然气必须被其他类型的宏观天然气流（"载气"）携带着向上运移，这样才能形成足够大的气域。根据地质环境的不同，载气通常包括甲烷、二氧化碳和氮气。例如，土壤气体中氦气浓度的异常（在第 5 章中将讨论）只能用载气的上涌来解释。事实上，土壤或地下水中的氦气永远都是和某一类主要气体相伴生的，如甲烷、氮气或二氧化碳。氦气的长距离运移是载气发生对流作用引起的另一个现象（如 Malmqvist and Kristiansson，1984；Etiope and Martinelli，2002）。氡（^{222}Rn）是一类不稳定的核素，半衰期很短（仅 3.8 天），因此当气体在岩石中发生缓慢的扩散作用时，氡的浓度会急剧减少。氡为了在其衰变之前从深部气源（含铀或镭的岩石或流体）到达地表，就必须以极快的速率向上输运。这种输运过程只有通过载气的快速上升才能实现。

当渗漏的天然气中存在多种来源的烃类气体时，上述概念对评价天然气的成因来源就变得十分重要。在地表（宏观）渗漏中，微量烃类化合物，如丙烷、丁烷或烯烃（如乙烯、丙烯和丁烯等）会以痕量水平（ppmv 或 ppbv[①]）出现，其自身无法长距离快速运移。在一个气体流动系统中，甲烷总是它们的载气。这意味着它们的来源（烃源岩）不会离开甲烷的烃源很远，在大多数情况下，二者都是同源的。正如第 5 章所述，这种评价方法对于评估天然气来源、不同来源化合物可能的混合作用及含油气系统都具有非常重要的意义。

参 考 文 献

Aplan F F. 1966. Flotation. In: Kirk-Othmer (ed). Encyclopedia of Chemical Technology, 2nd Edn. New York: Wiley-Interscience Publications

Bear J. 1972. Dynamics of Fluids in Porous Media. New York: Elsevier

Berbesi L A, di Primio R, Anka Z, Horsfield B, Wilkes H. 2014. Methane leakage from evolving petroleum systems: masses, rates and inferences for climate feedback. Earth Planet Sci Lett, 387: 219-228

Brown A. 2000. Evaluation of possible gas microseepage mechanisms. AAPG Bull, 84: 1775-1789

Ciotoli G, Etiope G, Guerra M, Lombardi S, Duddridge G A, Grainger P. 2005. Migration and behaviour of gas injected into a fault in low-permeability ground. Q J Eng Geol Hydroge, 38: 305-320

Clift R, Grace J R, Weber M E. 1978. Bubbles, Drops and Particles. New York: Academic Press

Etiope G. 1998. Transport of radioactive and toxic matter by gas microbubbles in the ground. J Environ Radioact, 40: 11-13

Etiope G, Lombardi S. 1996. Laboratory simulation of geogas microbubble flow. Environ Geol, 27: 226-232

Etiope G, Martinelli G. 2002. Migration of carrier and trace gases in the geosphere: an overview. Phys Earth Planet In, 129: 185-204

Etiope G, Drobniak A, Schimmelmann A. 2013. Natural seepage of shale gas and the origin of "eternal flames" in the Northern Appalachian Basin, USA. Mar Pet Geol, 43: 178-186

Frenkel J. 1955. Kinetic Theory of Liquids. New York: Dover

Gascoyne M, Wuschke D M. 1992. Gas flow in saturated fractured rock: results of a field test and comparison with

① ppbv. 十亿分之一体积。

model predictions. In:"Gas generation and release from Rad. Waste Rep. ",Proceedings of the NEA Workshop, Aix en Provence,23-26 Sept 1991

Goldenberg L C,Hutcheon I,Wardlaw N. 1989. Experiments on transport of hydrophobic particles and gas bubbles in porous media. Transport Porous Med,4:129-145

Harbert W,Jones V T,Izzo J,Anderson T H. 2006. Analysis of light hydrocarbons in soil gases,Lost River region, West Virginia:relation to stratigraphy and geological structures. AAPG Bull,90:715-734

Heggland R. 1998. Gas seepage as an indicator of deeper prospective reservoirs. A study on exploration 3D seismic data. Mar Pet Geol,15:1-9

Heinicke J,Koch U. 2000. Slug flow—a possible explanation for hydrogeochemical earthquake precursors at Bad Brambach,Germany. Pure Appl Geophys,157:1621-1641

Hermansson H P,Sjoblom R,Akerblom G. 1991. Geogas in crystalline bedrock. Statens Kärnbränsle Nämnd (SKN)Report 52,Stockholm

Holub R F,Hovorka J,Reimer G M,Honeyman B D,Hopke P K,Smrz P K. 2001. Further investigations of the 'Geoaerosol' phenomenon. J Aerosol Sci,32:61-70

Hunt J M. 1996. Petroleum Geochemistry and Geology. New York:W H Freeman and Co:743

Illing V C. 1933. Migration of oil and natural gas. Inst Petrol Technol J,19:229-274

Jones V T,Thune H W. 1982. Surface detection of retort gases from an underground coal gasification reactor in steeply dipping beds near Rawlins,Wyoming. In:Society of Petroleum Engineers,SPE Paper 11050,24

Klusman R W,Saeed M A. 1996. A comparison of light hydrocarbon microseepage mechanisms. In:Schumacher D,Abrams M A(eds). Hydrocarbon migration and its near surface effects. AAPG Memoir 66:157-168

Krcmár B,Vylita T. 2001. Unfilterable "geoaerosols",their use in the search for thermal,mineral and mineralized waters,and their possible influence on the origin of certain types of mineral waters. Environ Geol,40:678-682

Kristiansson K,Malmqvist L,Persson W. 1990. Geogas prospecting:a new tool in the search for concealed mineralizations. Endeavour,14:28-33

Lerman A. 1979. Geochemical Processes,Water and Sediment Environments. New York:Wiley Interscience Publications

Lineham T R,Nash P J,Rodwell W R,Bolt J,Watkins V M B,Grainger P,Heath M J,Merefield J R. 1996. Gas migration in fractured rock:results and modelling of a helium gas injection experiment at the Reskajeage Farm Test Site,SW England,UK. J Contam Hydrol,21:101-113

Loseth H,Gading M,Wensaas L. 2009. Hydrocarbon leakage interpreted on seismic data. Mar Pet Geol,26: 1304-1319

MacElvain R. 1969. Mechanics of gaseous ascension through a sedimentary column. In:Heroy W B(ed). Unconventional Methods in Exploration for Petroleum and Natural Gas. Dallas:Southern Methodist University Press: 15-28

Malmqvist L,Kristiansson K. 1984. Experimental evidence for an ascending microflow of geogas in the ground. Earth Planet Sci Lett,70:407-416

Malmqvist L,Kristiansson K. 1985. A physical mechanism for the release of free gases in the lithosphere. Geoexploration,23:447-453

Martinelli G,Ferrari G. 1991. Earthquake forerunners in a selected area of northern Italy:recent developments in automatic geochemical monitoring. Tectonophysics,193:397-410

Mesler R. 1986. Bubble nucleation. In:Cheremisinoff N P(ed). Gas-liquid Flows, Encyclopedia of Fluid Mechanics,vol 3. Houston:Gulf Publishing Co

Mogro-Campero A, Fleischer RL. 1977. Subterrestrial fluid convection: a hypothesis for long-distance migration of radon within the Earth. Earth Planet Sci Lett, 34:321-325

Muskat M. 1946. The Flow of Homogeneous Fluids Through Porous Media. Ann Arbor: Edwards Inc

Pandey G N, Rasintek M, Katz D L. 1974. Diffusion of fluids through porous media with implication in petroleum geology. AAPG Bull, 58:291-303

Pattenden N J, Cambray R S, Playford K. 1981. Trace elements in the sea-surface microlayer. Geochim Cosmochim Acta, 45:93-100

Peirson D H, Cawse P A, Cambray R S. 1974. Chemical uniformity of airborne particulate material and a maritime effect. Nature, 251:675-679

Price L C. 1986. A critical overview and proposed working model of surface geochemical exploration. In: Unconventional Methods in Exploration for Petroleum and Natural Gas IV. Southern Methodist University Press: 245-309

Saunders D, Burson K R, Thompson C K. 1999. Model for hydrocarbon microseepage and related near-surface alterations. AAPG Bull, 83:170-185

Schrauf T W, Evans D D. 1986. Laboratory studies of gas flow through a single natural fracture. Water Resour Res, 22:1038-1050

Teller A J, Miller S A, Scheibel E G. 1963. Liquid-gas systems. In: Perry J H (ed). Chemical Engineers' Handbook. New York: McGraw-Hill Book Co

Tsuge H. 1986. Hydrodynamics of bubble formation from submerged orifices. In: Cheremisinoff N P (ed). Encyclopedia of Fluid Mechanics, vol 3. Houston: Gulf Publishing Co

Várhegyi A, Baranyi I, Somogyi G. 1986. A model for the vertical subsurface radon transport in "geogas" microbubbles. Geophys Trans, 32:235-253

Walker M I, McKay W A, Pattenden N J, Liss P S. 1986. Actinide enrichment in marine aerosols. Nature, 323: 141-143

Witherspoon P A, Saraf D N. 1965. Diffusion of methane, ethane, propane, and n-Butane in water from 25 to 43. J Phys Chem, 69:3752-3755

第4章 天然气渗漏的探测和度量

本章对目前使用的地表天然气渗漏探测技术进行了一次全面的回顾，既包括了对陆地环境也包括了对水体环境（河流、湖泊和海洋）中天然气渗漏的探测。文中所介绍的大部分技术都可以运用到不同目的的天然气渗漏探测工作中（例如，油气勘探、地质灾害监测和环境研究等）。大部分技术还可以用于检测人为的气体渗漏，例如油气生产和配送设施的逃逸排放。微观渗漏探测技术在油气勘探中的应用及相关的解释手段和局限性将在第5章进行讨论。

本章的目的不是（也不可能是）为了详细介绍和回顾目前使用的所有地表天然气渗漏探测方法。正如下面章节所列举的那样，在综述性论文中已经介绍了一些传统的技术方法。本书仅对一些目前使用的方法进行了综合而简要的介绍，包括新一代仪器所能提供的最新技术和功能。本章讨论的重点是气体的直接探测方法。气体渗漏在油气勘探中的应用将在第5章详细介绍。本章还将对一些间接的天然气渗漏测量方法做一个简要的介绍，其中包括了地球物理技术及在遭受烃类改造的土壤、水、岩石或植物中各类化学、物理和微生物参数的测量。此外，本书还为那些想深入了解传感原理和设备设计的读者提供了一些具体的参考文献和案例。油苗的探测不在本书的论述范围之内。

4.1 天然气探测方法

如图4.1所示，在地上（大气测量）、地下（土壤和井口空间）和水中（浅部含水层、泉水、河流、沼泽、湖泊和海洋）都可以探测到天然气渗漏。在如图4.2所示的树形图中直观地回顾了几种方法。

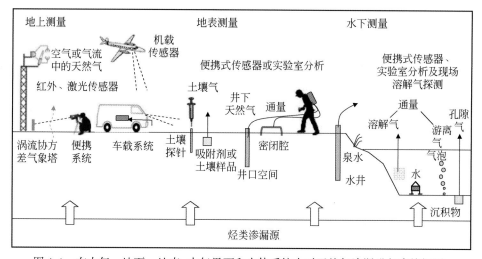

图4.1　在大气、地下、地表–大气界面和水体系统中对天然气渗漏进行直接探测、取样和分析的主要技术手段

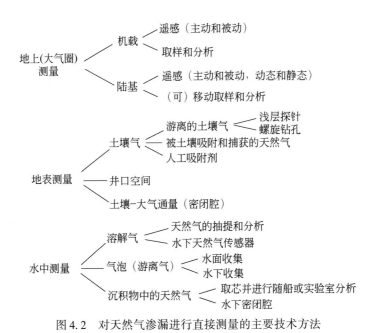

图 4.2　对天然气渗漏进行直接测量的主要技术方法

4.1.1　地上（大气）测量

探测地表之上烃类有一些优点，但同样也有许多缺陷。在大气中测量天然气可能不需要特殊的条件；天然土地和农田中的土壤都没有被扰动，代表了大面积内平均信号的天然气样本可以被快速采集。但根据到天然气渗漏源距离的不同，大气中的风和对流混合作用会大大降低天然气渗漏信号的强度。因此，对渗漏天然气的探测在很大程度上受制于天气情况。在很多情况下，即便天然气的渗漏很强，甲烷的发散仍然会导致气柱的平均浓度十分接近或仅仅略高于大气的背景值。任何特定气体浓度异常都应根据地面和本地测量进行验证和确认。事实上，在大气中探测到的烃类可能来自与天然气渗漏无关的人为或自然来源（如湿地、垃圾填埋场、化石燃料发电站或泄漏的输油管道等）。但是，在过去的二十年间，技术的进步提高了我们探测大气中痕量气体的能力。机载探测技术仅仅适用于探测来自宏观渗漏的规模较大的气体释放。使用一些陆基的探测手段更易于发现微观渗漏。

气体的探测技术主要可以分为两大类：遥感和空气采样系统。这两类技术在机载、陆基或车载平台上均可以使用。

4.1.1.1　遥感

在高度相对较低的大气中，气体的遥感探测主要基于对气体分子释放和吸收辐射的分析。因此，相关探测设备通常基于吸收光谱。甲烷具有很强的转动-振动跃迁，因此会在波长分别为 $1.65\mu m$、$2.35\mu m$ 和 $3.4\mu m$ 的近红外（near-infrared，NIR，波长 $0.78\sim3\mu m$）和中红外（mid-infrared，MIR，波长 $3\sim50\mu m$）的光谱范围内被吸收。遥感既可以是被动的（观察气体分子发出的自然辐射），也可以是主动的（经过雷达波扫描后观察气体分子的辐射或反向散射），可以通过卫星（太空遥感）、固定翼飞机、直升机、遥控飞机（航空机载遥感）、陆基车辆或手持便携式传感器来获得遥感信息。目前已有的基于卫星的遥感系统 [如大气制图扫描成像吸收光谱仪（Scanning Imaging Absorption Spectrometer for Atmospheric Chartography，SCIAMACHY）和温室气体观测卫星（Greenhouse Gases Observing Satellite，GOSAT）；Buchwitz et al.，2010] 只能探测到陆地范围内甲烷（及 CO_2 和 N_2O 等其他一些非烃气体）的变化。这些系统的空间分辨率最高只有 10km（GOSAT），无法满足对来自某一汇聚型气源的近地表局部气体释放或气体羽流的探测。因此，它们不适用于探测局部规模的天然气渗漏。相比而言，机载系统的分辨率就要高得多，可以探测到局部规模的气体释放。近期有关运用机载被动频谱成像技术探测天然气渗漏的实例包括机载可见光/红外光成像频谱仪（Airborne Visible/Infrared Imaging Spectrometer，AVIRIS；Bradley et al.，2011；Thorpe et al.，2013）和机载甲烷成像仪（Methane Airborne Mapper，MAMAP；Gerilowski et al.，2010）。这些仪器都是利用电磁波谱的短波红外（short-wave infrared，SWIR）和近红外（NIR）部分进行工作。AVIRIS 已经被运用于包括煤油点海底（宏观）渗漏区在内的加利福尼亚海上和陆地（宏观）渗漏研究中（Bradley et al.，2011）。Bradley 等（2011）研究发现遥感上显示的（宏观）渗漏异常和在实地发现的正在上升的气泡羽流是一致的。这项技术非常适合检测来自大面积汇聚型烃源的甲烷渗漏，但是由于碳酸盐等物质与甲烷具有相似的波长（2.35μm），可能会给在地表获得的这些强吸收特征带来错误的信息。

天然气渗漏主动探测系统主要基于光探测和测距（Light Detection and Ranging，LIDAR）系统（如 Zirnig，2004；Thomas et al.，2013）。该系统既可以安装在机载平台也可以用于陆地平台上，配备一台便携开放式可调谐二极管激光传感器（tunable diode laser，TDL），仅需一位操作人员就可以轻松操作。特别值得一提的是差分吸收激光雷达（Differential Absorption LIDAR，DIAL），它使用一个脉冲激光器，拥有两个波长，一个被气体（MIR，波长 3.4μm）强吸收，一个被气体弱吸收。差异吸收和气体的浓度呈比例。DIAL 目前已经被成功地运用于监测输油管道是否发生泄漏（Zirnig et al.，2004）。便携开放式激光传感器的实例来自 Boreal Laser's GasFinder（如 http://www.epa.gov/etv/pubs/01_vs_boreal.pdf）和 Lasermethane™（日本安利天然气工程公司），这些实例都是基于波长调制吸收光谱（Iseki，2004）。Lasermethane™ 传感器通过人工控制激光束的方向，使其穿过几十米宽的地区，被用于快速探测土壤之上几厘米处空气中来自微观渗漏的甲烷浓度异常（>2ppmv）（图 4.3）。该方法通过在土壤上部约 10~20cm 的空气中探测最高达 40~50ppmv 的甲烷浓度异常，可以判断是否存在微观渗漏，进而在较大的区域内快速完成扫描（一个面积为 $0.3km^2$ 的地区可以在一个小时内完成扫描）（Etiope and Klusman，2010）。将地面作为反射器，该仪器同样还可以用于探测土壤或岩石中气体的泄漏（Etiope et al.，2006）。

图 4.3　使用便携式激光传感器在地表之上几厘米的空气中探测甲烷的异常浓度（罗马尼亚 Berca 油田的 Fierbatori 天然气渗漏区，照片由 C. Baciu 拍摄）

4.1.1.2　现场天然气采样和分析系统

固定翼飞机、直升机或陆地车辆可以装备"嗅闻"设备，将大气抽入气体传感器内。基于光腔衰荡光谱（Cavity Ring-down Spectroscopy，CRDS）、不分光红外线气体分析法（Nondispersive Infrared，NDIR）、离轴积分腔输出光谱（Off-axis Integrated Cavity Output Spectroscopy，OA-ICOS）和可调谐二极管激光吸收光谱（Tunable Diode Laser Absorption Spectroscopy，TDLAS）等技术（Hirst *et al.*，2004；Chen *et al.*，2010；Baer *et al.*，2012）的高精度光谱分析仪可以探测到超过空气背景浓度的痕量（ppbv 或 ppmv）烃类气体（主要是甲烷和乙烷）。这些空气样品同样可以被采集和保存下来，用于实验室分析。取样的位置由全球定位导航系统（GPS）来记录，通常它与气体采样或分析设备之间都留有接口。对遥感探测而言，风和地表条件可能会严重稀释进入到大气的烃类气流，同时较高的湿度可以延缓或减少气体上升至飞行高度。在 LTE（2007）和 Hirst 等（2004）文献中可以找到基于地面调查研究大气中天然气渗漏的实例。在科罗拉多的拉顿（Raton）盆地沿公路行驶 4490km，通过固定在汽车上的距地表约半米的红外线快速分析仪对空气进行分析，发现了 67 处（宏观）渗漏，记录到的空气中甲烷浓度异常最高可达 700ppmv（LTE，2007）。

通常运用微气象塔来进行静态大气测量，如涡流协方差法（Eddy Covariance，EC）中使用的那些塔（Burba *et al.*，2010）。通过快速连续气体测量（通过高分辨率红外线传感器）、垂向温度梯度和声学风速表测定的三维空气速度，EC 技术可以估算从地面到大气圈的气体通量。这项技术主要用于研究生物成因二氧化碳、甲烷和氨气（NH$_3$）的释放及地表生态系统的收支，却很少用于调查地质成因天然气的释放（如 Lewicki et al.，2009）。

Petron 等（2012）介绍了基于空气取样和实验室气相色谱/质谱（gas chromatography/mass spectrometric，GC/MS）分析的流动调查方法。当时这项研究的目的并不是针对探测自然成因的天然气体渗漏，而是为了评估在油气生产和加工场所产生的人为烃类气体释放。空气采样技术可以同时探测并定量来自自然成因天然气渗漏的各种气体（本质上所有的烃类气体及其伴生的非烃气体），同时还可以进行不同类别的同位素分析，以更好地确定天然气的成因来源。以这种方式获得的数据点显然是不连续的，若采样间隔较宽，就可能会漏掉在非采样点出现的天然气渗漏信号，而通过连续的测量则可以获得这些信号。

4.1.2　地表测量方法

地面测量包括了所有可以探测土壤中、土壤以下较浅位置及土壤–空气界面处天然气的方法（图4.1）。这些测量工作还包括了对井口空间天然气和从土壤进入大气通量的测量。所有这些系统中的天然气都可以简便地收集在价格便宜的小瓶或气袋中，在实验室进行分析，或者使用便携式手持传感器直接在现场进行分析。除了传统的便携式气相色谱仪外［安装了火焰离子化检测器（Flame Ionization Detectors，FID）或热导检测器（Thermal Conductivity Detectors，TCD）］，现在还可以使用基于闭路红外激光器或腔增强吸收传感器等技术的快速高灵敏分析仪器来探测 ppmv 以下级别的甲烷。在现场直接测量天然气可以立刻识别天然气渗漏，制定勘测方案，进而选择测量点。地表测量技术是探测和表征与微观渗漏有关的低释放量气体的最有效方法。

4.1.2.1　土壤气或土壤以下孔隙气的分析

测定土壤中气体组成和浓度可能是在探测和表征烃类气体渗漏最常用的方法。测量的对象可以是在土壤孔隙中的游离气（土壤气），也可以是被低渗透率土壤捕获的天然气，还可以是被土壤矿物或是注入土壤和沉积物的人造吸附剂吸附的天然气。

通过人工将浅层金属探针（通常长约1m）或探测深度更大的螺旋钻孔（最大探测深度通常可达3~4m）插入土壤可以获得土壤的游离气样本。通过注射器或手动泵可以把气体抽出并在原地用便携式传感器进行分析，也可装在气袋或瓶子里，以备后续的实验室分析。用浅层探针取样速度更快且更加经济实惠，取样、分析过程可以在几分钟内完成。但是，由于土壤中的气体有可能因为大气的对流作用而被稀释，因此采样的深度越浅、土壤的孔隙度和渗透率就越高（如干燥沙地），能够被探测到的烃类气体的量也就越少。在较深的钻孔中几乎总会钻遇水，这同样会影响游离气的收集。因此，必须避免在浸满水的土壤或泥地中取样。正如很多科技文献中所讨论的那样（如 Klusman and Webster，1981；Hinkle，1994；Wyatt et al.，1995），土壤气中渗漏天然气的浓度主要受空气压力、温度和降水量等气象因素的影响。

通常，烃类同样可以在小型土壤孔隙中被捕获或疏松地黏结在土壤颗粒、有机质或矿物上，无法使用土壤探针来大量地抽提。针对这种情况，可以用特殊容器直接将土壤收集起来，通过加热和震荡在容器内形成顶空，然后对顶空中的气体进行采样和分析。这一方法的主要问题在于样品的完整性受到限制，同时在钻孔和实验室处理的过程中会发生气体的损失。在农田地区，样品还会受到含烃类添加剂的化肥、除草剂和杀虫剂的污染，导致与自然成因天然气渗漏中的重烃气组分发生混淆。

到达土壤中 B 层（沉积层）的烃类可能被黏土矿物吸附或被碳酸盐胶结物封存。基于加热和酸性抽提等手段将气体解吸附，再通过烃类 GC 分析可以检测到超过 100 种不同化合物，化合物碳数通常可以从 C_5 一直到 C_{20}，允许的检测浓度在 ppb 和 ppt 级别（如 Philp and Crisp；1982 及文中引用文献）。但是，上述分析结果严重依赖于所取土壤样品的类型、是否存在成岩阶段可以释放非渗漏成因烃类气体的碳酸盐岩及环境的湿度、pH 等因素。酸性土壤不会形成碳酸盐胶结物，因此烃类就不会被封存。

活性炭（如 Klusman，2011）或存储在具有化学惰性、疏水的聚四氟乙烯膜（Teflon©）内的微孔材料等人工吸附剂为我们提供了土壤气体取样的新选择（http：//www. epa. gov/etv/pubs/01_vr_goresorber. pdf）。通常，吸附剂的应用深度在 0.5 ~ 1m，土壤气的被动取样工作可能会持续几周时间。可探测到的最轻的烃类是乙烷，甲烷是无法被吸附的。这项技术最主要的优点在于它通过消除大气变化所造成的波动，集中反映了较长时间段内的气体浓度。

在很多文献中都论述了在天然气渗漏探测研究中的土壤气勘探。部分研究成果来自 Jones 和 Drozd（1983）、Richers 等（1986）、Richers 和 Maxwell（1991）、Dickinson 和 Matthews（1993）、Jones 等（2000）、Harbert 等（2006）、Klusman（2006）、Mani 等（2011）和 Sechman（2012）。

4.1.2.2　井口空间气的分析

不同目的的钻井，包括浅层勘探、地层钻孔、水井或量压计等，都可以用来在局部采集渗漏的天然气。如果井口可以操作（通过打开井盖或阀门），那么就可以在地下潜水面以上的井口空间中进行取样用于实验室分析，或者通过便携式传感器在现场直接分析。井口空间中可能含有直接从水中脱出的烃类气体，或者以气泡的形式穿过含水层或水柱的气体。在意大利北部的波河（Po）盆地，大量钻井在其井口空间内发现了高浓度的烃类气体，其中一些被用来分析当地天然气渗漏的成因来源（如 Etiope *et al.*，2007）。

4.1.2.3　土壤–大气气体通量的测定

土壤中天然气进入大气的通量是研究天然气渗漏的一项重要参数，因为它除了反映有天然气渗漏存在以外，还可以表征它的强度和持续性，两者反映了地下天然气的压力、气体通量和聚集潜力等特征。用于测试地下气体通量的主要技术是密闭腔或集气腔，这是一项成熟、经济且简便的测试技术（图 4.4）。

这项技术通过测量牢牢固定在地表的腔体中一段时间内的气体浓度（聚集）来计算天然气通量。如果气体浓度的变化率是一个恒量（稳定排放，即 ppmv 和时间是一个线性关系），那么就可以通过线性回归来计算浓度随时间变化的斜率。这条趋势线的斜率反映了气体的通量。斜率乘以密闭腔的高度（m）就可以得到气体的通量 Q，单位 mg/（$m^2 \cdot d$），

图 4.4　运用密闭腔技术结合便携式气体传感器测量气体通量的实例

左图的天然气渗漏来自十日町沥青（Niigata 盆地，日本）；右图是意大利中部 Miglianico 油田微观渗漏的测量
（还可见于 5.2 节和图 5.2）。照片由 G. Etiope 拍摄

公式如下：

$$Q = \frac{V_{FC}}{A_{FC}} \cdot \frac{c_2 - c_1}{t_2 - t_1}$$

式中，V_{FC} 为密闭腔的体积，m^3；A_{FC} 为密闭腔的面积，m^2；c_1 和 c_2 分别是甲烷在 t_1 和 t_2 时间（天）的浓度，mg/m^3。测量时间的选择取决于气体通量的大小和分析仪器的精度。气体通量越小，测量所需的时间就越长。腔体高度越低，测量气体通量所需要的时间也就越少。例如，对于一个甲烷分辨率和探测下限为 1ppmv 的传感器而言，在一个高度为 10cm 的腔体中，测量通量为 $100mg/(m^2 \cdot d)$ 的甲烷通量所需的时间为 1min；而对高度为 5cm 的腔体而言，测量时间则仅需 30s。

甲烷可以用气袋和瓶子进行收集，然后在实验室对其浓度进行分析，或者也可以用便携式传感器在现场进行浓度分析。便携式气流传感器可以在现场获得连续的浓度记录。如果腔体底面和地表贴合处的封闭性不好，可能会导致测量结果对气体通量的低估。因此，测量过程的不确定性与分析设备本身的误差（准确性和可重复性）及密闭腔实际捕获的气体体积这两个因素都有关系，这些都取决于实际测量过程中密闭腔和土壤的相对位置。

密闭腔不仅可以用于短期测量和区域调查，还可以用于固定位置的长期监测。一些学者提供了关于密闭腔使用方法的基本建议和指导（如 Mosier，1989）。主要的潜在问题包括温度的扰动（影响生物的活动及土壤中矿物对气体的吸附）和由风引起的压力的扰动（引起密闭腔内或附近气体流量的偏差）。装备了可平衡腔体内外气压的毛细管的隔热、反光的密闭腔可以将上述影响最小化。

密闭腔最早是为研究含碳和氮的气体在土壤–空气界面上的交换作用（如土壤呼吸作

用）而开发的（Hutchinson and Livingston，1993；Norman et al.，1997）。此后，这项技术被运用于探测含油气盆地（Klusman et al.，2000；LTE，2007）、煤矿（Thielemann et al.，2000）及释放气体的火山地热区（如 Hernandez et al.，1998；Etiope，1999；Cardellini et al.，2003）的甲烷微观渗漏。目前，可以找到大量关于使用密闭腔测量泥火山和各种其他类型（宏观）渗漏中甲烷通量的报道（如 Etiope et al.，2004a，2004b，2011a，2011b，2013；Hong et al.，2013）。这些研究使得在宏观渗漏区（图4.4）的排气口附近识别肉眼不可见的迷你气苗（见第2章定义）成为可能。正如第2章所述，密闭腔技术同样还是评价各种类型的（宏观）渗漏中甲烷通量的基本方法，根据第6章所述的分析流程，在此基础上可以自下而上获得关于局部、区域或全球地质成因甲烷对大气释放量的估算值。

4.1.3　水系统中的测量方法

湖泊、沼泽、河流、泉水、浅部含水层和海洋中的烃类会以溶解相（溶解气）或游离相（气泡）的形式存在。渗漏的天然气随后出现在沉积物中。

4.1.3.1　溶解气

使用玻璃瓶，并用不和烃类发生作用的隔膜及铝盖正确封闭，就可以获得水环境下的样品。在湖泊和海洋深部的水体样品可以用南森（Nanson）采水器和尼斯金（Niskin）采水器采集后再存放到玻璃瓶内。添加一些杀菌剂（如氯化汞，$HgCl_2$）可以有效抑制甲烷的氧化。用顶空进样法和（或）溶出法可以将溶解气在现场或实验室抽提出来（McAuliffe，1969；Capasso and Inguaggiato，1998）。

在海洋油气勘探区，可以通过船载的深海拖拽式进样口在水下 100~200m 处抽出海水，并带回到船上的分析系统（如 Sackett，1977；Philp and Crisp，1982；Gasperini et al.，2012）。溶液中的气体可以从海水样本中分离出来，并通过气相色谱或其他传感器进行分析。

此外，还可以用专门的水下传感器直接分析溶液中的甲烷，这种传感器装备的半渗透性薄膜可以使气体进入和探测器相连的内部顶空设备中。探测器通常是一个固态的光学传感器或光谱分析仪。这些设备主要运用于海洋环境、垂直铸件、水平剖面仪或海底平台等（如 Marinaro et al.，2006；Camilli and Duryea，2007；Newman et al.，2008；Krabbenhoeft et al.，2010；Gasperini et al.，2012；Embriaco et al.，2014）。Boulart 等（2010）对目前已有的技术做了一个回顾。

4.1.3.2　气泡的收集

湖泊、河流、沼泽、海水及泥火山水池中观察到的气泡串可以通过特殊的漏斗（"气泡捕获器"）或具有气体通量测定功能的漂浮的密闭集气腔来收集（如 Cole et al.，2010；Etiope et al.，2013）。先用水对气泡捕获器进行净化，此后水被气体逐渐驱替。鉴于漏斗的体积是已知的，因此利用气泡驱替水所需的时间就可以很好的估算气体的流量。对于那些无法直接进行测量的排气口，可以通过肉眼观测单个气泡串的尺寸和频率来估算进入大气的气体通量的数量级（Etiope *et al.*，2004a，2004b）。例如，甲烷含量为80%，每秒出现一次，直径为1cm（0.5mL）的单个球形气泡串的气体输出量约为40L每天。

依靠潜水员（如 Etiope *et al.*，2006）或遥控器操纵装备了机械臂和特殊采样装置的运载工具（如 Bourry *et al.*，2009）可以沿水柱或在水底采集气泡样品。在所有情况下，采集到的气样都可以在实验室进行分析，获得详细的分子和同位素组成信息。但是，正如第6章所述的那样，由于气泡和海水间会发生气体交换，因此以下认识十分重要：即沿着水柱运移了几十上百米到达海–湖面的气泡，其气体组成和湖、海底释放的气体的原始组成可能是有区别的。

4.1.3.3　水下沉积物分析

对于湖泊、河流，还有底部被气体所充注的沉积物，可以用一些基于重力驱动或机械旋转穿透的工具进行收集采样（如 Hopkins，1964；Abrams，2013）。重力取芯器由一个空心管组成（带芯衬的筒体），连接在外部重物上。机械取芯设备通过旋转钻进或振动取芯使筒体进入到沉积物中。尤其是振动取芯器，在常规的压力驱动设备无法刺穿的压实强烈或轻微胶结的沉积物中取样极为有效（Abrams，2013）。一旦样品被收集到船上，必须快速对其处理并进行一系列的实验室分析。鉴于挥发性烃类（C_1—C_{12}）和一些非烃气体会快速散失，必须对它们进行特殊处理。常见的做法是将沉积物存储在无涂层的金属罐头或干净的玻璃瓶中。在容器中注入海水或惰性气体（氩气）或空气以形成顶空。为了防止烃类被细菌氧化，必须在封闭罐头或玻璃瓶之前添加叠氮化钠或氯化汞等杀菌剂。大量的科技文献和综述介绍和回顾了沉积物的取样和分析方法，包括 Bernard 等（1978）、Logan 等（2009）、Abrams 和 Dahdah（2010）、Abrams（1996，2013）及上述著作中所引用的文献。

水底密闭腔同样被用来探测海洋或湖泊沉积物中的天然气渗漏（如 Caprais *et al.*，2010）。这些腔体的工作原理和土壤–大气通量腔一样，使用取样单元在预先确定的间隔采集少量的水。密闭腔可以用遥控运载工具或者依靠潜水员（在较浅的水体中）来部署和回收。

4.2　间接探测方法

天然气渗漏的间接探测方法主要是探测那些与其有关的烃类气体或其他类型气体造成的土壤、沉积物、岩石、植被或水体发生的化学、物理和生物变化。这些变化包括了和微生物学、矿物学、声学、电子化学、辐射学和植物学有关的异常。图4.5中的综观树形图总结了下文将要简单介绍的一些主要的间接测量方法。该图仅针对天然气渗漏的探测，不包括对原油或地下储层的探测。关于技术细节、应用和实例等，读者可以参考下文提供的参考文献。

尽管间接方法本身还不足以识别地下具有商业价值的烃类资源，但其中大部分方法，尤其是遥感技术，可以帮助我们发现沉积盆地中大面积分布的烃类气体渗漏。这说明正如第2章所述的那样，微观渗漏是一种在含油气系统中普遍存在的过程。

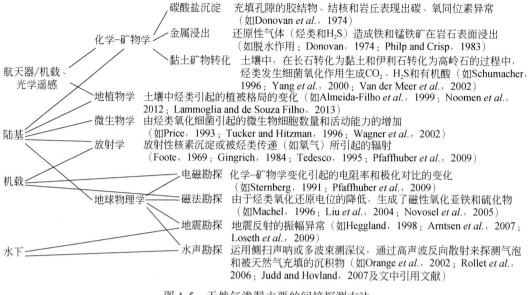

图4.5　天然气渗漏主要的间接探测方法

4.2.1　土壤的化学和矿物学改造

烃类的存在可能会改变一些土壤特有的化学和矿物学性质。细菌的生物降解作用会引起烃类（尤其是甲烷）的氧化并发生碳酸盐（尤其是方解石）的成岩作用。这一过程和第2章所述的在海底生成碳酸盐的过程是一样的。方解石充填了土壤的孔隙，而氧化作用通常是在有氧条件下进行的，化学式如下：

$$CH_4 + 2O_2 + Ca^{2+} == CaCO_3 + H_2O + 2H^+$$

该反应是通过生成二氧化碳并和水反应，进而生成碳酸氢盐来实现的。生成的碳酸氢盐沉淀物，如碳酸盐或碳酸盐胶结物的$^{13}C/^{12}C$同位素比值（表示为$\delta^{13}C$，VPDB，单位‰）表明其与遭受生物降解的烃类先质有关。以这种方式形成的方解石，其碳同位素组成通常小于-20‰，相比大气、淡水或海水环境下所形成的传统方解石的碳同位素组成（约为-10‰~+5‰）要轻得多。在土壤中，甲烷成因的碳酸盐十分普遍，和北美许多油气田有着密切的联系，相关实例见 Donovan 等（1974）和 Schumacher（1996）的文献。

此外，烃类及与其伴生的硫化氢（H_2S）可以还原土壤矿物和砂岩中的三氧化二铁（赤铁矿）和锰铁矿，形成漂白红层或常常导致岩石的脱色。在油气田边界以外的砂岩通常没有遭受改造，颜色为红棕色，而沿着生油背斜的断层可能会变成粉红色、黄色和白色（Donovan，1974）。土壤中的烃类被细菌氧化而形成的二氧化碳、硫化氢和有机酸同样可以将长石转化成黏土或将伊利石转化为高岭石（Schumacher，1996）。运用航空照相、雷达、地球卫星多光谱扫描、地球卫星主题映射器或机载多光谱扫描数据等光学遥感技术，可以有效地探测到这些改造作用（Yang et al.，2000；van der Meer et al.，2002）。

但是，理解以下这一点非常重要：尽管烃类气体渗漏引起的土壤改造作用已经为人们所熟知，但某一个特定区域沉积物和土壤的改造也有可能不是由烃类气体渗漏所造成的。除了天然气渗漏以外，还有很多因素可以导致近地表的异常。烃类可能是一个间接的原因，但并不总是最可能的改造因素。因此，尽管下文所列的勘探技术并不是决定性的，但对于踏勘测量仍然是有用的。和直接的气体探测方法相结合，这些间接方法可以有效地支持和完善在油气勘探中用传统的地球物理方法所得到的结论。

4.2.2　植被变化（地植物学异常）

土壤中的烃类会影响植被的生长和健康，通过对反射光谱的分析可以探测到这些烃类（Almeida-Filho *et al.*，1999；Noomen *et al.*，2012；Lammoglia and de Souza Filho，2013）。基于叶绿素和类胡萝卜素等植物色素引起的可见光吸收特征的变化，或者分析近红外（NIR）和短波红外（SWIR）中与植物叶片结构、含水量和叶片面积有关的吸附带的变化，可以观察健康植被的反射特征。造成植被改造的原因通常与烃类引起的土壤中氧气的消耗有关。当土壤中乙烷的含量大于 0.7% 时，植物的生长还可能受到烃类的直接影响（Noomen *et al.*，2012）。反映天然气渗漏的两个主要生物学指标分别是叶绿素丰度和树叶面积的减少。

4.2.3　土壤的微生物分析

噬甲烷菌是一类特殊的细菌，它可以从液态和气态烃中汲取能量。这类微生物可以利用极低浓度的烃类，通常生活在油气藏上方的土壤和海底沉积物中（如 Price，1993；Tucker and Hitzman，1996；Wagner *et al.*，2002）。在土壤中，任何地方只要存在痕量的烃类并持续几年，就会大量出现这类特殊的细菌（Hanson and Hanson，1996）。陆地取样主要依靠手持螺旋钻，钻探的深度通常约 150cm。海上的钻探通常使用振动取芯器或抓斗取样器，钻探的深度约为沉积物顶面以下 30cm。取得样品后，将其装入密闭的无菌袋中运送到实验室，开展细菌培养并对总细胞数和微生物活动进行专项分析（运用气相色谱和压力测试测定烃类的总消耗量、分析生物成因二氧化碳的生成速率等）。用于油气勘探的微生物勘查工作在大量文献中都有报道（如 Wagner *et al.*，2002 及文中引用文献）。

4.2.4　放射性勘探

存在于烃类中的铀和镭等放射性核素已在油气地球化学文献中被广泛报道（Durrance，1986；Hunt，1996）。缺氧环境或有机质分子的螯合作用会导致放射性元素在含油气沉积物中聚集。在沉积岩中，高产含油气页岩中放射性核素的丰度是最高的。因此，烃类流体可能比其他类型的流体更加富集放射性核素。基于上述原理，就有了可以通过近地表具有相对较高放射性核素浓度的特点来探测烃类气体渗漏的假设，尽管该假设并不完全正确。

油气藏几乎从来都不会在地面形成高辐射。更准确地说，在油气藏之上形成的总的伽马辐射并不一定很高。只有镭-222（^{222}Ra）这一位于铀-235（^{235}U）衰变链的气态放射性核素在油气田之上的土壤中表现出了相对较高的浓度（Gott and Hill，1953；Foote，1969；Gingrich，1984；Pfaffhuber et al.，2009）。不同核素的相对浓度是十分重要的，他们的活动特征（和运移能力）在岩石不同的氧化还原条件下是不同的。受烃类气体渗漏影响的岩石地层实际处在一个还原环境。不含烃类的岩石通常处于一个氧化环境。一些核素在还原环境下具有活动性而另一些则不然。基于放射性核素的油气勘探之所以总是饱受争议，主要是由于过去的测量工作主要基于总伽马辐射而没有区分不同核素的辐射强度差异。因此，尽管这项方法目前仍然有一些拥趸并且在俄罗斯取得了一些成功，但鉴于对其技术理论的基础仍知之甚少且不同的技术无法取得一致，其在石油工业界的接受程度仍然很低。在进行放射性勘探的过程中，应该使用既能探测总辐射又能区分不同核素的光谱分析仪而不是仅能探测总伽马辐射的辐射计，这一点十分重要。事实上，为了揭示土壤或海床沉积物中是否存在天然气渗漏，了解所选核素之间的特定比例是十分必要的。

在烃类气体微观渗漏的过程中，在紧贴烃类沉积物之上被水充注的节理或层理面组成的网络中，天然气以小尺寸气泡的形式沿近垂直方向发生渗漏。碳酸和有机酸使含有钾和铀的黏土矿物（主要是伊利石）发生转化。因此，这些元素就通过地下水被释放和过滤走了。铀可能没有被完全过滤掉，但是通过化学过程被还原为沥青铀矿和沉淀物，导致在地表沉积物中形成一些含铀建造。这个结果解释了为什么在整个系统中铀相对于钾流失的较少。钍似乎不受这些过程的影响。化学还原过程还可以导致磁性矿物的发育，从而引起同时发生的"微磁学"异常。烃类微观渗漏最典型的放射性元素异常表现为以下三个特征（如 Saunders，1993）：①钾大量散失；②铀有一定程度的减少，但减少量通常变化很大；③钍相对保持恒定。

此外，在还原体（烃类气藏）之上会发育一类电化学电池，与包括铀和钍在内的"氧化序列"矿物形成鲜明的差别。在断层之上可以形成顶端辐射异常，这些断层是含放射性矿物水体的运移通道。但是，在还原体（阴极）边缘上方同样可以发现晕状异常，而在还原体中央（阳极）则辐射异常值较低。

微观渗漏和发育电化学电池（氧化还原反应）这两个过程会在油气田产生低辐射响应，并（或）在其边缘形成辐射响应。在大部分情况下，氧化还原过程似乎是广泛存在的。因此，通过获取高分辨率伽马射线光谱数据并对数据进行仔细处理，提高区分蚀变效应和原始岩性的能力，就可以形成一套有效的勘探技术。总之，当地下不存在烃类时，铀固有的运移特性及相对较强的放射性使其成为地表探测到的辐射信号的重要贡献者。当地下存在烃类时，地球化学作用限制或阻止了铀的活动，导致在油气藏上方探测到的伽马辐射通量降低。同样地，这种低辐射通量模式和不含烃类地区随机的伽马辐射存在显著的差别。在油田上方经常可以观察到的总伽马辐射强度的降低可能是由三种主要放射性核素（^{40}K、^{232}Th 和 ^{238}U）中的一种或几种发生消耗所引起的。

4.2.5　地球物理技术

大量的地球物理技术可以用于天然气渗漏（不仅仅是地下的油气藏）的探测，包括电磁探测、磁法探测、地震勘探和水声探测等。这些技术既有陆地的也有海上的，可以通过机载设备、陆基设备和水下设备来实现（图4.4）。受篇幅的限制，本章不会对所有的技术方法都加以介绍。相关问题，Schumacher（1996）和 Aminzadeh 等（2013）做了很好的综述，一些专业的文献资源见图4.5，本节仅介绍一些基本概念。

运用磁法和电磁法可以在地表探测到与前文所述的矿物学变化有关的异常（例如，是否生成二氧化亚铁）。对于探测地表颜色异常的方法而言，上述手段是一个天然的补充。在 20 世纪初（Harris，1908），人们就发现了烃类和磁异常之间的关系，但是直到 20 世纪70 年代末期，美国才开始开展大规模的磁法勘探。当时在俄克拉荷马州的 Cement 油田确定了航空磁测异常和原油渗漏之间的直接联系（Donovan，1974）。通常，低磁化强度和天然气渗漏密切相关。事实上，由天然气渗漏引起的还原环境会导致高磁性矿物的成岩和转化，如磁铁矿会转化为几乎没有磁性的黄铁矿（Novosel *et al.*，2005）。

基于地震反射振幅异常的地震勘探方法（Loseth *et al.*，2009）是发现地壳天然气渗漏烟囱的有效手段。特别是三维地震数据可以提供流体流动形态和空间分布的三维影像特征，包括了天然气渗漏的根（储层）和顶（近地表或地表沉积物的改造）。地震异常可以分为以下两种情况：①沉积地层原生层理的永久性变形（如泥浆的流动和砂的注入）和地表或地下形成的"同步渗漏"特征（如麻坑和生物礁）；②由于烃类流体驱替地层水所造成的声学变化。Heggland（1988）、Loseth 等（2009）及其他一些学者很好地介绍了上述方法的细节和研究历史。

最后，水声探测方法主要是指探测沿着水柱上升的气泡（气泡羽流或气体耀斑）或河流、湖泊和海洋中被气体充注的沉积物的声学反向散射特征。侧扫声呐和多波束探测仪最为常用，不乏大量使用上述设备探测海底天然气渗漏的实例（如 Papatheodorou *et al.*，1993；Orange *et al.*，2002；Rollet *et al.*，2006；Judd and Hovland，2007；Weber *et al.*，2014 及文中引用文献）。这些技术为甲烷从海底向大气运移提供了重要的理论模型，明确了一般情况下只有在（宏观）渗漏浅于 300 ~ 400m 时气体才可能运移到水面（Schmale *et al.*，2005；McGinnis *et al.*，2006）。人们还建立了气泡水声散射特征的模型，运用船载遥感（Weber *et al.*，2014）及水底探测器（如 GasQuant、BOB，或气泡探测模块；Greinert，2008；Bayrakci *et al.*，2014）估算气泡羽流的通量。水底设备对于监测天然气渗漏随时间的变化情况尤为有效。

参 考 文 献

Abrams M A,Dahdah N F. 2010. Surface sediment gases as indicators of subsurface hydrocarbons—examining the record in laboratory and field studies. Mar Pet Geol,27:273-284

Abrams M A. 1996. Distribution of subsurface hydrocarbon seepage in near- surface marine sediments. In: Schumacher D,Abrams M A(eds). Hydrocarbon Migration and Its Near-surface Expression. AAPG Memoir,vol

66. Tulsa: PennWell Publishing: 1-14

Abrams M A. 2013. Best practices for the collection, analysis, and interpretation of seabed geochemical samples to evaluate subsurface hydrocarbon generation and entrapment. In: Offshore Technology Conference, Houston, 6-9, May 2013, OTC-24219

Almeida-Filho R, Miranda F P, Yamakawa T. 1999. Remote detection of a tonal anomaly in an area of hydrocarbon microseepage, Tucano Basin, north-eastern Brazil. Int J Remote Sens, 20: 2683-2688

Aminzadeh F, Berge T B, Connolly D L. 2013. Hydrocarbon Seepage: from Source to Surface. AAPG/SEG Special Publication, Geophysical Developments No. 16. Tulsa: American Association of Petroleum Geologists: 256

Arntsen B, Wensaas L, Løseth H, Hermanrud C. 2007. Seismic modelling of gas chimneys. Geophysics, 72: 251-259

Baer D, Gupta M, Leen J B, Berman E. 2012. Environmental and atmospheric monitoring using off-axis integrated cavity output spectroscopy(OA-ICOS). Am Lab, 44: 10

Bayrakci G, Scalabrin C, Dupré S, Leblond I, Tary J B, Lanteri N, Augustin J M, Berger L, Cros E, Ogor A, Tsabaris C, Lescanne M, Géli L. 2014. Acoustic monitoring of gas emissions from the seafloor. Part II: a case study from the Sea of Marmara. Mar Geophys Res. doi: 10. 1007/s11001-014-9227-7

Bernard B B, Brooks J M, Sackett W M. 1978. Light hydrocarbons in recent Texas continental shelf and slope sediments. J Geophys Res, 83: 4053-4061

Boulart C, Connelly D P, Mowlem M C. 2010. Sensors and technologies for in situ dissolved methane measurements and their evaluation using technology readiness levels. TrAC Trends Anal Chem, 29: 186-195

Bourry C, Chazallon B, Charlou J L, Donval J P, Ruffine L, Henry P, Geli L, Çağatay M N, Inan S, Moreau M. 2009. Free gas and gas hydrates from the Sea of Marmara, Turkey. Chemical and structural characterization. Chem Geol, 264: 197-206

Bradley E S, Leifer I, Roberts D A, Dennison P E, Washburn L. 2011. Detection of marine methane emissions with AVIRIS band ratios. Geophys Res Lett, 38: L10702

Buchwitz M, Bovensmann H, Burrows J P, Schneising O, Reuter M. 2010. Global mapping of methane and carbon dioxide: from SCIAMACHY to CarbonSat. In: Proceedings ESA-iLEAPS-EGU Conference on Earth Observation for Land-atmosphere Interaction Science, ESA Special Publications SP-688, ESRIN, Italy, 3-5 Nov 2010

Burba G, Anderson D. 2010. A brief practical guide to Eddy Covariance measurements: principles and workflow examples for scientific and industrial applications. Li-Cor Biosciences, Lincoln, 214

Camilli R, Duryea A. 2007. Characterizing marine hydrocarbons with in-situ mass spectrometry. Oceans 2007. doi: 10. 1109/OCEANS. 2007. 4449412

Capasso G, Inguaggiato S. 1998. A simple method for the determination of dissolved gases in natural waters. An application to thermal waters from Vulcano island. Appl Geochem, 13: 631-642

Caprais JC, Lanteri N, Crassous P, Noel P, Bignon L, Rousseaux P, Pignet P, Khripounoff A. 2010. A new CALMAR benthic chamber operating by submersible: first application in the cold-seep environment of Napoli mud volcano(Mediterranean Sea). Limnol Ocean Meth, 8: 304-312

Cardellini C, Chiodini G, Frondini F, Granieri D, Lewicki J, Peruzzi L. 2003. Accumulation chamber measurements of methane fluxes: application to volcanic-geothermal areas and landfills. Appl Geochem, 18: 45-54

Chen H, Winderlich J, Gerbig C, Hoefer A, Rella C W, Crosson E R, Van Pelt A D, Steinbach J, Kolle O, Beck V, Daube B C, Gottlieb E W, Chow V Y, Santoni G W, Wofsy S C. 2010. High-accuracy continuous airborne measurements of greenhouse gases(CO_2 and CH_4)using the cavity ring-down spectroscopy(CRDS)technique. Atmos Meas Tech, 3: 375-386

Cole J J, Bade D L, Bastviken D, Pace M L, Van de Bogert M. 2010. Multiple approaches to estimating air-water gas exchange in small lakes. Limnol Ocean Meth, 8:285–293

Dickinson R G, Matthews M D. 1993. Regional microseep survey of part of the productive Wyoming-Utah thrust belt. AAPG Bull, 77:1710–1722

Donovan T J, Friedman I, Gleason J D. 1974. Recognition of petroleum-bearing traps by unusual isotopic compositions of carbonate-cemented surface rocks. Geology, 2:351–354

Donovan T J. 1974. Petroleum microseepage at Cement, Oklahoma: evidence and mechanism. AAPG Bull, 58: 429–446

Durrance E M. 1986. Radioactivity in Geology, Principles and Applications. Chichester: Horwood Ltd

Embriaco D, Marinaro G, Frugoni F, Monna S, Etiope G, Gasperini L, Polonia A, Del Bianco F, Çağatay M N, Ulgen U B, Favali P. 2014. Monitoring of gas and seismic energy release by multi-parametric benthic observatory along the North Anatolian Fault in the Sea of Marmara(NW Turkey). Geophys J Int. doi:10.1093/gji/ggt436

Etiope G, Baciu C, Caracausi A, Italiano F, Cosma C. 2004a. Gas flux to the atmosphere from mud volcanoes in eastern Romania. Terra Nova, 16:179–184

Etiope G, Christodoulou D, Kordella S, Marinaro G, Papatheodorou G. 2013. Offshore and onshore seepage of thermogenic gas at Katakolo Bay (Western Greece). Chem Geol, 339:115–126

Etiope G, Feyzullaiev A, Baciu C L, Milkov A V. 2004b. Methane emission from mud volcanoes in eastern Azerbaijan. Geology, 32:465–468

Etiope G, Klusman R W. 2010. Microseepage in drylands: flux and implications in the global atmospheric source/ sink budget of methane. Global Planet Change, 72:265–274

Etiope G, Martinelli G, Caracausi A, Italiano F. 2007. Methane seeps and mud volcanoes in Italy: gas origin, fractionation and emission to the atmosphere. Geophys Res Lett, 34:L14303. doi:10.1029/2007GL030341

Etiope G, Nakada R, Tanaka K, Yoshida N. 2011a. Gas seepage from Tokamachi mud volcanoes, onshore Niigata Basin(Japan): origin, post-genetic alterations and CH_4-CO_2 fluxes. Appl Geochem, 26:348–359

Etiope G, Papatheodorou G, Christodoulou D, Geraga M, Favali P. 2006. The geological links of the ancient Delphic Oracle(Greece): a reappraisal of natural gas occurrence and origin. Geology, 34:821–824

Etiope G, Schoell M, Hosgormez H. 2011b. Abiotic methane flux from the Chimaera seep and Tekirova ophiolites (Turkey): understanding gas exhalation from low temperature serpentinization and implications for Mars. Earth Planet Sci Lett, 310:96–104

Etiope G. 1999. Subsoil CO_2, and CH_4 and their advective transfer from faulted grassland to the atmosphere. J Geophys Res, 104:16889–16894

Foote R S. 1969. Review of radiometric techniques. In: Heroy W E (ed). Unconventional Methods in Exploration for Petroleum and Natural Gas. Dallas: Southern Methodist University: 43–55

Gasperini L, Polonia A, Del Bianco F, Etiope G, Marinaro G, Favali P, Italiano F, Cağatay M N. 2012. Gas seepages and seismogenic structures along the North Anatolian Fault in the Eastern Marmara Sea. Geochem Geophys Geosys, 13:Q10018. doi:10.1029/2012GC004190

Gerilowski K, Tretner A, Krings T, Buchwitz M, Bertagnolio P, Belemezov F, Erzinger J, Burrows J P, Bovensmann H. 2010. MAMAP—a new spectrometer system for column-averaged methane and carbon dioxide observations from aircraft: instrument description and performance assessment. Atmos Meas Tech Discuss, 3:3199–3276

Gingrich J E. 1984. Radon as a geochemical exploration tool. J Geochem Explor, 21:19–39

Gott G B, Hill J W. 1953. Radioactivity in some oil fields of Southeast Kansas. USGS Bull, 988E:69–112

Greinert J. 2008. Monitoring temporal variability of bubble release at seeps: the hydroacoustic swath system GasQuant. J Geophys Res,113:C07048. doi:10.1029/2007JC004704

Hanson R S,Hanson T E. 1996. Methanotrophic bacteria. Microbiol Rev,60:439-471

Harbert W,Jones V T,Izzo J,Anderson T H. 2006. Analysis of light hydrocarbons in soil gases,Lost River region, West Virginia:relation to stratigraphy and geological structures. AAPG Bull,90:715-734

Harris G D. 1908. Salt in Louisiana,with special reference to its geologic occurrence,part II—localities south of the Oligocene. La Geol Surv Bull,7:18-27

Heggland R. 1998. Gas seepage as an indicator of deeper prospective reservoirs. A study on exploration 3D seismic data. Mar Pet Geol,15:1-9

Hernandez P,Perez N,Salazar J,Nakai S,Notsu K,Wakita H. 1998. Diffuse emission of carbon dioxide,methane, and helium-3 from Teide volcano,Tenerife,Canary Islands. Geophys Res Lett,25:3311-3314

Hinkle M E. 1994. Environmental conditions affecting concentrations of He, CO_2, O_2 and N_2 in soil gases. App Geochem,9:53-63

Hirst B,Gibson G,Gillespie S,Archibald I,Podlaha O,Skeldon K D,Courtial J,Monk S,Padgett M. 2004. Oil and gas prospecting by ultra-sensitive optical gas detection with inverse gas dispersion modelling. Geophys Res Lett, 31(L12115):1-4

Hong W L,Etiope G,Yang T F,Chang P Y. 2013. Methane flux of miniseepage in mud volcanoes of SW Taiwan: comparison with the data from Europe. J Asian Earth Sci,65:3-12

Hopkins T L. 1964. A survey of marine bottom samplers. In:Seers M(ed). Progress in Oceanography,vol 2. New York:Pergamon-MacMillan:213-256

Hunt J M. 1996. Petroleum Geochemistry and Geology. New York:Freeman and Co:743

Hutchinson G L,Livingston G P. 1993. Use of chamber systems to measure trace gas fluxes. In:Harper L,et al (eds). Agricultural Ecosystem Effects on Trace Gases and global Climate Change. Madison:ASA Special Publication 55,ASA,CSSA,SSSA:63-78

Iseki T. 2004. A portable remote methane detector using an InGaAsP DFB laser. Environ Geol,46:1064-1069

Jones V T,Drozd R J. 1983. Prediction of oil or gas potential by near-surface geochemistry. AAPG Bull,67: 932-952

JonesV T,Matthews M D,Richers D M. 2000. Light hydrocarbons for petroleum and gas prospecting. In:Hale M (ed). Handbook of Exploration Geochemistry,vol 7. Amsterdam:Elsevier Science Publishers:133-212

Judd A,Hovland M. 2007. Seabed Fluid Flow:the Impact on Geology,Biology and the Marine Environment. Cambridge:Cambridge University Press:475

Klusman R W,Leopold M E,LeRoy M P. 2000. Seasonal variation in methane fluxes from sedimentary basins to the atmosphere:results from chamber measurements and modeling of transport from deep sources. J Geophys Res,105D:24661-24670

Klusman R W,Webster J D. 1981. Meteorological noise in crustal gas emission and relevance to geochemical exploration. J Geochem Explor,15:63-76

Klusman R W. 2006. Detailed compositional analysis of gas seepage at the National Carbon Storage Test Site, Teapot Dome,Wyoming,USA. App Geochem,21:1498-1521

Klusman R W. 2011. Comparison of surface and near-surface geochemical methods for detection of gas microseepage from carbon dioxide sequestration. Int J Greenhouse Gas Control,5:1369-1392

Krabbenhoeft A,Netzeband G L,Bialas J,Papenberg C. 2010. Episodic methane concentrations at seep sites on the G. L. upper slope Opouawe Bank,southern Hikurangi Margin,New Zealand. Mar Geol,272:71-78

Lammoglia T, de Souza Filho C R. 2013. Unraveling hydrocarbon microseepages in onshore basins using spectral-spatial processing of advanced spaceborne thermal emission and reflections radiometer (ASTER) data. Surv Geophys, 34: 349-373

Lewicki J L, Hilley G E, Fischer M L, Pan L, Oldenburg C M, Dobeck L, Spangler L. 2009. Eddy covariance observations of surface leakage during shallow subsurface CO_2 releases. J Geophys Res, 114: D12302. http:// dx. doi. org/10. 1029/2008JD011297

Liu Q, Chan L, Liu Q, Li H, Wang F, Zhang S, Xia X, Cheng T. 2004. Relationship between magnetic anomalies and hydrocarbon microseepage above the Jingbian gas field, Ordos Basin, China. AAPG Bull, 88: 241-251

Logan G A, Abrams M A, Dahdah N, Grosjean E. 2009. Examining laboratory methods for evaluating migrated high molecular weight hydrocarbons in marine sediments as indicators of subsurface hydrocarbon generation and entrapment. Org Geochem, 40: 365-375

Loseth H, Gading M, Wensaas L. 2009. Hydrocarbon leakage interpreted on seismic data. Mar Pet Geol, 26: 1304-1319

LTE. 2007. Phase II Raton Basin gas seep investigation Las Animas and Huerfano counties, Colorado. Project # 1925 Oil and Gas Conservation Response Fund. http://cogcc. state. co. us/Library/Ratoasin /Phase% 20II% 20Seep% 20Investigation% 20Final% 20Report. pdf

Machel H M. 1996. Magnetic contrasts as a result of hydrocarbon seepage and migration. In: Schumacher D et al (eds). Hydrocarbon Migration and Its Near- Surface Expression. AAPG Memoir, vol 66. Tulsa: PennWell Publishing: 99-109

Mani D, Patil D J, Dayal A M. 2011. Stable carbon isotope geochemistry of adsorbed alkane gases in near-surface soils of the Saurashtra Basin, India. Chem Geol, 280: 144-153

Marinaro G, Etiope G, Lo Bue N, Favali P, Papatheodorou G, Christodoulou D, Furlan F, Gasparoni F, Ferentinos G, Masson M, Rolin J F. 2006. Monitoring of a methane- seeping pockmark by cabled benthic observatory (Patras Gulf, Greece). Geo- Mar Lett. doi: 10. 1007/s00367-006-0040-4

McAuliffe C. 1969. Determination of dissolved hydrocarbons in subsurface brines. Chem Geol, 4: 225-233

McGinnis D F, Greinert J, Artemov Y, Beaubien S E, Wüest A. 2006. Fate of rising methane bubbles in stratified waters: how much methane reaches the atmosphere? J Geophys Res, 111: C09007

Mosier A. 1989. Chamber and isotope techniques. In: Andreae M, Schimel D S (eds). Exchange of Trace Gases between Terrestrial Ecosystems and the Atmosphere. Berlin: Report of the Dahlem Workshop, New York: Wiley: 175-188

Newman K R, Cormier M H, Weissel J K, Driscoll N W, Kastner M, Solomon E A, Robertson G, Hill J C, Singh H, Camilli R, Eustice R. 2008. Active methane venting observed at giant pockmarks along the U. S. mid- Atlantic shelf break. Earth Planet Sci Lett, 267: 341-352

Noomen M F, van der Werff H M A, van der Meer F D. 2012. Spectral and spatial indicators of botanical changes caused by long-term hydrocarbon seepage. Ecol Inform, 8: 55-64

Norman J M, Kucharik C J, Gower S T, Baldocchi D D, Crill P M, Rayment M, Savage K, Striegl R G. 1997. A comparison of six methods for measuring soil surface carbon dioxide fluxes. J Geophys Res, 102: 28771-28777

Novosel I, Spence G D, Hyndman T R D. 2005. Reduced magnetization produced by increased methane flux at a gas hydrate vent. Mar Geol, 216: 265-274

Orange D L, Yun J, Maher N, Barry J, Greene G. 2002. Tracking California seafloor seeps with bathymetry, backscatter and ROVs. Cont Shelf Res, 22: 2273-2290

Papatheodorou G, Hasiotis T, Ferentinos G. 1993. Gas charged sediments in the Aegean and Ionian Seas, Greece. Mar Geol, 112:171-184

Pfaffhuber A A, Monstad S, Rudd J. 2009. Airborne electromagnetic hydrocarbon mapping in Mozambique. Explor Geophys, 40:1-9

Philp R P, Crisp P T. 1982. Surface geochemical methods used for oil and gas prospecting: a review. J Geochem Explor, 17:1-34

Price L C. 1993. Microbial-soil surveying — preliminary results and implications for surface geochemical exploration. Ass Petrol Geochem Explor Bull, 9:81-129

Pétron G, Frost G, Miller B R, Hirsch A I, Montzka S A, Karion A, Trainer M, Sweeney C, Andrews A E, Miller L, Kofler J, Bar-Ilan A, Dlugokencky E J, Patrick L, Moore C T Jr, Ryerson T B, Siso C, Kolodzey W, Lang P M, Conway T, Novelli P, Masarie K, Hall B, Guenther D, Kitzis D, Miller J, Welsh D, Wolfe D, Neff W, Tans P. 2012. Hydrocarbon emissions characterization in the Colorado Front Range: A pilot study. J Geophys Res, 117:D04304

Richers D M, Jones V T, Matthews M D, Maciolek J B, Pirkle R J, Sidle W C. 1986. The 1983 Landsat soil gas geochemical survey of the Patrick Draw area, Sweetwater County, Wyoming. AAPG Bull, 70:869-887

Richers D M, Maxwell L E. 1991. Application and theory of soil gas geochemistry in petroleum exploration. In: Merrill R K (ed), Source and Migration Processes and Evaluation Techniques. Tulsa: AAPG Treatise of Petroleum Geology:141-208

Rollet N, Logan G A, Kennard J M, O'Brien P E, Jones A T, Sexton M. 2006. Characterisation and correlation of active hydrocarbon seepage using geophysical data sets: an example from the tropical, carbonate Yampi Shelf, Northwest Australia. Mar Pet Geol, 23:145-164

Sackett W M. 1977. Use of hydrocarbon sniffing in offshore exploration. J Geochem Explor, 7:243-254

Saunders D F. 1993. Relation of thorium-normalized surface and aerial radiometric data to subsurface petroleum accumulations. Geophysics, 58:1417-1427

Schmale O, Greinert J, Rehder G. 2005. Methane emission from high-intensity marine gas seeps in the Black Sea into the atmosphere. Geophys Res Lett, 32:L07609

Schumacher D. 1996. Hydrocarbon-induced alteration of soils and sediments, hydrocarbon migration and its near-surface expression. In: Schumacher D, Abrams M A (eds), Hydrocarbon Migration and Its Near-surface Expression. AAPG Memoir, vol 66. Tulsa: PennWell Publishing:71-89

Sechman H. 2012. Detailed compositional analysis of hydrocarbons in soil gases above multi-horizon petroleum deposits—a case study from western Poland. App Geochem, 27:2130-2147

Sternberg B. 1991. A review of some experience with the induced polarization/resistivity method for hydrocarbon surveys: successes and limitations. Geophysics, 56:1522-1532

Tedesco S A. 1995. Surface Geochemistry in Petroleum Exploration. New York: Chapman & Hall:206

Thielemann T, Lucke A, Schleser G H, Littke R. 2000. Methane exchange between coal-bearing basins and the: the Ruhr Basin and the Lower Rhine Embayment, Germany. Org Geochem, 31:1387-1408

Thomas B, David G, Anselmo C, Coillet E, Rieth K, Miffre A, Cariou J P, Rairoux P. 2013. Remote sensing of methane with broadband laser and optical correlation spectroscopy on the Q-branch of the $2v3$ band. J Mol Spetcrosc, 291:3-8

Thorpe A K, Roberts D A, Bradley E S, Funk C C, Dennison P E, Leifer I. 2013. High resolution mapping of methane emissions from marine and terrestrial sources using a cluster-tuned matched filter technique and imaging spectrometry. Remote Sens Environ, 134:305-318

Tucker J, Hitzman D. 1996. Long-term and seasonal trends in the response of hydrocarbon-utilizing microbes to light hydrocarbon gases in shallow soils. In: Schumacher D, Abrams M A(eds). Hydrocarbon Migration and Its Near-surface expression. AAPG Memoir, vol 66. Tulsa: AAPG:353−357

van der Meer F, van Dijk P, van der Werff H, Yang H. 2002. Remote sensing and petroleum seepage: a review and case study. Terra Nova, 14:1−17

Wagner M, Wagner M, Piske J, Smit R. 2002. Case histories of microbial prospection for oil and gas, onshore and offshore northwest Europe. In: Schumacher D, LeSchack L A (eds). Surface exploration case histories: applications of geochemistry, magnetics and remote sensing. AAPG Studies in Geology No. 48 and SEG Geophys Ref Series No. 11. Tulsa: American Association of Petroleum Geologists:453−479

Weber T C, Mayer L, Jerram K, Beaudoin J, Rzhanov Y, Lovalvo D. 2014. Acoustic estimates of methane gas flux from the seabed in a 6000 km^2 region in the Northern Gulf of Mexico. Geochem Geophys Geosyst, 15:1911−1925. doi:10. 1002/2014GC005271

Wyatt D E, Richers D M, Pirkle R J. 1995. Barometric pumping effects on soil gas studies for geologic and environmental characterization. Environ Geol, 25:243−250

Yang H, Zhang J, van der Meer F, Kroonenberg S B. 2000. Imaging spectrometry data correlated to hydrocarbon microseepage. Int J Remote Sens, 21:197−202

Zirnig W. 2004. Helicopter-borne laser methane detection system—a new tool for efficient gas pipeline inspection. IGRC 2004, Vancouver, Canada, 1−4 Nov 2004. http://www. gerg. eu/publications/confer_ papers/2004/zirnig_ vancouv04. pdf

第 5 章　野外地质学和油气勘探中的天然气渗漏

如第 3 章所述，天然气渗漏区的形成需要以下两个基本的先决条件：①岩石对天然气要具有可渗透性，主要是沿着断层或者裂缝渗流；②要有气源（烃源岩或储集岩）供给。如下文所述，天然气渗漏可以提供关于天然气气源和运移路径的位置和性质的信息。在现代化石燃料工业中，尤其是在 20 世纪，自然成因的烃类气体渗漏为石油和天然气勘探提供了最早的线索。尽管一些地表（宏观）渗漏和具有商业价值的油气藏并没有直接关系，但的确有很多大油气田是通过对（宏观）油气渗漏所在区域或附近区域展开钻探后发现的，这些油气从活跃的油气渗漏系统中（见第 1 章定义）泄漏和运移出来。事实上，北美第一口石油钻井——位于宾夕法尼亚州的 Drake 井就恰好位于一处宏观渗漏之上。据粗略统计，全球约 70% 的油气储量是建立在发现（宏观）渗漏的基础之上的，其中不乏科威特 Burgān 油田等中东巨型油气田（Hunt，1996）。因此，在开展钻探工作之前，评价渗漏天然气的来源和释放量对认识地下天然气的资源潜力、成因来源和品质（例如，浅层生物成因气、较深部位的热成因天然气、生物降解原油、非烃有害气体等）都具有重要的意义。得益于整体分析法对油气勘探的推动，不断有新的作业工具和解释手段被用于天然气渗漏的探测和解释。

当天然气渗漏的探测与地球物理和地质勘探手段相结合，就能在油气勘探中发挥更大的作用。一些论著已经对地表地球化学勘探在油气勘探中的合理性、潜力、批评和优缺点等展开了充分的讨论（如 Klusman，1993；Tedesco，1995；Schumacher and Abrams，1996；Abrams，2005 及文中引用文献）。

5.1　天然气渗漏和断层

Link（1952）是最早论述（宏观）渗漏和地下岩石地层及地质构造特殊关系的地质学家之一。他定义了以下五种类型的渗漏（图 5.1）：

类型 1：单斜上的（宏观）渗漏（即倾斜含油单斜上的简单露头）。目前还不清楚这些"含油层"到底是储层还是烃源岩。即便它们不是十分富集油气，但其更加适合油苗的形成。

类型 2：浅层烃源岩被压碎或断开而形成的（宏观）渗漏。只有在近地表的烃源岩（如页岩）被压碎或断开（如新构造运动）时才会释放烃类。很明显，Link（1952）率先使用了页岩"自然压裂"这一概念，正如最近对纽约州一处气苗成因的假设一样（Etiope *et al.*，2013b），在 5.3.2 节中将做详述。

类型 3：沿正-逆冲断层，由于盖层发育裂缝或被侵蚀而形成的（宏观）渗漏。这类系统是天然气渗漏系统中最为常见的类型。天然气有两类运移路径：第一类是断层，尤其

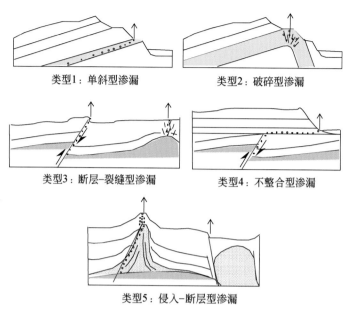

图 5.1　Link（1952）定义的五种烃类（宏观）渗漏及它们和地层、构造的关系

类型 1、2 与石油有关；类型 3、4 更多的描述天然气渗漏，但可能也包含原油渗漏；类型 5 见于泥火山中

是在储层埋藏相对较深的情况下；第二类是盖层（以蒸发岩和黏土岩最为典型），它们在局部区域丧失了封闭能力，或者覆盖在储层之上的岩石渗透率相对较高，发育随机裂缝。

类型 4：在不整合面之上发育的（宏观）渗漏，这些不整合面上覆在被断层断开或遭受侵蚀的储层之上。天然气运移至地表的路径主要是地层（不整合面），它们将流体从深埋的断层（与储层沟通）输送至地表或直接从被侵蚀的储层带至地表。渗透性地层主要从深埋的类型 3 天然气渗漏系统中收集烃类气体。

类型 5：与页岩底辟、盐底辟、蛇纹岩推覆体或火山侵入体等侵入岩有关的（宏观）渗漏。泥火山也属于此类渗漏。但是，侵入岩，尤其是流动性页岩通常沿着断层系统发育，因此和类型 3 没有太大的区别。侵入仅仅是一个额外因素。

实际上，由于更多地受"地层"控制，类型 1、2 主要针对油苗而言（还包括了固体的烃类，如焦油、沥青和柏油等），其对应的储层或烃源岩层埋藏相对较浅（甚至是露头）。类型 3、4 和 5（类型 5 实际上可以认为是类型 3 的一个亚类）主要反映了不整合、断层和裂缝网络等因素（构造控制），属于典型的天然气渗漏。

基于全世界范围的统计，McGregor（1993）发现（宏观）渗漏通常与各类断层（包括挤压和伸展断层）密切相关，或分布于受新构造隆升剥蚀影响发育大量构造节理的盆地。这一观点被近期一些有关天然气渗漏及其地震反射特征的研究所证实。这些案例中（宏观）渗漏，尤其是泥火山，多发育在两条或多条断层的交汇处（如 Medialdea *et al.*，2009；Bonini，2013；Etiope *et al.*，2013a）。很明显，在断裂交汇处地层的渗透率更高，就好像是一条"有引导的通道"，正如第 3 章所述，是天然气的优势运移路径。因此，天然气渗漏可以作为指示构造间断的强有力的证据，这些间断位于地下断裂交汇处，在地表无法观察到。当没有发现肉眼可见的（宏观）渗漏时，探测土壤气体的浓度异常被证明是追踪地下断层十分有效的手段，被探测的气体不仅限于烃类气体（如 Gregory and Durrance，1985；Duddridge et al.，1991；Klusman，1993；Baubron et al.，2001；Guerra and Lombardi，2001；Fu et al.，2005）。在很多情况下，土壤气体异常的探测常常被运用于黏土盆地，黏土盖层的均质性和塑性特征常常会给断层的识别造成困难（Ciotoli et al.，1999；Etiope and Lombardi，1995）。研究的目的就是要探测 CH_4、CO_2、Rn 和 He 等内生气体的浓度是否高于参考级别（即土壤气体异常值对比背景值）。根据被探测气体的类型，参考级别可以是大气浓度、土壤中典型的生物产率等。对氡而言，参考值为土壤矿物中天然存在的铀和镭发生衰变所形成的氡的正常浓度。土壤气体异常通常沿着断层线呈线性分布，因此或多或少反映了断层面的方向和位置。然而，在更多的情况下，这些异常沿断层分布在某些孤立点上，说明当不存在断层交汇时，由于断层渗透率在空间上的非均质性，天然气仅沿某些通道发生汇聚型的运移。然而，如果气源微弱或者由于含水层中水的水平流动导致气体运移路径发生侧向位移（哪怕只有几千米），那么即便发育活动断层或渗透性断层，也可能不存在土壤气体异常。如第 3 章所述，含水层可以被气泡和微气泡的垂直气流迅速穿过而不发生明显的侧向偏移。但是，这种情况只有在气体输入量足够大且甲烷气泡没有全部溶解在水中的情况下才会发生。

在某些情况下，（宏观）渗漏还可以提供有用的盆地地球动力学信息。实际上，在同一盆地中出现的各种类型的（宏观）渗漏可以反映局部的构造变形。以意大利北亚平宁山脉的冲断楔（意大利）为例：泥火山反映了盆地的挤压部位，其深部发生了构造挤压并发育流体超压；而干渗漏（气苗）则主要反映了伸展部位（Bonini，2013）。震源机制解所反映的挤压-伸展的过渡和泥火山-干渗漏之间的空间过渡基本上是对应的。干渗漏似乎并不需要强烈的挤压应力。天然气压力和渗透率是足够的。相反，页岩流动和泥火山作用中水和气体的喷发则需要构造挤压提供足够的应力。因此，泥火山对地震活动的敏感性得到了广泛研究（如 Mellors et al.，2007）。

5.2　微观渗漏在区域油气勘探中的运用

20 世纪 30 年代以来，干燥土壤中甲烷、轻烃和稀有气体（氦气和氡气）的异常已经广泛成为地质学家和地球化学家研究油气勘探的工具。俄罗斯（Sokolov，1933）、德国（Laubmeyer，1933）和美国（Hoffman，1939）在该领域开展了开创性的研究。关于地表地球化学，Saunders 和 Davidson（2006）做了一个精彩的历史文献回顾，相关信息可在 http：//www. lib. utexas. edu/taro/smu/00014/smu-00014. html 获得。

20 世纪 80 年代以来，北美和欧洲一些含油气盆地中的微观渗漏已经成为人们建模和测量的对象（部分实例见 Jones and Drozd，1983；Davidson，1986；Klusman，1993；Tedesco，1995；Matthews，1996；Schumacher and Abrams，1996；Schumacher and LeSchack，2002；Abrams，2005；Sechman，2012）。正如第 4 章所言，这些研究推动了直接和间接气体测量技术的进步。

对运用地球化学手段来勘探石油和天然气，许多学者和石油勘探家仍然持怀疑态度。尽管如此，诸多基于不同方法的研究工作都证实了微观渗漏在所有的含油气沉积盆地中都十分常见且分布广泛，尤其是沿着断层和断裂带选择性分布，这与第 3 章和 5.1 节讨论的天然气运移理论是一致的。历史已经毫无疑问地证明地表地球化学在降低勘探风险，尤其是避免钻遇干井方面做得非常成功。Schumacher（2010）报道称"在与地表微观渗漏正异常有关的勘探区域，82% 的钻井获得了商业成功。相反，在没有地表微观渗漏正异常的勘探区域，钻井的成功率仅有 11%"。

问题在于，运用现有技术无法区别一些微观渗漏的特征和土壤及沉积物的背景值。尽管一些天然气渗漏具有较高的烃类气体浓度，也不能确定该浓度异常和烃类气藏具有必然联系。实际上，在烃源岩生成的烃类中，只有很少的一部分（按体积算，可能只有百分之几），最终保留下来并形成商业油气藏，剩下的天然气发生了逸散并向地表运移（Hunt 1996）。天然气渗漏与地下烃类生成和聚集的关系往往十分复杂。在探测和解释微观渗漏时，值得借鉴的参考资料（或最佳实例）包括多年来 Price（1986）和 Saunders 等（1999），Jones 等（2000）、Abrams（2002，2005）、Klusman（2006）和 Etiope 和 Klusman（2010）的研究成果，以及这些研究中引用的相关文献。

5.2.1　哪些气体可以被探测

针对油气勘探的微观渗漏勘测在传统上主要是基于对各种烃类（HCs，烷烃和芳烃）和非烃气体（如氦气、氢气等）的分析。许多石油公司将精力集中在复杂的挥发性烃类化合物上，认为它们可以作为油气藏明确的示踪剂。例如，土壤中甲烷异常除与地下油气藏有关外，还可能有其他多种来源，因此土壤中的甲烷异常被认为是不明确的。这种认识对海洋沉积物而言无疑是正确的，但正如下文所讨论的那样，对温带气候条件下干燥土壤中的甲烷探测而言却并非如此。土壤中重烃组分的取样和分析通常需要依靠十分昂贵且耗时的手段（例如，在土壤下方 2~4m 处钻螺旋钻孔），这是由于取样操作需要非常专业的人员，而且在一些不易到达的地方无法开展相关工作。在 21 世纪初，人们重新评估了甲烷和轻烃（乙烷和丙烷）的有效性。事实上，一些研究表明预测油气最重要的变量分别是甲烷和丙烷（Seneshen et al.，2010）。甲烷是一类很好的气藏示踪剂，和其他烃类相比流动性更好，丰度更高，其同位素组成（确定气体成因来源最基本的参数）在现场通过现代便携式光谱分析仪器就可以测量。甲烷通量的测量方法将在 5.2.2 节中详述。

在温带的气候条件下，由于甲烷氧化作用消耗，土壤孔隙中的甲烷浓度通常低于大气中的甲烷浓度（1.8~1.9ppmv）。因此，当浓度值超过某个 ppmv，再结合测定的稳定碳同位素组成（还有其他气体的浓度），就可以很方便的确定甲烷是否来源于地下的烃源。由于其他一些自然或人为的来源也可能导致土壤中烃类气体的异常，在确定甲烷成因来源时必须进行碳、氢同位素分析。

氦气（He）是另一种油气藏的历史示踪剂（如 Dyck，1976；Pogorsky and Quirt，1981；Klusman，1993；Tedesco，1995）。氦气是通过放射性衰变过程（U-238、U-235 和 Th-232 的阿尔法衰变）形成的，主要形成于火山岩和变质岩，与油气一起聚集在储层中，上覆渗透率很低的盖层。氦气具有化学惰性、物理稳定性和高流动性。在排气过程中，氦气和其他含量更丰富的气体（如甲烷和二氧化碳等载气）混合，使其更易于向地表运移。

由于地球来源和逸散到外层空间的氦气保持动力学平衡，因此大气中的氦气具有稳定的浓度（5220ppbv，十亿分之一体积）。因此，空气中的氦气被认为是一个参考标准，土壤气体中氦气的特征通常用样品氦气浓度与空气中氦气浓度的差值表示，单位为 ppbv。在美国、澳大利亚（如 Roberts，1981；Tedesco，1995；Seneshen *et al.*，2010）、德国（Van Den Boom，1987）和意大利（Ciotoli *et al.*，2004）的气藏中都报道了氦气浓度异常的实例（气藏中氦气浓度高出空气中氦气几百甚至上千个 ppbv）。无论在历史上还是在现今，都没有重要的研究成果能反映氦气勘探有助于油气田的发现。由于氦气多发现于地热发育区、构造活动区或地震多发区（如 Gregory and Durrance，1985），深部气体的运移很容易造成氦气含量的异常，这些异常与油气藏无关。

近期一些研究将土壤气体中氦同位素（$^3He/^4He$）和其他稀有气体（He、Ar、Kr 和 Xe）的含量作为微观渗漏的示踪剂（Mackintosh and Ballentine，2012）。怀俄明州 Teapot Dome 油田土壤气体的分析表明氦气含量的异常与高浓度的 CH_4 有关，氦气的 $^3He/^4He$ 值与深部储层天然气具有可比性。经测定，土壤气和地下气源中氦气的 $^4He/CH_4$ 值也相似，说明可以谨慎地将氦气作为一种的示踪剂。相较于土壤气体，在地下水中可能会获得更好的效果（Mackintosh and Ballentine，2012）。

对所有气体来说，都可以通过检测其平面上的浓度分布异常来识别天然气渗漏。如果调查基于均匀分布在某一区域的大量采样点，我们就可能获得理想的结果。样本数越多，统计学评价的响应结果就越好，越有助于揭示背景值和异常值（如 Howarth，1993；Tedesco，1995）。常用的方法包括种群分析、直方图分布、基于概率曲线的数据变化及模式识别等（Tedesco，1995）。取样策略同样是一项基础工作。太小或太大的采样间隔都会形成错误的取样网格空间，从而对天然气渗漏的分布特征做出粗略而草率的评价。在任何情况下，地球化学数据都应该和已有的地质和地球物理数据结合使用。在一个发生天然气渗漏异常的地区，只有和当地的地质构造背景紧密结合，才有可能发现油气。

5.2.2　微观渗漏中甲烷通量的测定

在过去，相对于传统勘探调查中简单的土壤气体组分测定而言，土壤-大气间气体通量测定的复杂程度不断增加，因此这项工作一直都没有开展。但是，由于气体通量能反映有关天然气渗漏系统活动性的动力学信息，同时也提供了一个气体压力的响应，因此气体通量测定对油气勘探而言是十分有益的（Klusman *et al.*，2000）。在本书第 4 章中已经介绍了基于密闭腔的气体通量测定技术。通过对气体的分子和同位素组成分析，可以使气体通量成为认识含油气系统的一项重要参数。美国从 20 世纪 90 年代末开始测量甲烷微观渗漏释放进入大气圈的通量（Klusman *et al.*，1998，2000；Klusman，2006）。在欧洲（Etiope *et al.*，2002，2004a，2004b，2006）和亚洲（Tang *et al.*，2010），这项工作始于 21 世纪。测量方法主要基于以下概念，即在正常的干燥土壤环境下，由于甲烷氧化作用的消耗，甲烷通量是负的（干燥土壤实际上是大气中甲烷的吸收汇）。结合碳、氢同位素分析，正向的甲烷通量可以反映来自地下烃源的活跃的天然气渗漏。在丹佛-朱尔斯堡盆地（科罗拉多州）的测量工作发现了热成因甲烷渗漏，其通量在冬季最高可达

43mg/（m² · d）。在温暖的夏季，土壤中甲烷氧化作用活跃从而导致进入大气的甲烷通量减少（Klusman et al.，2000）。在其他国家同样发现了微观渗漏的季节性变化（Tang et al，2010）。大气和土壤环境中这种季节性的变化是开展区域勘探时考虑的一个根本因素，尤其是当甲烷通量在几个或几十个 mg/（m² · d）的情况下。在构造运动更强烈、断裂相对发育的盆地中，甲烷通量要高得多，季节性甲烷氧化作用的影响相对也就小得多。对中国雅克拉气田微观渗漏的调查就很好地反映了甲烷通量强度、油气藏类型（气藏还是油藏）及凝析气藏中气体压力侧向变化之间的关系（Tang，2010）。由于甲烷气流在地下广泛分布，从深部油气藏中运移出来的甲烷只有一部分在土壤中通过甲烷氧化作用被消耗。在一个发育多条断层的地区甲烷通量相对较高 [>10mg/（m² · d）]，而在油气田的气-油界面甲烷通量相对较低，在油-水界面和油气田边界之外甲烷通量就更低了。

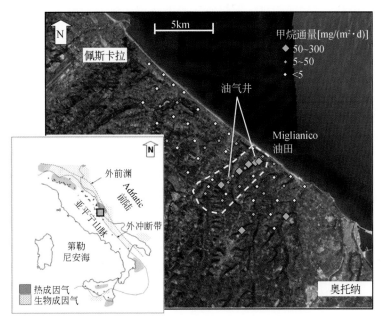

图 5.2　基于密闭腔法在意大利中部的 Miglianico 油田及邻区开展天然气渗漏勘察
菱形代表了测量点（重复测两遍）。左侧的地图展示了意大利含热成因气和生物成因气盆地的分布。小黑点代表油气苗
（来自 GLOGOS 数据库；Etiope，2009 和 http：//hydrocarbonseeps. blogspot. it/p/hysed. html）

　　图 5.2 为我们提供了一个在意大利中部含油气盆地使用密闭腔测量法评价微观渗漏区域分布的实例。数据代表了在 Miglianico 油田及邻区一个面积约为 75km² 的区域内土壤中逸散的甲烷通量（在同一个地点两次测量的平均值）。在 55 处测量点中，有 31 处是负甲烷通量或未检测到甲烷通量 [<5mg/（m² · d）]，这对干燥土壤而言是正常的；有 24 处测点的甲烷通量高于 5mg/（m² · d），其中，有 7 处测点超过了 50mg/（m² · d），甲烷通量最高值大于 300mg/（m² · d）。甲烷通量最大值的测点位于油田范围内，临近产油井，相当于背斜的顶部。尽管要获得对数据严谨的统计评价还需要做更多的测量工作，这项在两天内完成的快速勘测表明存在大量与油气藏有关的天然气渗漏。密闭腔收集的两个气样的同位素分析证实了甲烷是热成因来源的（$\delta^{13}C$：-39‰和-41‰）。

利用密闭腔，在中国雅克拉气田（Tang et al.，2010）、德国含煤盆地（Thielemann et al.，2000）、土耳其和西班牙超基性岩上方的无机成因天然气微观渗漏（Etiope et al.，2011a，2014b）中采集了天然气样品，分析了天然气的稳定碳同位素组成。分析结果表明，随着时间的推移，$\delta^{13}C_{CH_4}$普遍随着浓度的增加而变重。以雅克拉气田天然气渗漏为例，甲烷碳同位素组成从开始的约−47‰（浓度等同大气中甲烷）增加到−43‰（约一小时后甲烷浓度增加至7ppmv），逐渐富集^{13}C。甲烷碳同位素组成富集^{13}C的趋势和雅克拉气田深部气藏发生天然气渗漏是相符的（$\delta^{13}C_{CH_4}$为−42‰ ~ −31‰；Tang et al.，2010）。在土耳其蛇绿岩无机成因天然气渗漏的实例中，甲烷含量在15min后增加到23ppmv，甲烷的碳同位素组成从−47‰增加到−30‰。两端元混合模型拟合原始渗漏甲烷的δ^{13}C为−15‰，该值与已知该地区渗漏出的丰富的无机成因甲烷（Chimaera天然气）相似（Etiope et al.，2011c）。总体而言，通过微观渗漏逸散至地表并收集在密闭腔中的热成因或无机成因甲烷比大气中的甲烷或各类土壤中可能产生的生物成因气更加富集^{13}C。来自微观渗漏的古代生物成因气和浅层沼泽沉积物或湿润土壤中生成的现代生物成因甲烷是难以区分的。这一现象在图5.3中将做详述。

正如下一小节要论述的那样，了解渗漏天然气的分子和同位素组成永远都是评价天然气成因来源和潜在烃源岩的基础。

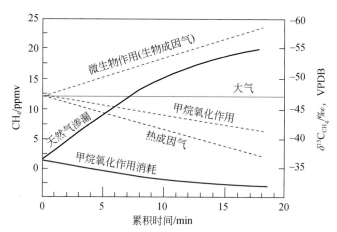

图5.3　运用密闭腔技术测定微观渗漏通量观察到的甲烷浓度和碳同位素组成的实例
黑色（天然气渗漏）和红色（消耗量）实线反映了容器内甲烷浓度的变化。热成因渗漏用甲烷碳同位素组成（黑色虚线）和浓度（黑色实线）的同时增加来记录。在容器中甲烷碳同位素组成的增加同样可能是由于甲烷氧化作用造成的（细菌选择性的消耗^{12}C），但此时若没有发生天然气渗漏，甲烷含量应该是逐渐减少的（红色实线）。在生物成因气渗漏的实例中，甲烷含量的增加和$\delta^{13}C_{CH_4}$的减少有关（蓝色虚线）

5.3　含油气系统评价中的渗漏地球化学

对渗漏天然气的分子和同位素组成进行分析，是研究地下烃类潜力、成因来源和品质的一项关键内容（如区分浅层生物成因气和较深部位的热成因气，判断是否存在油或二氧化碳、氮气和硫化氢等让人避之不及的非烃气体）。气苗同样还可以反映地下油气藏的生物降解情况。生物降解对烃类的品质有重要的影响，会影响到勘探和生产的决策。因此，渗漏天然气的地球化学分析对含油气系统钻前评价具有重要的贡献，在勘探边缘领域或未勘探区尤为重要。

5.3.1　识别天然气的后生改造作用

由于在天然气形成后或在运移至地表的过程中发生后生或次生改造作用，可能会导致渗漏天然气和气藏中原始的天然气表现出一些差别。识别这些过程，判断这些过程对地表发现的渗漏天然气产生了哪些影响十分重要，否则就有可能对它们的地球化学特征做出错误的解释或者对天然气的来源做出错误的判断。

可以区分以下六种主要的后生过程：

（1）甲烷的（喜氧或厌氧）细菌氧化；

（2）甲烷的无机成因氧化；

（3）扩散作用导致的同位素分馏；

（4）对流作用导致的组分分馏；

（5）气体的混合作用；

（6）原油的生物降解和次生产甲烷作用。

（1）甲烷的（喜氧或厌氧）细菌氧化。

由于细菌会选择性消耗 ^{12}C，甲烷的氧化（消耗）导致残余甲烷中 Bernard 系数 [$C_1/(C_2+C_3)$] 的减少和 ^{13}C 的富集（图5.4）。关于喜氧细菌导致甲烷氧化的研究和论述最早始于 Coleman 等（1981）和 Schoell（1983）的开创性工作（同样可见 Whiticar，1999 及文中引用文献）。对（宏观）渗漏和气藏中天然气的比较研究表明，细菌的氧化作用可能还会发生在一些泥火山中（Deville *et al.*，2003；Etiope *et al.*，2007，2009a）。关于甲烷的厌氧氧化作用大量见于有关海底泥火山的报道中，其与海床上甲烷的大量消耗密切相关（如 Niemann *et al.*，2006）。对陆地泥火山而言，开展的调查较少，结论也各异。此前报道了在罗马尼亚一座泥火山中发生的甲烷厌氧氧化作用（Alain *et al.*，2006）。然而在中国台湾地区，情况却并非如此（Chu *et al.*，2007）。但是，陆上泥火山普遍存在弥散性的微观渗漏，天然气透过泥岩盖层发生渗漏（如 Hong *et al.*，2012）。这说明，即便存在甲烷的消耗，也不是普遍现象，只有在局部区域比较明显。

（2）甲烷的无机成因氧化。

甲烷的无机成因氧化通常与硫酸盐热还原反应（TSR）或与赤铁矿、磁铁矿及其他含三价铁离子（Fe^{3+}）矿物的反应有关（如 Pan *et al.*，2006；Kiyousu and Imaizumi 1996）。这些过程发生在相对较高的温度条件下（约 $80 \sim 400 ℃$），可以在很深的储层中（和高地热流区域）被激发。无机成因氧化作用可能会导致天然气具有非常高的硫化氢含量（通常 >5%），并导致 C_1—C_5 烃类中 $\delta^{13}C$ 和 δ^2H 值增加。这些情况可以发生在与地热或火山系统邻近的天然气渗漏系统中（或在沉积型热液系统中）。位于罗马尼亚 Transylvania 盆地东缘的一处宏观渗漏（Homorod，一座小型泥火山）是无机成因氧化作用的一个典型实例

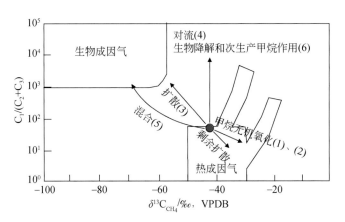

图 5.4　天然气中甲烷组分和碳同位素的后生改造作用

箭头反映了热成因气（圆圈）生成后六种改造过程对 Bernard 系数 ［$C_1/(C_2+C_3)$］ 和甲烷碳同位素组成可能的改变

（Etiope *et al.*，2011a）。该（宏观）渗漏释放的甲烷含有一定浓度的氚，$\delta^2 H_{CH_4}$ 可达$+$124‰，该值超过了世界上已知的任何陆上天然气，而其 $\delta^{13}C_{CH_4}$ 仅仅是略微富集^{13}C（最大值为-25.7‰）。和原始甲烷相比，^{2}H 和^{13}C 的增量比（$\Delta H/\Delta C$）约为 20，反映了典型的无机成因氧化作用，而在细菌氧化过程中，该值仅约为 8 ~ 9（Coleman *et al.*，1981；Kinnaman *et al.*，2007）。

（3）扩散作用导致的同位素分馏。

扩散作用导致的同位素分馏是一种广为人知的现象，主要发生在初次运移（烃源岩内）过程中。其次，也会发生在二次运移过程（储层间），如第 3 章所述，此时天然气的缓慢运移受浓度梯度的驱动。该作用的结果是在扩散相甲烷中碳同位素组成贫^{13}C，而在残余相甲烷中碳同位素组成富集^{13}C（图 5.4）。然而，在宏观渗漏中扩散作用并不重要，天然气主要的运移机制是对流。实际上，不同盆地（宏观）渗漏和气藏中天然气的比较表明扩散作用引起的渗漏天然气碳同位素分馏作用并不大，仅会导致甲烷碳同位素组成的轻微变化，通常不会超过 5‰（Deville *et al.*，2003；Etiope *et al.*，2007，2009a）。

（4）对流作用导致的组分分馏。

对流作用导致的组分分馏是一类蒸馏作用，或是一类轻烃分子的差异分离作用，是其吸附能力和溶解能力的函数。这些作用导致渗漏至地表的天然气中乙烷和丙烷含量相对于原始天然气更低 ［即天然气更干，$C_1/(C_2+C_3)$ 较高］（图 5.4）。通过对（宏观）渗漏气和气藏气的比较，人们发现泥火山的缓慢脱气作用是一类典型的组分分馏过程，而升上来的天然气和水、沉积物发生了强烈的相互作用。通量相对较低的气苗，其渗漏作用也是一类典型的组分分馏过程。从这个意义上来说，可以把气体通量较低的泥火山或气苗看成一座"天然提炼厂"。相反，旺盛的气苗和气藏中天然气具有一样的分子组成。实际上，气体通量和组分分馏作用是一个反比关系，气体通量越高，Bernard 系数就越低（Etiope *et al.*，2011a）。如果不考虑这种次生改造作用，在解释气体成因来源的过程中就会犯严重错误。例如，如果我们只看 C_1—C_3 的相对分子组成（Bernard 系数），而没有分析甲烷碳同位素组成，那么相对于乙烷和丙烷，较高的甲烷含量（例如，>95%）会使我们将天然气误认为生物成因气。实际上，许多泥火山天然气的 Bernard 系数与典型的生物成因气重叠（>500），但同位素数据和含油气系统评价明确反映出这些天然气是热成因来源的（如 Etiope et al.，2009a）。因此，由于"Bernard 系数"并不总是反映原始天然气的气体组成，它在分析泥火山或低通量气苗时可能会造成误导。

（5）气体的混合作用。

通过对全世界 260 处（宏观）渗漏的统计分析，在释放的天然中有 20% 表现出热成因气和生物成因气混合的特征（Etiope et al.，2009a，2009b）。在发育天然气渗漏系统的沉积层中，混合作用通常发生在天然气的上升过程中，而生物成因气藏可能位于埋深相对较浅的部位。然而，混合特征并非一目了然，由于还可能存在其他后生的次生改造作用，仅仅依靠甲烷碳同位素组成可能会造成误导。混合作用的识别主要依赖于 $\delta^{13}C_{CH_4}-C_1/(C_2+C_3)$ 交会图和 $\delta^{13}C_{CH_4}-\delta^{13}C_{C_2H_6}$ 交会图（如 Etiope et al.，2011c）。

（6）原油的生物降解和次生产甲烷作用。

活跃的微生物（细菌、酵母、霉菌和真菌）作用可以使原油在较浅的深度（深度小于 2km，地温小于 80℃）发生生物降解作用。生物降解作用首先缓慢地破坏正构烷烃，接着破坏无环异戊间二烯化合物（如降姥鲛烷、姥鲛烷和植烷等）。当油藏发生生物降解作用时，原油的 API 度会降低。原油的生物降解在过去是一类被忽视的现象。现今，人们认为在大部分常规油藏中都存在生物降解作用（Head et al.，2003）。生物降解作用无法用地球物理手段探测到，通常在钻井后通过对油样进行地球化学分析来识别。（宏观）渗漏可以帮助我们在钻前就探测到地下是否存在生物降解作用。

由于厌氧生物降解作用对 C_3 和正构烷烃的选择性降解，气藏中与厌氧生物降解过程有关的天然气会具有特殊的指纹特征，主要表现为相邻正构烷烃之间碳同位素差值变大，C_2/C_3（乙烷/丙烷）和 iC_4/nC_4（异丁烷/正丁烷）值较大（Pallasser，2000；Milkov and Dzou，2007）。生物降解作用之后通常伴随着细菌产甲烷作用（次生产甲烷作用），即在储层中（非烃源岩层）生成新的与液态烃伴生的生物成因气。然而，这类次生生物成因甲烷与热成因甲烷在碳同位素组成上并不易区别（其碳同位素组成相对于常规的生物成因气更加富集 ^{13}C；Brown，2011；Milkov，2011）。次生产甲烷作用遵循二氧化碳还原路径，在原油生物降解过程中先生成二氧化碳。残余的二氧化碳相对富集 ^{13}C，碳同位素组成通常大于 +5‰。此类二氧化碳通常称为"重二氧化碳"。通过对世界范围内大量（宏观）渗漏的研究发现，当出现重二氧化碳并伴生富集 ^{13}C 的丙烷时，说明为天然气渗漏提供气源的油气藏遭受了生物降解（如 Etiope et al.，2009b，2013a，2014a）。

5.3.2　评价气源类型和成熟度

如果将天然气的次生改造考虑在内，渗漏天然气就可以更好地被用来评估天然气的来源和烃源岩的特征，换而言之，也就可以更好地了解地下含油气系统的情况。Schoell 和 Bernard 提出的天然气成因鉴别图版（图 1.2）可以用来分析（若果可能的话，可以证明）天然气分子和同位素组成潜在的改造作用。通过对全球陆上（宏观）渗漏的统计分析

（GLOGOS 数据库，见第 2 章），发现在超过 403 处（宏观）渗漏中（包括 168 处气苗、199 座泥火山和 36 处富气泉）中，有 60% 的渗漏天然气主要是热成因的（$\delta^{13}C_1 > -50‰$），而只有 11% 是以生物成因为主的（$\delta^{13}C_1 < -60‰$；图 5.5）。这些结果与热成因气藏在全球广泛分布，约占全球天然气资源的 80% 这一情况是一致的（Rice，1993）。这些结果同样也与导致天然气渗漏作用和泥火山作用的过程和环境是一致的。尤其是泥火山，总是和深部的烃类气藏密切相关，其气源通常埋藏在生油窗深度之下。特例存在于那些位于快速沉降的沉积盆地的气苗和泥火山中。在这些地区的深部气藏中，天然气仍然有可能是生物成因的（如特兰西瓦尼亚盆地、亚得里亚海盆地和墨西哥湾地区等）。热成因和生物成因气苗的实例见表 5.1。作为一条一般规律，天然气渗漏主要和热成因气藏相关，因为它们在造山带和裂谷系统中经常会受到构造运动的扰动，这些地区经常会被活动的渗透性断层穿过。埋深较浅、年龄较轻的生物成因气藏通常更易于保存，如位于构造运动较弱的前陆盆地中的生物成因气藏。

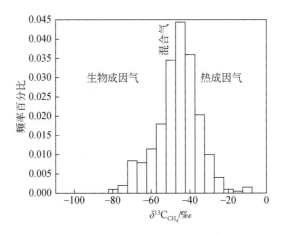

图 5.5　全球 403 处（宏观）渗漏中甲烷碳同位素组成的频率直方图
（基于 GLOGOS 数据库，2014 年版）

利用地球化学模型可以估计烃源岩中干酪根的类型（I 型、II 型或 III 型，即海相或陆相有机质），并通常以镜质组反射率的形式有效估算烃源岩的成熟度（Hunt，1996）。一个比较好的方法是把 Berner 和 Faber（1996）基于热解模拟实验的成熟度经验模型和热成因气理论生气模型（如 Tang *et al.*，2000 提出的模型）相结合，该方法可以预测油气的生成，包括烷烃的初始碳同位素组成等。目前，如果掌握甲烷（C_1）、乙烷（C_2）和丙烷（C_3）的 $\delta^{13}C$ 值，我们就可以通过两种相互独立的方法来估算烃源岩的成熟度和天然气的生成温度。如果读者需要关于上述方法更多的信息，如模型的细节，意义和限制条件等，可以去研读上述文献。在实际中，基于 Berner-Faber 模型，通过假设所研究的含油气系统中一系列初始（干酪根）碳同位素组成，就可以在 $\delta^{13}C_1$-$\delta^{13}C_2$ 或 $\delta^{13}C_2$-$\delta^{13}C_3$ 交会图中（图 5.6）得到若干"成熟度曲线"。

对某一类型或特定 $\delta^{13}C$ 值的干酪根都会有一条特定的曲线。在交会图中，渗漏的天然气最终会落在某一条热演化趋势线上，或落在趋势线附近。这条趋势线就代表了最有可能生成该天然气的烃源岩。图 5.6 的实例展示了具有不同 $\delta^{13}C$ 值的 II 型和 III 型干酪根的理论演化曲线。渗漏的天然气落在了 II 型干酪根的演化趋势线上,镜质体反射率(成熟度)约为 $1.8\%R_o$,烃源岩干酪根的 $\delta^{13}C$ 值为 $-27.8‰$。运用热成因气的生气模拟或与之相似的 $\delta^{13}C_1-\delta^{13}C_2$ 或 $\delta^{13}C_2-\delta^{13}C_3$ 交会图可以验证上述结果。在这些模型中,干酪根(I、II 或 III 型)的演化趋势线与其初始的 $\delta^{13}C$ 值无关,而与在成岩过程中生成天然气的升温速率有关(例如,每百万年 5℃,详见 Tang,2000)。运用成熟度交会图或结合成熟度和生气模拟对气苗进行分析可以很好地评价了当地的烃源岩条件。这一方法在日本(Etiope *et al.*,2011b)、希腊(Etiope *et al.*,2013a)、意大利(Etiope *et al.*,2014a)和印度尼西亚(著名的"Lusi"泥火山喷发地,Mazzini *et al.*,2012)等地的含油气系统中得到了很好的应用。

表 5.1　欧洲热成因和生物成因气苗中天然气碳氢同位素组成的实例

(数据来源于 GLOGOS 数据库;Etiope,2009a,2009b)

国家	气苗名称	天然气来源	$\delta^{13}C/‰$,VPDB	$\delta^2H/‰$,VSMOW	参考文献
希腊	Katakolo Faros	T	−34.3	−136	Etiope *et al.*,2013a
	Katakolo 港	T	−31.2	−135.5	Etiope *et al.*,2013a
	Killini	T	−49	−174	Etiope *et al.*,2006
	Kaiafas	T	−47.5	−166.5	Etiope *et al.*,2006
	Patras 海岸	M	−73.9	−210.9	Etiope *et al.*,未发表数据
	Kotyci	M	−69.7	−202.3	Etiope *et al.*,未发表数据
	Trifos	Mix	−66.7	−175	Etiope *et al.*,未发表数据
意大利	Tocco da Casauria	T	−57	−267	Etiope *et al.*,未发表数据
	Lavino	T	−50	−260	Etiope *et al.*,未发表数据
	Tramutola	T	−42.12	−193.8	Etiope *et al.*,2007
	Montechino	T	−33.98	−132.6	Etiope *et al.*,2007
	Miano	T	−39.38	−168.4	Etiope *et al.*,2007
	M. Busca 火焰	T	−35.81	−160.9	Etiope *et al.*,2007
	Corporeno	M	−65.98	−174.1	Etiope *et al.*,2007
	Comacchio	M	−76.14	−223	Cremonini *et al.*,2008
	Censo 火焰	T	−35.1	−146	Etiope *et al.*,2002
	Pietramala	T	−42.6	−188	Tassi *et al.*,2012
罗马尼亚	Andreiasu	T	−34.49	−147.6	Etiope *et al.*,2009a
	Bacau Gheraiesti	T	−49.42	−173.4	Baciu *et al.*,2008
	Deleni(Zugo)	M	−66.11	−189.6	Etiope *et al.*,未发表数据
	Praid	T	−28.99	−193.6	Etiope *et al.*,2009a
	Sarmasel	M	−67.42	−192.2	Etiope *et al.*,2009a

续表

国家	气苗名称	天然气来源	$\delta^{13}C/‰$, VPDB	$\delta^2H/‰$, VSMOW	参考文献
瑞士	Lago Maggiore Ten	M	−61.1	−243	Greber et al. , 1997
	Lago Maggiore Ver	M	−66.9	−211	Greber et al. , 1997
	Lago Maggiore Bol	M	−67.3	−228	Greber et al. , 1997
	Lago Maggiore Ala	M	−63.6	−238	Greber et al. , 1997
	Rivapiana	M	−62.8	−177	Greber et al. , 1997
	Stabio N. Bagni	T	−49.4	−186	Greber et al. , 1997
	Stabio S2	T	−42.9	−162	Greber et al. , 1997
	Ponte Falloppia	T	−37.3	−125	Greber et al. , 1997
	Giswil	T	−35.5	−159.3	Etiope et al. , 2010
土耳其	Kumluca	M	−65	−209	Etiope et al. , 未发表数据

注：T 为热成因气；M 为生物成因气。

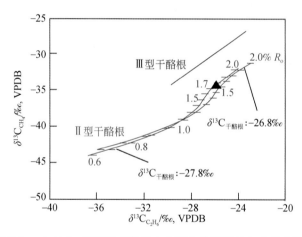

图 5.6　基于 Berner 和 Faber（1996）模型的成熟度交会图在渗漏天然气中的应用实例（热成因天然气渗漏来自希腊西部的 Katakolo；Etiope et al. , 2013a）

渗漏天然气的来源是未知的，但成熟度曲线是根据沿 Ionian 海岸线的潜在烃源岩及其干酪根稳定碳同位素组成绘制而成的。（宏观）渗漏（黑色三角）的甲烷和乙烷碳同位素组成在交会图上符合 II 型干酪根的趋势，当干酪根碳同位素组成为−27.8‰时，成熟度为 1.8% R_o，当干酪根碳同位素组成为−26.8‰时，成熟度为 1.6% R_o（Etiope et al. , 2013a，修改并重绘）

　　美国纽约州 Chestnut Ridge 公园的一处天然火焰为我们通过分析渗漏天然气判定天然气来源提供了一个有趣的实例。该宏观渗漏是一处壮观的"永恒火焰"。它隐藏在层层叠叠的瀑布之后，散发出耀眼的光芒，是当地著名的旅游景点（图 5.7）。

　　和通常情况一样，气苗沿受断裂控制的溪流分布，每天释放约 1kg 甲烷。它似乎在目前已知的所有气苗中具有最高的乙烷和丙烷含量（C_2+C_3），大约在 35%（Etiope et al. , 2013b）。密闭腔测量发现天然气同样还在附近以肉眼不可见的弥散性天然气渗漏（迷你气

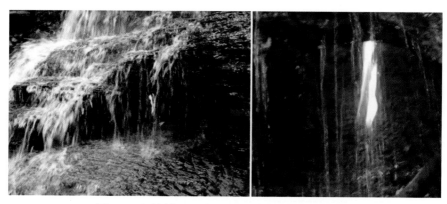

图 5.7　纽约州 Chestnut Ridge 公园的 "永恒火焰"
天然气是热成因的，直接来自页岩烃源岩的裂隙（照片由 G. Etiope 拍摄）

苗）的形式释放出来。渗漏的天然气通常主要来自常规超压气藏，尤其是当气体通量较大的时候，这样可以保证有足够的压力梯度支持气苗能维持相当长一段时间。但是，对燃烧的 Chestnut Ridge 气苗而言，天然气似乎直接来自烃源岩（即页岩）。通过综合分析气苗和该区域气藏中天然气的分子和同位素组成，下伏的层序地层表明热成因气直接来自上泥盆统页岩，并没有将常规气藏作为其中转站（Etiope *et al.*，2013b）。这些结果说明构造裂缝发育的页岩具有 "天然压裂" 的特点，可以为油气勘探提供有利目标。因此，在 "构造压裂" 发育的页岩地层中，天然气的生产可能不需要大规模的人工压裂。

5.3.3　废气（CO_2、H_2S、N_2）的存在

二氧化碳（CO_2）、硫化氢（H_2S）和氮气（N_2）等非烃气体的存在会降低气藏的经济价值。这些气体会降低天然气的热值（燃烧单位体积或质量所需要的能量），还可能具有腐蚀性，在利用天然气之前必须将其和烃气分离并做恰当的处理。当出现这类气体时，天然气的生产成本将会大大增加，钻遇高废气含量的天然气会给石油公司带来风险。因此，在（宏观）渗漏中探测这些气体可以反映地下油气藏的实际情况，是一项至关重要的工作。

在一些情况下，气藏中二氧化碳含量可能过于丰富，超过了 20%，使得勘探失去经济价值。在南中国海、马来盆地和泰国湾、中欧潘诺尼亚盆地、哥伦比亚普图马约盆地、意大利南部 Iblean 地台、新西兰塔拉纳基盆地、北海南维京地堑和澳大利亚库珀-伊罗曼加盆地都发现了高含二氧化碳气藏（Thrasher and Fleet，1995）。二氧化碳可能有以下几种来源：

（1）形成于热成因烃类气体生成阶段，特别是通过干酪根的脱羧作用；
（2）形成于原油的生物降解过程中；
（3）形成于硫酸盐热还原反应（TSR）过程中，尽管
（4）更多的是形成于火山-地热过程中，如岩浆脱气作用或碳酸盐的接触变质作用。

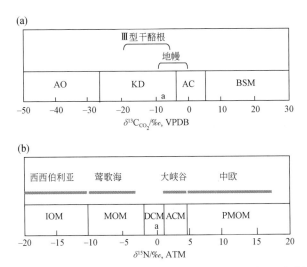

图 5.8 （a）Jenden 等（1993）和 Kotarba（2001）提出的不同成因二氧化碳碳同位素组成的分布区间及（b）Zhu 等（2000）提出的天然气氮同位素分布特征

（a）中，AO. 烃类的有氧氧化作用；KD. 干酪根脱羧作用；AC. 海相碳酸盐岩的改造；BSM. 生物降解和次生产甲烷作用；a. 大气圈。（b）中，IOM. 未成熟有机质（$R_o \leqslant 0.6\%$），以西西伯利亚盆地为典型；MOM. 成熟和高成熟有机质（$R_o = 0.6\% \sim 2\%$），如中国的莺歌海盆地；DCM. 深部地壳和地幔；ACM. 在变质过程中的氨基黏土矿物和泥岩（如加利福尼亚大峡谷）；PMOM. 过成熟有机质（$R_o > 2\%$）（如中欧盆地群）

二氧化碳的稳定碳同位素组成［图 5.8（a）］和与其伴生的氦气同位素组成可以帮助我们判别其成因来源（如 Jenden et al.，1993；Cathles and Schoell，2007）。烃类（宏观）渗漏中高含量（超过 20%）的二氧化碳通常出现在邻近地热或火山的含油气系统中，如东爪哇的西多尔佐盆地（Mazzini et al.，2012）及乌克兰（最高达 64%），俄罗斯（最高达 29%）和特立尼达（最高达 25%）的一些泥火山（Etiope et al.，2009b 及文中引用文献）。

硫化氢具有强腐蚀性，会损坏钻井设备（电泵、套管和钻杆）。此外，正如第 6 章所述，它还是一种有毒气体。硫化氢主要来自细菌硫酸盐还原反应（microbial sulphate reaction，BSR）、干酪根或原油中含硫化合物的热降解，更多的情况来自烃类和盐接触时发生的硫酸盐热还原反应（Thermochemical Sulphate Reaction，TSR；Noth，1997）。TSR 是唯一一类能够生成大量（>5%）硫化氢的反应，主要发生在蒸发岩中，常与灰岩密切接触，反应温度通常高于 80℃（Noth，1997）或 120℃（Warden and Smalley，1996）。人们同样发现了高含硫化氢的渗漏。例如，位于希腊西部伊奥尼亚沿岸的 Katakolo 和基利尼，地表热成因天然气中硫化氢的含量最高可达 1.4%，硫同位素组成（$\delta^{34}S$）为 +2‰，说明硫化氢和硫酸盐热还原反应或原油/有机质的热降解有关（Etiope et al.，2013a）。

在气藏中，当天然气为烃源岩在晚期过成熟阶段（镜质组反射率 $R_o > 4\%$）的产物时，气体中氮气含量可能会超过甲烷或者其他烃气组分。这种富含氮气的天然气是在生气过程的最后阶段形成的，发生在产甲烷作用停止之后（Krooss et al.，1995）。但是，含黏土和氨基的沉积岩在变质过程中也可能生成大量氮气（Zhu et al.，2000；Etiope et al.，

2011a）。当含油气系统邻近火山系统时，岩浆作用也可能成为氮气的来源。TSR 作用会破坏轻烃组分，从而导致氮气的含量相对于烃气增加。富氮（宏观）渗漏的实例见于巴布亚新几内亚（≤76%；Baylis *et al.*，1997）和罗马尼亚（最高达 98%；Etiope *et al.*，2011a）。氮同位素组成（$\delta^{15}N$）可以帮助我们分析天然气的成因来源 [图 5.8（b）]。

5.3.4 （宏观）渗漏中的氦气（供专家参考）

氦气（He）是在所有非烃气体中唯一一种具有经济价值的气体。氦是一种在科技界和工业界都十分有用的化学元素，在航天、原子能和超导等尖端科技领域，以及熔焊和低温物理等许多高端科研领域中都是不可或缺的。尽管，在宇宙中氦气占到了 25%，但在大气中它却是一类稀有气体（5ppmv），仅在气田和地热流体中发现了较高浓度的氦气，0.1% 被认为是高浓度氦气的门槛值。通常来说，氦气仅来自油气藏。富氦天然气藏的地理分布极不均匀。世界上大约 90% 的富氦天然气藏集中在北美，尤其是在堪萨斯州、俄克拉何马州和得克萨斯州的 Hugoton-Panhandle 气田（北美最大的气田）及怀俄明州的 Tip-Top 气田，这些气田中氦气的平均浓度达到 0.6% ~ 0.8%。除美国以外，只有波兰、俄罗斯、中国、阿尔及利亚和加拿大等国家对氦气进行了提取，在荷兰和卡塔尔也有少量开发。在这些国家，气田中氦气的平均含量为 0.18% ~ 0.9%。在气田中，氦气含量要达到 0.3% 才便于开采（Gage and Driskill，2004）。氦气的富集通常是由于盆地抬升导致水中氦气发生脱溶作用的结果（Ballentine and Sherwood Lollar，2002；Brown，2005）。

（宏观）渗漏中氦气的丰度不是特别高，其浓度通常约为几百个 ppmv。但是，2010年在罗马尼亚发现了一处（宏观）渗漏，其氦气含量高达 1.48%（Etiope *et al.*，2011a），远远超过了美国具有商业价值的氦气气藏的平均含量。该处（宏观）渗漏预示了地下可能存在一个富氦气藏。尽管氦气作为一种勘探油气的示踪剂已经使用了很多年（见 5.2.1 节），但现今地表的天然气渗漏勘察却很少涉及氦气。今后，应该对氦气投入更多注意力，这不仅因为它是一种油气勘探的示踪剂，伴随着全球氦气需求的增加和市场价格的上涨，其本身也成为一个勘探目标（http://www.theballooncouncil.org）。

参 考 文 献

Abrams M A. 2002. Surface geochemical calibration research study: an example of research partnership between academia and industry. In: New Insights into Petroleum Geoscience Research Through Collaboration between Industry and Academia. Geological Society, London, UK, 8-9 May 2002

Abrams M A. 2005. Significance of hydrocarbon seepage relative to petroleum generation and entrapment. Mar Pet Geol, 22: 457-477

Alain K, Holler T, Musat F, Elvert M, Treude T, Kruger M. 2006. Microbiological investigation of methane- and hydrocarbon-discharging mud volcanoes in the Carpathian Mountains, Romania. Environ Microbiol, 8: 574-590

Baciu C, Etiope G, Cuna S, Spulber L. 2008. Methane seepage in an urban development area (Bacau, Romania): origin, extent and hazard. Geofluids, 8: 311-320

Ballentine CJ, Sherwood Lollar B. 2002. Regional groundwater focusing of nitrogen and noble gases into the Hugoton-Panhandle giant gas field, USA. Geochim Cosmochim Acta 66:2483-2497

Baubron J C, Rigo A, Toutain J P. 2001. Soil gas profiles as a tool to characterize active tectonic areas: the Jaut Pass example(Pyrenees, France). Earth Planet Sci Lett, 196:69-81

Baylis S A, Cawley S J, Clayton C J, Savell M A. 1997. The origin of unusual gas seeps from onshore Papua New Guinea. Mar Geol, 137:109-120

Berner U, Faber E. 1996. Empirical carbon isotope/maturity relationships for gases from algal kerogens and terrigenous organic matter, based on dry, open-system pyrolysis. Org Geochem, 24:947-955

Bonini C. 2013. Fluid seepage variability across the external Northern Apennines(Italy): structural controls with seismotectonic and geodynamic implications. Tectonophysics, 590:151-174

Brown A. 2005. Origin of high helium concentrations in dry gas by water fractionation. In: AAPG Research Conference Abstracts, Origin of Petroleum, 18 June 2005, Calgary, Alberta, Canada

Brown A. 2011. Identification of source carbon for microbial methane in unconventional gas reservoirs. AAPG Bull, 95:1321-1338

Cathles L M, Schoell M. 2007. Modeling CO_2 generation, migration and titration in sedimentary basins. Geofluids, 7:441-450

Chu P H, Wu J J, Cheng T W, Lin L H, Chen K C, Wang P L. 2007. Evaluating the potential of anaerobic methane oxidation in terrestrial mud volcanoes of southern Taiwan. In: Proceedings of the 9th International Conference Gas Geochemistry, National Taiwan University, 154

Ciotoli G, Etiope G, Guerra M, Lombardi S. 1999. The detection of concealed faults in the Ofanto Basin using the correlation between soil-gas fracture surveys. Tectonophysics, 301:321-332

Ciotoli G, Lombardi S, Morandi S, Zarlenga F. 2004. A multidisciplinary statistical approach to study the relationships between helium leakage and neo-tectonic activity in a gas province: The Vasto Basin, Abruzzo-Molise(Central Italy). AAPG Bull, 88:355-372

Coleman D D, Risatti J B, Schoell M. 1981. Fractionation of carbon and hydrogen isotopes by methane-oxidizing bacteria. Geochim Cosmochim Acta, 45:1033-1037

Cremonini S, Etiope G, Italiano F, Martinelli G. 2008. Evidence of possible enhanced peat burning by deep originated methane in Po river delta(Italy). J Geol, 116:401-413

Davidson J J. 1986. Unconventional methods in exploration for petroleum and natural gas-IV. Texas: Southern Methodist University, Dallas, 350

Deville E, Battani A, Griboulard R, Guerlais S H, Herbin J P, Houzay J P, Muller C, Prinzhofer A. 2003. Mud volcanism origin and processes. New insights from Trinidad and the Barbados Prism. In: Van Rensbergen P, Hillis R, Maltman A J, Morley C(eds). Surface Sediment Mobilization, vol 216. London: Special Publication of the Geological Society:475-490

Duddridge G A, Grainger P, Durrance E M. 1991. Fault detection using soil gas geochemistry. Quat J Eng Geol, 24:427-435

Dyck W. 1976. The use of helium in mineral exploration. J Geochem Explor, 5:3-20

Etiope G. 2009. GLOGOS, A new global onshore gas-oil seeps dataset. Search and Discovery, Article #70071, 28 September 2009. AAPG Online Journal. http://www.searchanddiscovery.net

Etiope G, Lombardi S. 1995. Soil gases as fault tracers in clay basin: a case history in the Siena basin(Central Italy). In: Dubois C(ed). Gas Geochemistry. Northwood: Science Reviews:19-29

Etiope G, Klusman R W. 2010. Microseepage in drylands: flux and implications in the global atmospheric source/sink budget of methane. Global Planet Change, 72: 265–274

Etiope G, Caracausi A, Favara R, Italiano F, Baciu C. 2002. Methane emission from the mud volcanoes of Sicily (Italy). Geophys Res Lett, 29. doi:10. 1029/2001GL014340

Etiope G, Baciu C, Caracausi A, Italiano F, Cosma C. 2004a. Gas flux to the atmosphere from mud volcanoes in eastern Romania. Terra Nova, 16: 179–184

Etiope G, Feyzullaiev A, Baciu C L, Milkov A V. 2004b. Methane emission from mud volcanoes in eastern Azerbaijan. Geology, 32: 465–468

Etiope G, Papatheodorou G, Christodoulou D, Ferentinos G, Sokos E, Favali P. 2006. Methane and hydrogen sulfide seepage in the NW Peloponnesus petroliferous basin (Greece): origin and geohazard. AAPG Bull, 90: 701–713

Etiope G, Martinelli G, Caracausi A, Italiano F. 2007. Methane seeps and mud volcanoes in Italy: gas origin, fractionation and emission to the atmosphere. Geophys Res Lett, 34. doi:10. 1029/2007 GL030341

Etiope G, Feyzullayev A, Baciu C L. 2009a. Terrestrial methane seeps and mud volcanoes: a global perspective of gas origin. Mar Pet Geol, 26: 333–344

Etiope G, Feyzullayev A, Milkov A V, Waseda A, Mizobe K, Sun C H. 2009b. Evidence of subsurface anaerobic biodegradation of hydrocarbons and potential secondary methanogenesis in terrestrial mud volcanoes. Mar Pet Geol, 26: 1692–1703

Etiope G, Zwahlen C, Anselmetti F S, Kipfer R, Schubert C J. 2010. Origin and flux of a gas seep in the northern Alps (Giswil, Switzerland). Geofluids, 10: 476–485

Etiope G, Baciu C, Schoell M. 2011a. Extreme methane deuterium, nitrogen and helium enrichment in natural gas from the Homorod seep (Romania). Chem Geol, 280: 89–96

Etiope G, Nakada R, Tanaka K, Yoshida N. 2011b. Gas seepage from Tokamachi mud volcanoes, onshore Niigata Basin (Japan): origin, post-genetic alterations and CH_4-CO_2 fluxes. App Geochem, 26: 348–359

Etiope G, Schoell M, Hosgormez H. 2011c. Abiotic methane flux from the Chimaera seep and Tekirova ophiolites (Turkey): understanding gas exhalation from low temperature serpentinization and implications for Mars. Earth Planet Sci Lett, 310: 96–104

Etiope G, Christodoulou D, Kordella S, Marinaro G, Papatheodorou G. 2013a. Offshore and onshore seepage of thermogenic gas at Katakolo Bay (Western Greece). Chem Geol, 339: 115–126

Etiope G, Drobniak A, Schimmelmann A. 2013b. Natural seepage of shale gas and the origin of "eternal flames" in the Northern Appalachian Basin, USA. Mar Pet Geol, 43: 178–186

Etiope G, Panieri G, Fattorini D, Regoli F, Vannoli P, Italiano F, Locritani M, Carmisciano C. 2014a. A thermogenic hydrocarbon seep in shallow Adriatic Sea (Italy): gas origin, sediment contamination and benthic foraminifera. Mar Pet Geol, 57: 283–293

Etiope G, Vadillo I, Whiticar M J, Marques J M, Carreira P, Tiago I. 2014b. Methane seepage at hyperalkaline springs in the Ronda peridotite massif (Spain). AGU fall meeting abstracts, December 2014

Fu C C, Yang T F, Walia V, Chen C H. 2005. Reconnaissance of soil-gas composition over the buried fault and fracture zone in Southern Taiwan. Geochem J, 39: 427–439

Gage B D, Driskill D L. 2004. The helium resources of the United States, 2003, Technical Note 415. Bureau of Land Management. BLM/NM/ST-04/002+3745, 35

Greber E, Leu W, Bernoulli D, Schumacher ME, Wyss R. 1997. Hydrocarbon provinces in the Swiss southern Alps—a gas geochemistry and basin modelling study. Mar Pet Geol, 14: 3–25

Gregory R G, Durrance E M. 1985. Helium, carbon dioxide and oxygen soil gases: small-scale variations over fractured ground. J Geochem Explor, 24:29−49

Guerra M, Lombardi S. 2001. Soil-gas method for tracing neotectonic faults in clay basins: the Pisticci field (Southern Italy). Tectonophysics, 339:511−522

Head I M, Jones D M, Larter S R. 2003. Biological activity in the deep subsurface and the origin of heavy oil. Nature, 426:344−352

Hoffman M G. 1939. An advance in exploration by soil analysis methods. Oil Gas J, 113:23−24

Hong W L, Etiope G, Yang T F, Chang P Y. 2012. Methane flux of miniseepage in mud volcanoes of SW Taiwan: comparison with the data from Europe. J Asian Earth Sci, 65:3−12

Howarth R J. 1993. Statistics and data analysis in geochemical prospecting. In: Govett G J S (ed). Handbook of Exploration Geochemistry, 2. Oxford, New York: Elsevier Scientific Publishing Company, Amsterdam:44−75

Hunt J M. 1996. Petroleum Geochemistry and Geology. New York: Freeman and Co:743

Jenden P D, Hilton D R, Kaplan I R, Craig H. 1993. Abiogenic hydrocarbons and mantle helium in oil and gas fields. In: Howell D G (ed). The Future of Energy Gases (US Geological Survey Professional Paper 1570). Washington: United States Government Printing Office:31−56

Jones V T, Drozd R J. 1983. Predictions of oil or gas potential by near-surface geochemistry. AAPG Bull, 67: 932−952

Jones V T, Matthews M D, Richers D. 2000. Light hydrocarbons in petroleum and natural gas exploration. In: Hale M(ed). Handbook of Exploration Geochemistry: Geochemical Remote Sensing of the Sub-surface, vol 7, Chapter 5. Amsterdam: Elsevier Science Publishers

Kinnaman F S, Valentine D L, Tyler S C. 2007. Carbon and hydrogen isotope fractionation associated with the aerobic microbial oxidation of methane, ethane, propane and butane. Geochim Cosmochim Acta, 71:271−283

Kiyosu Y, Imaizumi S. 1996. Carbon and hydrogen isotope fractionation during oxidation of methane by metal oxides at temperatures from 400 to 530℃. Chem Geol, 133:279−287

Klusman R W. 1993. Soil Gas and Related Methods for Natural Resource Exploration. Chichester: Wiley:483

Klusman R W. 2006. Detailed compositional analysis of gas seepage at the National Carbon Storage Test Site, Teapot Dome, Wyoming USA. App Geochem, 21:1498−1521

Klusman R W, Leopold M E, LeRoy M P. 2000. Seasonal variation in methane fluxes from sedimentary basins to the atmosphere: results from chamber measurements and modeling of transport from deep sources. J Geophys Res, 105D:661−670

Klusman R W, Jakel M E, LeRoy M P. 1998. Does microseepage of methane and light hydrocarbons contribute to the atmospheric budget of methane and to global climate change? Ass Petrol Geochem Explor Bull, 11:1−56

Kotarba M J. 2001. Composition and origin of coalbed gases in the Upper Silesian and Lublin basins, Poland. Org Geochem, 32:163−180

Krooss B M, Littke R, Muller B, Frielingsdorf J, Schwochau K, Idiz E F. 1995. Generation of nitrogen and methane from sedimentary organic matter: implications on the dynamics of natural gas accumulations. Chem Geol, 126: 291−318

Laubmeyer G. 1933. A new geophysical prospecting method, especially for deposits of hydrocarbons. Petroleum, 29:14

Link W K. 1952. Significance of oil and gas seeps in world oil exploration. AAPG Bull, 36:1505−1540

Macgregor D S. 1993. Relationships between seepage, tectonics and subsurface petroleum reserves. Mar Pet Geol, 10:606−619

Mackintosh S J, Ballentine C J. 2012. Using ^{3}He/^{4}He isotope ratios to identify the source of deep reservoir contributions to shallow fluids and soil gas. Chem Geol, 304-305:142-150

Matthews M D. 1996. Hydrocarbon migration—a view from the top. In: Schumacher D, Abrams M A (eds). Hydrocarbon Migration and Its Near-surface Expression. AAPG Memoir, vol 66. Tulsa: American Association of Petroleum Geologists:139-155

Mazzini A, Etiope G, Svensen H. 2012. A new hydrothermal scenario for the 2006 Lusi eruption, Indonesia. Insights from gas geochemistry. Earth Planet Sci Lett, 317-318:305-318

Medialdea T, Somoza L, Pinheiro L M, Fernández-Puga M C, Vázquez J T, León R, Ivanov M K, Magalhães V, Díaz-del-Río V, Vegas R. 2009. Tectonics and mud volcano development in the Gulf of Cádiz. Mar Geol, 261:48-63

Mellors R, Kilb D, Aliyev A, Gasanov A, Yetirmishli G. 2007. Correlations between earthquakes and large mud volcano eruptions. J Geophys Res, 112: B04304. doi:10.1029/2006JB004489

Milkov A V. 2011. Worldwide distribution and significance of secondary microbial methane formed during petroleum biodegradation in conventional reservoirs. Org Geochem, 42:184-207

Milkov A V, Dzou L. 2007. Geochemical evidence of secondary microbial methane from very slight biodegradation of undersaturated oils in a deep hot reservoir. Geology, 35:455-458

Niemann H, Duarte J, Hensen C, Omoregie E, Magalhaes V H, Elvert M, Pinheiro L M, Kopf A, Boetius A. 2006. Microbial methane turnover at mud volcanoes of the Gulf of Cadiz. Geochim Cosmochim Acta, 70:5336-5355

Noth S. 1997. High H_2S contents and other effects of thermochemical sulfate reduction in deeply buried carbonate reservoirs: a review. Geol Rundsch, 86:275-287

Pallasser R J. 2000. Recognising biodegradation in gas/oil accumulations through the $\delta^{13}C$ compositions of gas components. Org Geochem, 31:1363-1373

Pan C, Yu L, Liu J, Fu J. 2006. Chemical and carbon isotopic fractionations of gaseous hydrocarbons during abiogenic oxidation. Earth Planet Sci Lett, 246:70-89

Pogorsky L A, Quirt G S. 1981. Helium emanometry in exploring for hydrocarbons, Part I. In: Gottlieb B M (ed). Unconventional Methods in Exploration for Petroleum and Natural Gas, II. Dallas: Southern Methodist University Press:124-135

Price L C. 1986. A critical overview and proposed working model of surface geochemical exploration. In: Davidson M J (ed). Unconventional Methods in Exploration for Petroleum and Natural Gas, IV. Dallas: Southern Methodist University Press:245-304

Rice D D. 1993. Biogenic gas: controls, habitats, and resource potential. In: Howell D G (ed). The Future of Energy Gases—U. S. Geological Survey Professional Paper 1570. Washington: United States Government Printing Office:583-606

Roberts H A. 1981. Helium emanometry in exploring for hydrocarbons - part II, unconventional methods in exploration for petroleum and natural gas. Dallas: Southern Methodist University:136-149

Saunders D F, Davidson M J. 2006. Articles and scientific papers on surface geochemical exploration for petroleum. DeGolyer Library, Southern Methodist University. http://www.lib.utexas.edu/taro/smu/00014/smu-00014.html

Saunders D, Burson K R, Thompson C K. 1999. Model for hydrocarbon microseepage and related near-surface alterations. Ass Petrol Geochem Explor Bull, 83:170-185

Schoell M. 1983. Genetic characterization of natural gases. AAPG Bull, 67:2225-2238

Schumacher D. 2010. Integrating hydrocarbon microseepage data with seismic data doubles exploration success. In: Proceedings Thirty-fourth Annual Conference and Exhibition, May 2010. Indonesian Petroleum Association,

IPA10-G-104

Schumacher D, Abrams M A. 1996. Hydrocarbon Migration and Its Near Surface Expression. AAPG Memoir, vol 66. Tulsa: PennWell Publishing: 446

Schumacher D, LeSchack L A. 2002. Surface exploration case histories: applications of geochemistry, magnetics, and remote sensing. AAPG Studies in Geology, No. 48, SEQ Geophysical References Series No. 11, 486

Sechman H. 2012. Detailed compositional analysis of hydrocarbons in soil gases above multi-horizon petroleum deposits — a case study from western Poland. App Geochem, 27: 2130–2147

Seneshen D M, Chidsey T C, Morgan C D, Van den Berg M D. 2010. New techniques for new hydrocarbon discoveries — surface geochemical surveys in the Lisbon and lightning draw southeast field areas, San Juan County, Utah. Miscellaneous Publication 10–2, Utah Geological Survey, 62

Sokolov V A. 1933. New method of surveying oil and gas formations. Tekhnika Nefti, 16: 163

Tang Y, Perry J K, Jenden P D, Schoell M. 2000. Mathematical modeling of stable carbon isotope ratios in natural gases. Geochim Cosmochim Acta, 64: 2673–2687

Tang J, Yin H, Wang G, Chen Y. 2010. Methane microseepage from different sectors of the Yakela condensed gas field in Tarim Basin, Xinjiang, China. App Geochem, 25: 1257–1264

Tassi F, Bonini M, Montegrossi G, Capecchiacci F, Capaccioni B, Vaselli O. 2012. Origin of light hydrocarbons in gases from mud volcanoes and CH_4-rich emissions. Chem Geol, 294–295: 113–126

Tedesco S A. 1995. Surface Geochemistry in Petroleum Exploration. New York: Chapman & Hall: 206

Thielemann T, Lucke A, Schleser G H, Littke R. 2000. Methane exchange between coal-bearing basins and the atmosphere: the Ruhr Basin and the Lower Rhine Embayment, Germany. Org Geochem, 31: 1387–1408

Thrasher J, Fleet A J. 1995. Predicting the risk of carbon dioxide 'pollution' in petroleum reservoirs. In: Grimalt J O, Dorronsoro C (eds). Organic Geochemistry: Developments and Applications to Energy, Climate, Environment and Human History — Selected Papers from the 17th International Meeting on Organic Geochemistry. San Sebastian: AIGOA: 1086–1088

Van Den Boom G P. 1987. Helium distribution pattern of measured and corrected data around the "Eldingen" Oil Field, NW Germany. J Geophys Res, 92b: 12547–12555

Whiticar M J. 1999. Carbon and hydrogen isotope systematics of bacterial formation and oxidation of methane. Chem Geol, 161: 291–314

Worden R H, Smalley P C. 1996. H_2S-producing reactions in deep carbonate gas reservoirs: Khuff formation, Abu Dhabi. Chem Geol, 133: 157–171

Zhu Y, Shi B, Fang C. 2000. The isotopic compositions of molecular nitrogen: implications on their origins in natural gas accumulations. Chem Geol, 164: 321–330

热成因气一起携带至地表（Mazzini et al.，2012）。这类天然气显示表现出介于烃类冷渗漏和地热型"热"排气口之间的混合特征，通常将其称之为"沉积型地热系统"（Sediment-Hosted Geothermal System，SHGS，见图 1.1）。

图 6.4　2001 年（a）、2012 年 [（c）、（d）] 阿塞拜疆 Lokbatan 泥火山爆发的盛况（照片承蒙 Akper Feyzullayev 惠允，初始来源为 BP 阿塞拜疆公司和 news. day. az）及 2003 年（b）测定 Lokbatan 火山口的天然气（照片由 L. Innocenzi，INGV 拍摄）

　　2013 年，位于台伯河三角洲的罗马国际机场附近发生了一起规模和危害都小得多的 SHGS 富 CO_2 气体排放（Ciotoli et al.，2013）。在这起事件中，气体喷发作用是整个三角洲地区地下土壤广泛发生天然气充注的一个局部表现（由浅层钻井导致）。不同于在 2~3m 的火山口集中喷出泥浆和 CO_2 所造成的危害，在这个案例中潜在的灾害来自于地下数十 km² 范围内广泛出现的天然气。这些天然气会降低土基的岩土力学性能，给新建筑物的工程建设带来巨大的阻碍。这些退化过程会搅动陆上建筑或海上平台的地基，在海洋中则会沿着大陆架斜坡引发滑坡。土壤或海床沉积物中少量的气泡及溶解在土壤孔隙水中的气体会影响负载和卸载的响应，使土壤变得可压缩并增加局部的剪切力和孔隙压力（Sobkowicz and Morgenstern，1984）。特别是当地下存在天然气时，会通过增加土壤的压缩性并降低其剪切强度及增强其流动性或循环液化的能力来降低土基的性能。在台伯河三角洲的气体释放过程中，甲烷浓度达到了 LEL 级别（2%~3%）。这一现象十分重要，因为这意味着天然气渗漏同样可以影响罗马国际机场内的地面，气体的喷发距离机场跑道仅有 700m。

6.2 自然成因和人为成因的杂散气

"杂散气"这个名词是指运移到浅部含水层或渗流层（位于地表和地下水之间的地层）的天然气。当杂散气运移到用于灌溉或饮用的水井或进入到建筑物时，就可能会造成潜在的安全和健康问题。从生产油气的钻井、管道、储气罐、垃圾填埋场和地下矿场中会渗漏出人为原因的杂散气。自然成因的杂散气则与天然气渗漏有关。因此，判别杂散气是人为成因还是自然成因是一项十分重要的工作，有助于我们采取合适的补救手段（有时是法律手段）。

当含水层中存在自然溶解的烃类或在泉水释放的气体中存在烃类时，说明发生了以下几种情况：①地下水已经穿过了烃源岩或油气藏；②地下水沿着含气的断层或裂缝网络流动；③天然气从更深的来源运移到含水层中，这种情况更易于发生也更常见。只有结合水及溶解在水中的各类气体的地球化学特征，并掌握实际地质背景，才能区分以上几种可能性。甲烷浓度的增加通常与富钠或氯化钠水体有关，这样的水体反映了地下含水层埋藏较深，滞留时间长，因此水岩作用的时间也相对较长（如 Molofsky *et al.*，2013）。若含水层被垂向渗漏的天然气羽流穿过（如沿着断层），那么地下水就可以携带着气体发生长距离的侧向运移，流向那些天然气渗漏和断层不发育的地区。

在一些情况下，天然存在于浅层地下水中的甲烷容易和油气井眼或油气生产活动过程中渗漏出的气体发生混淆。据报道，在美国宾夕法尼亚州和纽约州一些住宅的自来水中发生了气体燃烧，这被归因于页岩气的水力压裂，引起了强烈的反响（读者可以简单地用谷歌搜索关键词"燃烧自来水与水力压裂污染"）。尽管这一情况已经出现在一些地区（如 Osborne *et al.*，2011；Jackson *et al.*，2013），但在其他地区却没有出现（如 Molofsky *et al.*，2013；Vidic *et al.*，2013；Warner *et al.*，2012，2013；Darrah *et al.*，2014）。例如，杜克大学和 USGS 阿肯色州水科学中心经过大量的地球化学研究发现没有任何直接证据表明在费耶特维尔页岩气产区附近的地下水井遭到了污染（美国，阿肯色州）。大部分在地下水中发现的甲烷的稳定碳同位素组成（$\delta^{13}C_{CH_4}$）和费耶特维尔页岩气的指纹特征存在差别（Warner *et al.*，2013）。这是由于在这些地区水力压裂形成的裂缝系统并没有将深部页岩和浅部含水层联通。在宾夕法尼亚州、纽约州和得克萨斯州的 Marcellus 和 Barnett 页岩也获得了相同的结论，稀有气体数据（如 ^4He、^{20}Ne 和 ^{36}Ar）排除了水平井和水力压裂引起的气体污染（Darrah *et al.*，2014）。

图 6.5 对上述情况进行了说明。通常，页岩气开发对地下水可能造成的影响在不同的沉积盆地是不一样的，局部的或区域性的地质差异对水力压裂后的连通性及地下污染过程起到了关键的作用。正如在 5.3.2 节提到的那样，纽约州（美国）Chestnut Ridge 公园气苗就是一个页岩气如何能够在没有对岩石渗透率采取人为干预的情况下自然运移到地表的实例。新构造运动引起的断层活动导致了地层的天然压裂。

针对这些有关水力压裂的争论，媒体必须始终基于科学验证做出正确的报道。例如，关于罗马尼亚瓦斯卢伊（Vaslui）市一处泉水中燃烧气体的报道就有欠科学。人们普遍将其归咎于页岩水力压裂的结果，然而，该地区的压裂工作还没有开始。勘测研究表明整个

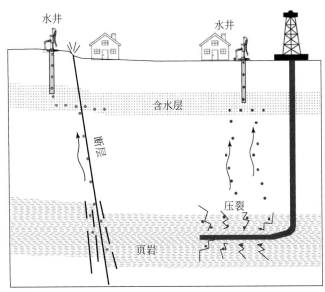

图 6.5　页岩气压裂（右侧）和天然裂缝型页岩中天然气渗漏（左侧）释放甲烷造成浅部含水层污染的简图
图 5.7 中描述的（宏观）渗漏是天然形成的页岩气发生运移的一个实例

环绕燃烧泉水的地区都受到了自然成因天然气渗漏的影响，在该地区发现的小型泥火山已经有几百年的历史（Baciu et al.，未发表数据）。因此，对石油公司而言，为了其今后自身的潜在效益，了解一个地区的背景情况（即在某一个特定区域开展油气开发之前，对含水层和土壤中可能存在的天然气进行评估）十分重要，也是一项关键的工作。

6.3　水环境中的缺氧

水中的缺氧是指水中溶解氧的浓度小于 $60\mu M$（或 $<2\mu g/L$；在被空气饱和的水中，溶解氧的浓度 $\geqslant 220\mu M$ 或 $\geqslant 7mg/L$）。水中的氧浓度对生物多样性、生态系统功能、渔业、水产养殖业和旅游业至关重要。很多情况下，在近海、港湾、入海口和湖泊中水体的缺氧是由于使用农业肥料、工业化和城市化等人为活动造成的。在其他情况下，缺氧也可以由自然因素引起，通常和水动力循环发生变化，水体交换受限有关。同样地，在一些情况下，海底天然气渗漏也会导致缺氧事件的发生。实际上，甲烷和硫化氢等还原性气体可以被快速氧化，因此会快速地消耗氧气。此外，海底天然气渗漏可以激发贫氧的深部水体发生垂向对流，进入到透光层和海表混合层。气饱和水体和浮力两相流体（宏观和微观气泡羽流）会引起密度的变化，进而驱动缺氧水体上涌。上涌的水体可能给对水面附近的鱼类造成危害。

目前，对与天然气渗漏有关的缺氧作用研究普遍还十分薄弱。关于缺氧的报道见于卡里亚科（Cariaco）盆地（委内瑞拉）、纳米比亚海上和墨西哥湾（Kessler et al.，2005，2011；Emeis et al.，2004；Monteiro et al.，2006）。时间更近的报道见于希腊西部的含油气区（Friedrich et al.，2014）。Kessler 等（2005）发现卡里亚科盆地的缺氧水体中，98%

的甲烷是古代（地质）成因的，从深部沉积物中渗漏出来，很可能受到了20世纪60年代发生的区域性大地震的影响。在纳米比亚海域，本格拉沿岸现今的上升流生态系统是全世界海洋中生物产率最高的区域之一。然而，硫化氢释放量的增加扰动了海岸的水体和近岸的土地。经验证，这些硫化氢与含气沉积物喷发出的甲烷有关，气体的喷发系统性地降低了水柱中的氧气含量（Emeis et al.，2004）。

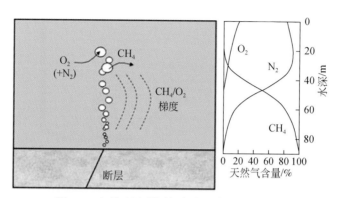

图6.6   气泡羽流周围氧气含量降低的示意图

例如，Mc Ginnis等（2006）就构建了海水和气泡之间气体交换的模型，在模型中得到了一个气体馏分随深度变化的图版。模型代表了直径0.5cm的气泡中气体组分的变化。在距离海床70～80m的位置，气泡中就不再含甲烷了，但富集氧气和氮气。正如6.4节所述，这个过程对于有关海底天然气渗漏能否作为一个大气中甲烷释放源的讨论同样十分重要

在希腊开展的研究（Friedrich et al.，2014）表明，浅水和发生强烈天然气渗漏的情况下，局部地区水中溶解氧浓度和甲烷浓度呈反比。人们使用位于Katakolo港的水下氧气和甲烷传感器开展了实时监控和航空勘查。如上文所述，该地区存在甲烷爆炸和硫化氢毒气释放的危险。研究已经表明，即使在开放海洋条件下，幕式排气作用的加剧（强烈的气泡）会造成短时间的缺氧事件（氧气含量降到60μM以下）。在局部天然气渗漏这一尺度，该过程可能是氧气氧化作用的结果，或是海水和气泡之间发生气体交换的结果（即海水中的氮气和氧气取代了气泡中的甲烷）。换而言之，气泡夺去了海水中的氧气，导致海水中溶解氧的浓度降低（Mc Ginnis et al.，2006）。图6.6简化了这一概念。如果没有新的含氧水体的输入，该地区会变得缺氧甚至无氧（氧气含量降至0）。类似的过程在任何一个发育强烈水下天然气渗漏的地区都有可能会发生，尤其是在深部水体循环能力低或无循环能力的情况下。在海底，细菌硫酸盐还原反应使用渗漏的甲烷作为碳源，进而生成硫化氢，这一过程会进一步降低水中的氧气浓度。

6.4   天然气渗漏气体对大气圈的排放

地表渗漏的天然气中含有甲烷、乙烷和丙烷，说明这些气体组分会被释放进入大气。甲烷是一种强力的温室气体。对乙烷和丙烷而言，它们更重要的是作为一种光化学污染物和臭氧的先质。从20世纪90年代开始，在关于全球气候变化的研究中，评估这些气体在全球范围内的释放，并与其他自然来源和人为来源天然气开展比较，已经成为一项重要的研究议题。6.4.1节介绍了一些主要的数据和手段，它们帮助人们充分认识了甲烷渗漏在

全球大气圈气体排放中扮演的重要角色。在全球范围内地质成因乙烷和丙烷的通量数据库仍然处于萌芽阶段。正如 6.4.2 节所述那样，目前为止仅仅开展了一些基础的评估工作，仍需要进一步的研究。

6.4.1　甲烷通量和全球大气收支

甲烷是仅次于水和二氧化碳的第三大温室气体，在一百年的时间范围内，甲烷的全球变暖潜能值是二氧化碳的 28 倍（Ciais *et al.*，2013）。大气中甲烷的浓度已经由工业化前的约 0.7ppmv 增加到现在的约 1.8ppmv。在所有长期温室气体的直接辐射强迫中（~2.3W/m²），甲烷的贡献约占 20%，在总辐射强迫中占据了三分之一，其中包括了甲烷释放的间接效果（3W/m²），如臭氧浓度和平流层水蒸气浓度的变化（Ciais *et al.*，2013）。因此，区分自然成因和人为成因甲烷并评估甲烷吸收汇是气候变化研究的核心问题。

6.4.1.1　甲烷释放清单和 IPCC 报告的沿革

直到现在，人们还总是认为相比于人为气源（反刍动物、能源、水稻种植、垃圾填埋、废物和生物体燃烧等）和其他自然气源（湿地、白蚁、野生动物、海洋和野火等），地质成因天然气渗漏对大气中甲烷的贡献是微不足道的或是次要的（如 Lelieveld *et al.*，1998；Prather *et al.*，2001；Wuebbles and Hayhoe，2002）。这样考虑的最根本原因是缺少天然气渗漏的通量数据。此外，大气化学界长期以来始终坚持用忽视和保守的态度对待地质过程在全球甲烷收支中扮演的角色也是造成上述情况的一个重要原因。与此相反，自 20 世纪 90 年代以来，一系列基于理论和实验数据的科学论著（Lacroix，1993；Klusman *et al.*，1998；Etiope and Klusman，2002；Judd *et al.*，2002；Kvenvolden and Rogers，2005；Etiope *et al.*，2008；Etiope，2009，2010，2012）已经表明天然气渗漏和地热系统中甲烷的释放代表了大气圈甲烷释放的一类重要来源，在全世界范围内都具有重要的意义。最新估算的这类甲烷的释放量约为 60Tg /a，约占所有甲烷释放量的 10%，仅次于湿地（Etiope，2012）。图 6.7 介绍了甲烷的几类地质来源，并和其他自然甲烷来源进行了比较。

在这点上，如果你关注负责编写大气圈气体排放源和吸收汇的机构提供的全球报告（气体排放清单）的沿革，就会获得一些有趣的发现。这份报告对学术界和政界都具有参考意义。

欧洲环境署在它 2004 年公布的 EMEP/CORINAIR 排放清单（EEA，2004）中，对甲烷的地质来源仅给予了很少的考虑。报告仅在第 11 类别组"其他来源和吸收汇"中提到，称之为"气苗"，并没有给出排放系数和全球排放量的估算值。这份报告只考虑了海洋中的天然气渗漏，指出"只有水下的天然气渗漏才易于被识别，因为它们会产生气泡"。但是，得益于欧洲对自然来源甲烷（包括地质成因甲烷）排放的深入研究及相关项目所取得的成果（NATAIR 项目，如 Etiope *et al.*，2007b；Etiope，2009），后续 2009 年公布的排放目录指南（EMEP/EEA，2009）在"地质成因天然气渗漏"一节（编号 1109）将其认定为一种新的大气甲烷的自然来源。这份文件首次全面论述了陆上和海洋各类天然气渗漏的地质过程、分类方法和排放系数。2010 年，美国环境保护署公布了一份类似的报告（US-

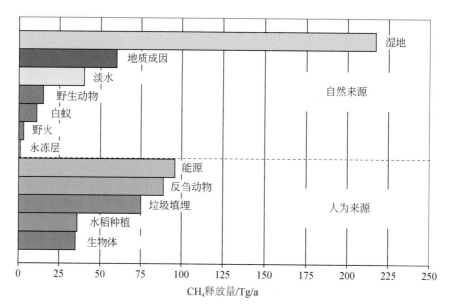

图 6.7   全球甲烷的来源

甲烷的自然和人为来源来自 Ciais 等（2013）的 IPCC 第五版评估报告。在本章中，地质来源甲烷的排放量
由 54Tg/a（Ciais *et al.*，2013）校正为 60Tg/a

EPA，2010），专门辟出一章"海洋和陆地的地质成因气源"，严肃地回顾了早前发表的大量相关科学文献。

政府间气候变化专门委员会（IPCC）发布报告的沿革就更长了。每 5 年或 6 年，IPCC 会准备并发布一份评估报告（Assessment Reports，AR），报告都会包含一章专门论述碳收支和甲烷对大气圈的排放。最早的三份报告，分别发表于 1990 年（AR1）、1995 年（AR2）和 2001 年（AR3）（http：//www. ipcc. ch），它们并没有考虑地质成因的天然气渗漏。文中只提到了海底的天然气水合物，但没有开展任何研究来提供天然气水合物向大气圈排放甲烷的实验数据（详见 6.4.1.3 节）。关于地质来源的表述最早见于 2007 年发表的 AR4 报告（Denman *et al.*，2007），仍然沿用老的排放量数据（4~14Mt/a），只包含了海洋天然气渗漏。在 2013 年 IPCC 的报告中（AR5）（Ciais *et al.*，2013）终于纳入 2008 年估算的地质成因甲烷的排放量（54Mt/a；Etiope *et al.*，2008）。但奇怪的是，IPCC 的甲烷成因来源总结表中，将地质成因甲烷的释放和海洋来源放在了同一行。此外，在图表中（IPCC AR5 报告第 6 章中的图 6.2），地质成因甲烷被描绘成火山来源，而火山根本就不是这类甲烷的重要来源，下文将做详述。该图完全是一个地质过程的示意图，具有误导性。

官方的甲烷排放清单逐步纳入地质成因甲烷，主要归功于以下三个重要阶段：

（1）在许多国家获得了大量的不同类型天然气渗漏的通量数据；

（2）使用了升尺度转换和自下而上的流程，这一方法传统上运用于其他非地质成因的甲烷来源；

（3）根据大气圈古代甲烷的浓度，采用自上而下的方法估算全球甲烷释放量。

这些步骤下文将做详述。

6.4.1.2　获取甲烷通量数据

如前文第 5 章所述，自 20 世纪 90 年代开始，人们使用直接测量的方法来研究陆上自然成因天然气渗漏中甲烷对大气圈的释放量。Klusman 等（1998）在美国开展了对微观渗漏的研究。此后，在欧洲和亚洲都开展了陆上微观和宏观渗漏中甲烷通量的测定工作。表6.1 对这些工作进行了总结。这些研究工作让我们可以评估每一类天然气渗漏的气体通量特征（排放系数，见下文定义）。通量的测定通常基于密闭腔法（第 4 章）及各种测定气泡羽流出气量的技术（如通量计和倒瓶等）。

表 6.1　陆上天然气渗漏（富烃气体排放）中甲烷通量测定主要研究工作的总结

国家（地区）	天然气渗漏类型	参考文献
阿塞拜疆	气苗、泥火山和迷你气苗	Etiope *et al.*，2004；Kopf *et al.*，2009
澳大利亚	气苗	Day *et al.*，2013
中国大陆	微观渗漏	Tang *et al.*，2010
德国	微观渗漏	Thielemann *et al.*，2000
希腊	气苗和迷你气苗	Etiope *et al.*，2006，2013a
意大利	气苗、泥火山、迷你气苗和微观渗漏	Etiope *et al.*，2002，2007a；Etiope and Klusman，2010
日本	泥火山和迷你气苗	Etiope *et al.*，2011a
罗马尼亚	气苗、泥火山和迷你气苗	Etiope *et al.*，2004；Baciu *et al.*，2008；Spulber *et al.*，2010；Frunzeti *et al.*，2012
瑞士	气苗和迷你气苗	Tang *et al.*，2010
中国台湾	泥火山、气苗和迷你气苗	Yang *et al.*，2004；Chang *et al.*，2010；Chao *et al.*，2010；Hong *et al.*，2013
土耳其	气苗、迷你气苗和微观渗漏	Etiope *et al.*，2011b
美国阿拉斯加州	气苗	Walter Anthony *et al.*，2012
美国加利福尼亚州	气苗	Duffy *et al.*，（2007）
美国科罗拉多州	气苗和微观渗漏	LTE，2007；Klusman and Jakel，1998；Klusman *et al.*，2000
美国内华达州	微观渗漏	Klusman *et al.*，2000
美国怀俄明州	微观渗漏	Klusman *et al.*，2000
美国纽约州	气苗和迷你气苗	Etiope *et al.*，2013b

海洋天然气的排放数据主要来自美国（加利福尼亚和墨西哥湾海上）、北海、黑海、丹麦和西班牙的大西洋近岸、地中海的不同位置，中国台湾、智利和日本海。尽管海洋天然气渗漏自 20 世纪 80 年代以来就是各类科技文献的重要研究对象（如 Hovland and Judd，1988；Hovland *et al.*，1993；Dando *et al.*，1994；Judd *et al.*，1997），但在大部分情况下，这些数据仅代表了从海床排放到水柱的情况，只有很少的研究测量或估算了排放到大气的天然气量（如 Hornafius *et al.*，1999；Judd，2004；Clark *et al.*，2010；Shakhova *et al.*，

2010；Jessen *et al.*，2011；Schneider von Deimling *et al.*，2011；Etiope *et al.*，2013a）。水下气体通量的估算通常是基于各类地球物理图像（回声探深仪、地震勘探、海底地层剖面仪和侧扫声呐等）和对气泡的参数化（气泡和气泡羽流的尺寸；Weber *et al.*，2014）。有时，还结合一些对海水的地球化学分析（如 Judd *et al.*，1997）。正如第 4 章所述，近期的研究已经开始使用基于机载可见光/红外光谱成像的遥感技术（Bradley *et al.*，2011）。

6.4.1.3　基于升尺度转换和自下而上法的全球甲烷释放量估算

甲烷排放量的估算方法源自欧洲能源署（EMEP/EEA，2009）发布的《EMEP/EEA空气污染物排放指南》一书中推荐的用于自然和人为来源天然气测量的步骤。这些测量步骤是基于"点源"和"面源"的区别，以及"活动量"和"排放系数"的概念。在天然气渗漏中，"点源"代表了局部的气体释放（即以 kg/d 或 t/a 为单位的宏观渗漏的通量）。"面源"是指弥散性的渗漏［即第 2 章所述的以 $mg/(m^2 \cdot d)$ 为单位的微观渗漏或迷你气苗的通量］。"活动量"实际上是指弥散性天然气渗漏的分布面积。每个宏观渗漏都包括了特定的点源、排气口、气泡池和一个面源（迷你气苗）。在一个（宏观）渗漏区（如一座泥火山），总的气体释放量等于所有的点源（排气口）与排气口附近肉眼不可见的弥散性迷你气苗的气体释放量之和。"排放系数"是指总的排放量除以天然气渗漏的分布面积［面排放系数，$kg/(m^2 \cdot d)$］。对宏观渗漏而言，"排放系数"包括了排气口和迷你气苗的排放量，也可以表示成"点排放系数"的形式（kg/d），这是某一类型宏观渗漏总排放量的典型表达方式（泥火山、气苗、油苗和含气泉可能有不同的排放系数）。在这种情况下，"活动量"和气体释放点的数量对应。

在实际操作中，某一类宏观渗漏的全球甲烷排放量可以通过其面排放系数乘以所有宏观渗漏的分布面积，或点排放系数乘以该类宏观渗漏在全球的分布数量来获得。点排放系数主要用于小型或者汇聚型的（宏观）渗漏。对泥火山而言，可以考虑使用面排放系数，因为全球泥火山的分布面积可以粗略估算得到（Etiope and Milkov，2004）。最后，通过微观渗漏的面排放系数乘以全球微观渗漏的分布面积可以获得全球微观渗漏甲烷的释放量。表 6.2 总结了不同类型天然气渗漏的排放系数和分布面积，用于估算全球甲烷的释放量。

表 6.2　在估算全球甲烷释放量时使用的甲烷渗漏的排放系数和"活动量"（气源的面积或数量）

天然气渗漏类型	排放系数	活动量	参考文献
气苗	300t/a（66 处气苗的平均值）；≤30t/a（79%）；30 ~ 300t/a（15%）；>300t/a（6%）	12500 处气苗，统计学分布	Etiope *et al.*，2008
泥火山（MV）	平静脱气（QD）：10 ~ 10000（3150）t/a	2880km²、930MV	Etiope *et al.*，2011a
	爆发：QD×2		Dimitrov，2002；Etiope and Milkov，2004
微观渗漏	210mg/(m² · d)（3%）14.5mg/(m² · d)（12%）1.4mg/(m² · d)（34%）	油气田分布面积：$3.5 \times 10^6 \sim 4.2 \times 10^6 km^2$；TPS 面积：$8 \times 10^6 km^2$	Etiope and Klusman，2010

表 6.3　全球地质来源的甲烷排放

天然气渗漏类型	甲烷排放量/ (Tg/a)	参考文献
气苗	**3 ~ 4**	Etiope et al., 2008
泥火山	5 ~ 10	Etiope and Klusman, 2002
	10.3 ~ 12.6	Dimitrov, 2002
	6 ~ 9	Etiope and Milkov, 2004
	10 ~ 20	Etiope et al., 2011a
微观渗漏	>7	Klusman et al., 1998
	10 ~ 25	Etiope and Klusman, 2010
海洋渗漏	18 ~ 48	Hornafius et al., 1999
	10 ~ 30 (**20**)	Kvenvolden et al., 2001
地热/火山区	1.7 ~ 9.4	Lacroix, 1993
	2.5 ~ 6.3	不包含泥火山；Etiope and Klusman, 2002
	<1	只含有泥火山；Etiope et al., 2008
	2.2 ~ 7.3	本次研究（只包含泥火山的情况为 0.015Tg/a 左右）
总量	13 ~ 36	不包含微观渗漏；Judd, 2004
	30 ~ 70	Etiope and Klusman, 2002
	45	微观渗漏最低估算结果；Kvenvolden and Rogers, 2005
	42 ~ 64	最佳估算结果；Etiope et al., 2008
	30 ~ 80	升尺度和自上而下的确认；Etiope et al., 2008
	45 ~ 76 (60)	Etiope, 2012

注：最新估算的全球释放量（60Tg/a）是基于每一类天然气渗漏最新的估算结果，在表中加粗显示。

气苗和油苗。排气口或气泡池直径小于 1m 的单个气苗，其甲烷释放量的范围通常为 0.1 ~ 100t/a。除了气泡收集器和浮动集气腔，还可以像 Etiope 等（2004，2013a）介绍的那样，基于气泡的尺寸和脉冲频率（可以通过录像记录）对其进行参数化（以数量级的形式），以估算气泡串的气体通量。规模较大的气苗，其天然气通量超过 1000t/a，反映了较强烈的排气作用，如位于阿塞拜疆和伊拉克的永恒火焰（图 2.2）。通常，从排气口附近不可见的迷你气苗排出的气体数量可能是排气口本身释放气体的两到三倍。从油苗中释放的甲烷通量通常要低得多。基于 12 个国家 66 处油气苗直接测量或肉眼估算得到的通量数据库，并假设它们的通量和尺寸特征在全球范围的油气苗中（除泥火山之外）具有代表性（即至少 12500 处油气苗；Etiope et al.，2008），我们得到了对全球油气苗甲烷排放量的估值（3 ~ 4Tg/a；表 6.3）。估算过程主要结合了两种方法。第一种方法，考虑了平均排放系数（~300t/a，包括迷你气苗）并假定了总的油气苗数量。第二种方法使用了 66 处油气苗通量的统计分布，基于三个不同的排放系数：79% 的油气苗通量最高可以达到 30t/a（低排放系数）；15% 的油气苗通量最高可以达到 30 ~ 300t/a（中排放系数）；6% 的油气苗通量最高可以达到 300t/a 以上（高排放系数）。每一个级别的平均通量分别为 10t/a、100t/a 和 1000t/a。

泥火山。小型泥火山（高度为 1~5m）的单个排气口或火山口释放的甲烷量最高可达每年几十吨。一整座泥火山（包含几十上百个排气口）每年可以连续释放几百吨的甲烷。泥火山爆发时，可以在短短几个小时内释放数千吨的甲烷。但是，对于泥火山爆发期间的气体释放量仅仅是极为粗略的间接估算结果（Guliyev and Feizullayev, 1997）。截至目前，所有经测定的泥火山（意大利、罗马尼亚、阿塞拜疆、日本和中国台湾等国家和地区）甲烷的通量，包括排气口和迷你气苗（不包括泥火山喷发的情况），通常在约 $100t/(km^2 \cdot a)$ 到 $10000t/(km^2 \cdot a)$ 之间，全球的平均值为 $3150t/(km^2 \cdot a)$（Etiope et al., 2011a 及文中引用文献）。

表 6.3 展示了估算得到的全球泥火山的甲烷释放量。尽管其来自不同的数据库和检测方法，但差别很小。最近的估值（Etiope and Milkov, 2004；Etiope et al., 2011a）是基于直接通量测定和排放系数法，包含了汇聚型的排气口和在火山口以及排气口周围弥散型的迷你气苗。估值还参考了基于面积大小对 120 座泥火山的分类结果。最近的估算结果（10~20Tg/a）是基于上文所述的更新后的排放系数（Etiope et al., 2011a）。最大的不确定性是泥火山爆发期间的排气量。

微观渗漏。基于对全球油气田和总含油气系统（TPS）分布面积的准确估算及从全球数据库获得的三个级别微观渗漏的排放系数（表 6.2），我们获得了最新的全球微观渗漏的甲烷释放量（10~25Tg/a；表 6.3）。根据美国地质调查局发布的全球油气评估 2000 和相关图件中的遥感数据，通过对 937 个含油气区或盆地的分析，估算了全球潜在微观渗漏的分布面积（Etiope and Klusman, 2010）。对每一个地区，我们在交互式地图上生成了一个涵盖油气田分布点的多边形，通过制图软件估算了多边形的面积。利用这个方法，我们确定了至少 120 个地区有重要的油气田分布。估算得到的油气田分布区总面积约为 $3.5 \times 10^6 ~ 4.2 \times 10^6 km^2$。

通过对 563 处微观渗漏通量在地理分布上的统计分析（Etiope and Klusman, 2010）发现正向甲烷通量出现在约 49% 的 TPS 地区，至少可以分出如下三个级别的微观渗漏：

级别 1：高通量微观渗漏 $[> 50mg/(m^2 \cdot a)]$；

级别 2：中通量微观渗漏 $[5~50mg/(m^2 \cdot a)]$；

级别 3：低通量微观渗漏 $[0~5mg/(m^2 \cdot a)]$。

级别 1 和级别 2 主要出现在还发育宏观渗漏量的地方。换而言之，通常在冬季，这些沉积盆地的活动断层和渗透性断层中存在"裂缝流"（3.1.1 节）。在 563 次测量工作中，276 次为正通量（占比 49%）；3% 测定为级别 1 的范围 $[平均 210mg/(m^2 \cdot a)]$；12% 测定为级别 2 的范围 $[平均 14.5mg/(m^2 \cdot a)]$；级别 3 通常出现在冬季，在调查的沉积区内约占 34% $[平均 1.4mg/(m^2 \cdot a)]$。假设三个级别的微观渗漏出现的相对比例（3%、12% 和 34%）在全球范围内都适用，我们就可以根据每一个级别的微观渗漏的平均通量，将上述结果放大到全球的微观渗漏分布区。鉴于结果对单位百分比的变化不敏感，因此可以认为上述假设不会造成很大的误差。我们同样还在每个不同季节进行了气体通量测定，因此这 563 个测量结果已经将季节变化的因素考虑在内。放大到所有油气田分布区的微观渗漏甲烷总释放量约为 11~13Tg/a。将该结果外推到全球潜在的微观渗漏分布区（约 $8 \times 10^6 km^2$），其总的全球甲烷释放量约为 25Tg/a。这些估算值和 Klusman 等（1998），Etiope

和 Klusman（2002）提出的 7Tg/a 的下限值是一致的。但是，需要在不同地区和不同季节开展更多的测量工作，以期进一步改进三个级别的分类并获得更加精确的微观渗漏实际分布面积。

海底宏观渗漏。相对于陆上（宏观）渗漏而言，海底（宏观）渗漏释放出甲烷并进入大气圈的数量分布区间很广。单个天然气渗漏或多组气泡串的通量可能达到每年几吨。在一个面积约 $10^5 km^2$ 的地区估算的甲烷通量约为 $10^3 \sim 10^6 t/a$（北海；Judd et al.，1997）；在一个面积约 $0.7 km^2$ 的地区估算的甲烷通量约为 $47 \sim 470 t/a$（东帝汶海宏观渗漏；Brunskill et al.，2011）；在一个面积约 $0.12 km^2$ 的地区估算的甲烷通量约为 $26 t/a$（北海 Tommeliten 天然气渗漏；Schneider von Deimling et al.，2011）；在一个面积超过 $3 km^2$ 的地区估算的甲烷通量约为 $15000 t/a$（加利福尼亚的煤油点宏观渗漏区；Clark et al.，2010）。尽管如此，已有的海洋天然气渗漏的通量数据仍然不足以计算其排放系数。如上文所述，大部分研究关注的是海床上的甲烷通量，而不是实际从海洋进入到大气圈的甲烷通量（参考 Judd，2004 的综述）。沿着水柱上升的甲烷气泡在进入大气圈之前可能被部分或全部溶解和氧化。水体和气泡间的气体交换会导致甲烷含量从水柱的底部到顶部逐渐减少（Mc Ginnis et al.，2006），这是一个为人们所熟知的过程。在前文讨论气泡羽流引起局部缺氧时，我们就谈到了这一过程。在水柱中散失的甲烷量很大程度上取决于水体的深度、温度和向水面运移的气泡的尺寸。一些观察还认为包裹在气泡上的油膜会阻碍气体的溶解，在这种情况下，气泡中的甲烷可以运移更长的距离（McDonald et al.，2002；Solomon et al.，2009）。但通常情况下，模型和实际现场数据都表明只有深度在 $100 \sim 300m$ 以浅的海底（宏观）渗漏才会对大气圈造成重要的影响（如 Leifer and Patro，2002；Schmale et al.，2005）。在极少见的一些案例中，气泡可以从深度大于 500m 的海底运移到海面之上（Solomon et al.，2009）。据估算，只有大约 40% 的甲烷能从海底的汇聚型宏观渗漏运移进入到大气圈（Kvenvolden et al.，2001）。

因此，对于海底天然气渗漏，我们采用理论方法来估算其对全球甲烷释放量的贡献。Kvenvolden 等（2001）报道了一个由研究海洋天然气渗漏的专家参加的会议。专家们基于已有的（宏观）渗漏通量数据和地质成因甲烷生成并可渗漏的数量分别估算了全球海洋渗漏的甲烷通量。两种估算方法得到的结果分别为 30Tg/a 和 10Tg/a，具有可比性，二者的平均值（约 20Tg/a）被大家一致认为是一个较为符合实际的数值，并沿用至今，待今后进一步的改进。

天然气水合物？目前我们还不清楚 Kvenvolden 等（2001）报道的估算结果是否考虑了海底天然气水合物可能的甲烷释放量。鉴于大量的科技文献，甚至是 IPCC 报告都提到了天然气水合物是甲烷大气释放的一个全球性来源，释放量为 $2 \sim 10 Tg/a$（Lelieveld et al.，1998；Ciais et al.，2013），因此我们有必要对这方面的数据进行专门讨论。实际上，这些数据全部都是推测的，是错误引用的结果，缺乏直接测量数据的支持。有必要注意到 Ciais 等（2013；IPCC 报告 AR5 版）所说的 $2 \sim 9 Tg/a$ 的排放量参考了以下几个文献：①在这以前发表的 IPCC 报告（Denman et al.，2007，排放量为 $4 \sim 5 Tg/a$）；②Dickens（2003）的工作，文中并没有提到具体的数字（这是一篇书评）；③Shakhova 等（2010）的工作，报道了东西伯利亚北极大陆架甲烷通量为 10Tg/a，这些甲烷的排放可能源自天然气渗漏而与天然气水合物无关［Shakhova 等（2010）的工作中从未提到过"水合物"一词］。Denman 等（2007）参考了早前 2001 年的 IPCC 报告（5～10Tg/a）和 Lelieveld 等（1998）的研究成果（5～15Tg/a）。两个文献都是参考了更老的报告和科技出版物，而这些报告和科技出版物也是参考更老的成果，最终可以追溯到 Cicerone 和 Oremland（1988）的成果，这是第一篇给出具体数字（即 5Tg/a）的文章。但是，Cicerone 和 Oremland 给出的数字仅仅是一个推测。在这一串证据链中都没有给出实验数据或者估算过程。

尽管像海底滑坡这样的特殊情况会导致天然气水合物在局部地区释放大量的气体，这些气体可能进入到大气圈（Paull et al.，2003），但从全球尺度来看，现今大气圈中的甲烷排放量中来自天然气水合物的贡献可以忽略不计。实际观察和模型模拟都表明在深海天然气水合物分解过程中形成的大量天然气都在水柱中溶解和氧化了，并未进入到大气圈（Yamamoto et al.，2009）。天然气水合物可能在过去起到一定的作用（第 8 章将做讨论），理论模型预测，如果全球气温在现今基础上增加 3℃，就会导致全球 50% 的天然气水合物分解（Archer et al.，2009）。但是，现今天然气水合物在全球大气圈的温室气体排放中似乎没有起到任何特殊的作用。

地热和火山中的天然气显示。如第 1 章所解释的那样，不能将地热和火山系统中的气体排放视为天然气渗漏。但在本章中，鉴于它们代表了一类独立的地质成因甲烷释放，我们将对其进行讨论。尤其是地热系统，在全球大气圈的甲烷释放中做出了重要的贡献。火山本身不是重要的甲烷贡献源（Ryan et al.，2006；Etiope et al.，2007b）。火山释放气体中甲烷浓度通常约为几个到几十个 ppmv，每一次的排放量是根据 CO_2/CH_4 值和 CO_2 通量得出的，范围从几 t/a 到几十 t/a（Etiope et al.，2007b）。地热流体中的甲烷排放更为重要，因为在地热流体中，无机合成、热变质作用和有机物的热解都发挥了重要的作用。在地热排气口、碳酸盐喷气孔和气泡泉释放的天然气中，CO_2 通常占到了 90% 以上。尽管甲烷本身的馏分比较低，通常只有 0.1%～3%（在一些情况下最高可以达到 10%～15%），但由于总的地热气体释放量很大（二氧化碳释放量约为 10^3～10^5t/a），因此仍然会导致大气圈中大量的甲烷释放（单个排气口的排放量为 10^1～10^2t/a）。土壤排气通量通常约为 1～10t/（km^2·a）（Etiope et al.，2007b）。相对更高的甲烷通量出现在 6.1.3 节中所描述的沉积型地热系统（Sediment Hosted Geothermal Systems，SHGS）中，在这些地方深部岩浆和热变质作用生成的二氧化碳在上升过程中携带来自浅层沉积岩的烃类气体冒出地表（图 1.1）。

Lacroix（1993）在全世界最早给出了地热甲烷通量的估算值（0.9～3.2Tg/a）。此后，Etiope 和 Klusman（2002）报道了更多的数据，他们根据天然气通量和热流之间的关系保守地估算了全球地热甲烷的通量值在 2.5～6.3Tg/a。Lacroix（1993）还估算了一个全球火山释放甲烷的通量值为 0.8～6.2Tg/a。近期的估算结果表明火山释放的甲烷量不超过 1Tg/a（Etiope et al.，2008）。今天，我们可以通过一种新的方法重新估算全球甲烷释放。该方法考虑了更新后的全球火山分布区二氧化碳的释放量（540Tg/a；Burton et al.，2013）、无火山分布地区二氧化碳的释放量（300～1000Mt/a；Morner and Etiope，2002）及来自上述两个地区的更多的 CO_2/CH_4 值数据（来自 28 座火山和 90 处地热系统中的天然气显示，数据主要来自 Etiope et al.，2007b 和 Tassi et al.，2012）。根据上述比值，火山气体中甲烷的平均浓度约为 70ppmv；全球火山的甲烷释放量约为 15000t/a。在地热系统（非火山系统）天然气中，甲烷的浓度平均约为 19000ppmv，全球地热系统的甲烷释放量为 2.2 ~ 7.3Tg/a。这与早前基于各种不同方法估算得到的结果是一致的。

全球。全球地质成因甲烷释放量的估算值包括泥火山、气-油苗、微观渗漏、海底气体释放外加地热和火山气体释放的总和，约为 45 ~ 76Tg/a（平均 60Tg/a）。正如本节开头所言，这个数值相当于自然成因和人为成因甲烷释放量总和的 10%。地质成因甲烷释放是仅次于湿地的大气圈第二大甲烷自然来源（图 6.7），与一些类型的人为成因甲烷释放数量相当。目前给出的地质成因甲烷释放量的估算值不包括富甲烷泉的释放量，这是由于已有的数据非常少。这一估算值同样也不包括将在第 7 章讨论的和超基性岩蛇纹石化有关的无机成因气苗和含气泉，有必要对这一类天然气渗漏开展专门研究。

6.4.1.4 上而下的核实

自下而上的甲烷释放量估算工作可以通过自上而下的方法来核实。首先就从估算大气圈中地质成因甲烷的总量开始。地质成因甲烷是古代甲烷，不含放射性碳。同样地，在化石燃料工业中释放的甲烷很明显也是古代来源的。因此，在大气中既含有自然成因，又含有人为成因的古代甲烷。古代甲烷占到了大气圈中甲烷总量的 30±5%（Lassey et al.，2007）。全球甲烷资源为 613Tg/a（自上而下估算的平均值为 548 Tg/a；自下而上的估算值为 678Tg/a；Ciais et al.，2013），这说明古代来源的甲烷资源约为 184 Tg/a。确定的人为成因的古代甲烷排放量合计约为 96Tg/a（若考虑自上而下的评估方法，最高可达 123Tg/a；Ciais et al.，2013）。这个结果会得到一个剩余自然（地质）来源的古代甲烷排放量，约为 61 ~ 88Tg/a。该估算值可以和运用自下而上的方法估算的数值 60Tg/a（45 ~ 76Tg/a）很好的对应。

6.4.1.5 不确定性

全球甲烷释放估算值的不确定性很大程度上在于对浅海（宏观）渗漏和陆上不可见的微观渗漏的实际分布面积知之甚少。尽管微观渗漏的确切分布面积还不得而知，但有充分的证据表明所有的宏观渗漏和微观渗漏都出现在烃类分布区，尤其是出现在主含油气系统内（第 1 章；Etiope and Klusman，2010）。我们可以确定三个主要层级的空间集合，根据不确定性从低到高，依次为包含了（包围了）已证实发现微观渗漏的地区；包含了宏观渗漏（也极有可能出现微观渗漏）的地区；包围了油气田（可能出现微观渗漏）的地区。但是，定义那些用来计算气体释放量的面积取决于被定义地区的均质性和通量测值的空间变化。正如前文讨论的那样，目前，估算过程主要基于油田的分布，并假设约 50% 的油田分布区土壤中都有连续的或季节性的正向甲烷通量（表 6.2）。把在油田分布图中确定的区域转化为多边形，用于此后的计算。绘制多边形是估算气体释放面积的一种粗略方法。此外，使用多边形极有可能导致高估或低估气体释放面积。但无论如何，从全局角度来看，由于平衡了估算面积的误差，估算得到的甲烷释放量可能比我们想象的更加接近实际情况。由于甲烷氧化作用（一种天然的微生物过程，在甲烷进入大气圈之前将其消耗）的强度在冬季和夏季存在差异性，通常认为微观渗漏在冬季的气体释放量相对较高，而在夏季的气体释放量则相对较低。其他的一些短期或季节性变化主要是由于气象和土壤环境引起的。较长时间的变化（十年、百年、千年）可能是由于内生的地质因素（岩石压力梯度的变化、构造应力）等造成的。对宏观渗漏而言，不确定性最主要来自气体释放过程的临时变化。最大部分的排放量发生在"单一"事件或喷发时，这些情况不容易模拟，释放量也不容易被量化。因此，计算过程中通常假设气体在排气口中连续释放。排气口的统计调查是另一个不确定因素。不论是在陆地还是海洋，人们识别并研究了大量的大型宏观渗漏，但大部分规模相对较小的天然气渗漏没有被确定、勘探和表征。

即便如此，全球地质成因甲烷释放量估算值的不确定性要低于或可比与其他的自然释放源（湿地、白蚁等）。有必要在直接现场测量的基础上进行进一步的研究（尤其是对弥散型的微观渗漏和水下气源）以减少上述不确定性。

6.4.2　乙烷和丙烷渗漏：臭氧先质被遗忘的潜在来源

乙烷和丙烷是温室气体，但由于其在大气中浓度低，分别仅为 0.5～1ppbv 和 0.1～0.5ppbv，其重要性可以忽略不计（如 Kanakidou *et al.*，1991）。它们在大气化学中扮演的主要角色是和 OH 和 Cl 发生反应，在对流层产生光化学污染和臭氧（Kanakidou *et al.*，1991）。大气圈中乙烷和丙烷的主要来源既有人为成因的，也有自然成因的（即生物、化石燃料焚烧、农业废料、生物体燃烧、海洋和植被等；Olivier *et al.*，1996）。根据大气直接测量和去除率计算，乙烷和丙烷总释放量分别约为 15 Tg/a 和 15～20Tg/a。然而每个组分已知的来源仅有约 9.6Tg/a（Singh *et al.*，1994；GEIA- ACCENT Database，2005；Stein and Rudolph，2007），这说明还有我们忽略掉的一些来源。

直到 2009 年，人们才开始考虑地质成因乙烷和丙烷的释放（Etiope and Ciccioli，2009）。不同类型天然气渗漏（陆上气苗、泥火山、微观渗漏、海洋渗漏和地热–火山流体等）中已有的甲烷、乙烷和丙烷的相对含量数据及估算得到的每一类天然气渗漏的甲烷释放量可以帮助我们获得全球地质成因乙烷和丙烷的释放量（Etiope and Ciccioli，2009）。计算过程很简单，但是需要对不同的天然气渗漏类型及该类型渗漏中乙烷/甲烷（C_2/C_1）和丙烷/甲烷（C_3/C_1）进行仔细研究（表6.4）。

表 6.4　全球地质成因乙烷和丙烷的释放量及与其他自然和人为成因乙烷和丙烷的比较

（单位：Tg/a）

天然气渗漏/烃源类型	地质成因甲烷释放量	C_2/C_1 中值	乙烷释放量	C_3/C_1 中值	丙烷释放量
气苗	3～4	0.018	0.1	0.009	0.07～0.1
泥火山	10～20	0.0007	0.01～0.03	0.00008	0.002～0.004
微观渗漏	10～25	0.068	1.3～3.2	0.031	0.8～2.13
海洋渗漏	20	0.012	0.4	0.017	0.094
地热区	2.2～7.3	0.013	0.05～0.18	0.0013	0.01～0.03
火山	0.015	0.02	0.001	0.01	0.0004

续表

天然气渗漏/烃源类型	地质成因甲烷释放量	C_2/C_1 中值	乙烷释放量	C_3/C_1 中值	丙烷释放量
地质成因总量	45～76（60）		约 2～4		约 1～2
生物成因			0.8		1.63
海洋成因			0.78		1.06
人为成因			5.7		6.51
森林-草原燃烧			2.29		0.41
总量			9.57		9.61

根据表 6.3 提供的更新后的全球甲烷释放量，Etiope 和 Ciccioli（2009）重新计算了乙烷和丙烷的释放量。乙烷/甲烷（C_2/C_1）和丙烷/甲烷（C_3/C_1）的中值来自公开发表的浓度数据（230 余处天然气显示和 4000 余个土壤气样品；Etiope and Ciccioli 2009）。生物成因、海洋成因、人为成因和生物体燃烧成因的气体释放量数据来自 2000 年版的 POET 清单（GEIA-ACCENT Database，2005）。需要注意的是，如 5.3 节所述，泥火山中较低的 C_2/C_1 和 C_3/C_1 值是由于分子组成的分馏所致。

基于在地理上分布于不同国家的 238 处（宏观）渗漏和超过 4000 个土壤气体数据，通过分析每一类天然气渗漏中 C_2/C_1 和 C_3/C_1 的平均值，估算出全球乙烷和丙烷释放量分别约为 2～4Tg/a 和 1～2.4Tg/a。这一数值分别占到了乙烷和丙烷总资源的 17% 和 10%。在这里，为了检查计算结果相对于输入参数的可变性（甲烷通量和不同类型气体的组成比），我们采用了全球渗漏天然气中 C_2/C_1 和 C_3/C_1 的平均值。基于 Etiope 和 Ciccioli（2009）给出的所有类型的天然气渗漏和相关数据，得到的上述两个平均值分别为 0.02 和 0.009。如果使用更近发表的全球甲烷平均释放量的估算值（约 60Tg/a），计算得到的乙烷和丙烷的释放量分别为 2.5Tg/a 和 1.4Tg/a，同样位于早前估算结果的分布区间内。测定结果的不确定性主要取决于①全球甲烷释放量的不确定性（如前文所述）；②C_2/C_1 和 C_3/C_1 平均值统计的真实性，这很大程度上取决于生物成因气的贡献量（因为这类天然气通常不含乙烷和丙烷）及油伴生气和低熟热成因气的贡献量（因为这些天然气具有最高的 C_2/C_1 和 C_3/C_1 值）。事实上，Etiope 和 Ciccioli（2009）使用的数据样本没有涵盖那些近期发现的具有高含量乙烷和丙烷的天然气渗漏，如来自北阿巴拉契亚（Appalachian）盆地页岩的天然气渗漏（第 5 章所讨论的位于纽约州的 Chestnut Ridge 公园气苗，C_1+C_2 为 35%，相当于 C_2/C_1 和 C_3/C_1 值分别为 0.4 和 0.2；Etiope et al.，2013b）。如果加上这些位于发育裂缝性页岩的盆地且富含乙烷和丙烷的天然气渗漏，那么估算得到的全球乙烷和丙烷的释放量将会大大增加。

在大气圈地质成因天然气渗漏的收支中，乙烷和丙烷的加入将会弥补（至少是部分弥补）"丢失的烃源"缺口（Kanakidou et al.，1991；Singh et al.，1994；Stein and Rudolph，2007），同时也提升了自然成因气体释放相对于人为成因气体释放在大气圈气体收支中的重要性。

数值上的不确定性可能会很大。因此，尽管天然气渗漏作为全球乙烷和丙烷释放的来源是显而易见的，但仍需进行更为精确的评估。作为地质成因甲烷的早期研究，人们对上述发现持怀疑态度，大气化学界并没有对结果进行充分的检验。在一项建模研究中，Pozzer 等（2010）忽略了地质成因气源的贡献，因为它们的分布被匆忙且错误地认为是不可知的。模型模拟的结果除了三个"典型"的来源（化石燃料、生物体燃烧和海洋）没有额外的来源。实际上，正如第 2 章所述，我们对天然气渗漏的分布特征已经了解地较为清楚，基于最新的天然气渗漏数据库（如 GLOGOS）就可以对乙烷和丙烷潜在烃源的地理分布进行分析。Pozzer 等（2010）关于地质成因乙烷和丙烷释放的错误观点源自对火山气体释放的肤浅理解。正如表 6.4 所述，实际上火山气体释放的贡献是微不足道的。新的科学观点不容易很快被认识和接受，这是很正常的事。重要的是能启发今后的研究，最终能够证明某些假设实际上是错误的，而不是先入为主。

6.5　天然气渗漏与二氧化碳的地质封存

碳的捕获和封存（Carbon Capture and Storage，CCS）是一项综合过程，旨在捕获各种燃烧和工业过程中产生的 CO_2，然后把它们储存在深部地层或海底（Hitchon et al.，1999；Bachu，2002；Metz et al.，2005）。CCS 的终极目标是削弱工业二氧化碳释放对气候变化的影响。这个过程包括了二氧化碳的捕获、运输和存储。通过以下几类系统可以实现在地层中注入并封存二氧化碳：①深部含盐水层；②在产的油气藏；③采空的油气藏；④深部煤层。后三个系统很明显都具有一个共同的特征，那就是有烃类气体的存在。正如前几章讨论的那样，这些系统可以成为天然气渗漏的烃源。当二氧化碳被注入这些含烃岩石（或潜在的天然气渗漏来源）后会出现什么情况呢？本章的目的并不是描述并讨论 CCS 的有效性和物理化学过程及围绕着这些过程的科学争论。可以找到大量关于这些争论的文献，它们讨论了 CCS 在政治、战略、经济和环境等方面的利弊（例如，可以参考 Metz et al.，2005，2008 及 Greenpeace，2008）。本书仅讨论天然气渗漏在 CCS 中扮演的角色。

以下两个方面的主要论点构成了与天然气渗漏有关的潜在环境风险：

（1）如果那些准备要捕集二氧化碳的含烃岩石并不是完全封闭的，储层中原生的天然气可以渗漏到地表（正如本书所述的那样，这种情况经常出现），那么注入的二氧化碳也一样可以沿着和烃类运移相同的路径再次返回地表。

（2）在储层岩石中注入二氧化碳会增加储层中的流体压力。储层中已有的烃类气体会被二氧化碳驱替，进入到天然气渗漏系统，进而运移至地表。这样的结果会造成在大气圈除去了一类温室气体（二氧化碳）的同时又注入了另一类温室气体（甲烷），而后者单个分子的全球变暖潜能值是前者的 28 倍。

尽管第一个问题，即注入二氧化碳的漏失，或者说是二氧化碳封存的持久性，获得了广泛的研究和讨论（如 Metz et al.，2005）；但对第二个问题，人们则考虑的相对较少（如 Klusman，2006）。

对于第一个问题，一些二氧化碳封存和监控项目成功地在油田注入了数百万吨的二氧化碳，并没有检测到有渗漏的情况发生（IEA GHG，2008）。但是，技术评估表明存在沿渗透性断层发生二氧化碳快速渗漏的可能。预测的渗漏速率可能为每 100 ~ 1000a 小于 1%

（Metz *et al.*，2005）。尽管这一对二氧化碳长期运移情况的预测是基于复杂的数值模拟而非实际数据，但仍然表明这一速率不足以引起大气圈二氧化碳总浓度的增加。事实上，Metz 等（2005）已经意识到关于二氧化碳地质封存的经验仍然十分有限，必须更好的评估发生渗漏所带来的风险。一些研究已经指出了在 CCS 规划地区开展天然渗漏评估的重要性（如 Klusman，2011）。在这里，微观渗漏被认为是一个在所有含油气盆地都广泛存在的弥散性的排气过程。即便是大型高产油气田也不是完完全全封闭的。正如第 1 章所述，商业油气藏并不一定需要完美的封盖条件。油气渗漏系统是总含油气系统（TPS）一个不可分割的组成部分。因此，不能排除那些用于二氧化碳封存的正在生产或已经耗尽的油气藏中存在天然气渗漏系统。在 CCS 评估中，TPS 的概念和频繁出现的微观渗漏可能没有得到充分的考虑。实际上，在一些开展提高采收率（EOR）或二氧化碳封存项目的油田已经发现了微观渗漏的存在。在这些地区，二氧化碳被注入储层以期获得更高的油气产量。其中的一个实例就是位于科罗拉多州的 Rangely 油田。尽管该地区被选中开展注二氧化碳提高采收率（EOR-CO$_2$）的工作，但发现该地区发育弥散型的微观渗漏，主要沿断层分布，在一个面积约为 78km^2 的区域每年向大气圈排放的甲烷量约为 400t（Klusman，2005，2006）。

要在油气藏中封存足够多的二氧化碳就需要较大的压力。如何克服静水压力及相应的后果已经在第 3 章中讨论。作为对压力的响应，储层中的天然气会在对流作用下，沿着任何渗透性的运移路径发生垂向或侧向运移。二氧化碳在其被封存的深度是一类超临界流体，密度低于水，往往会溶解在地层水中和碳酸盐矿物发生反应，并析出固体沉淀。但是，一些位于气顶的二氧化碳可能还会保持气相，并迅速从盖层渗漏出去。

关于第二个问题，必须注意到在二氧化碳有效捕获的同时可能会激发甲烷的渗漏。甲烷的溶解度比二氧化碳要低得多，在高压下呈气态。因此，二氧化碳诱发的超压往往会促使未溶解的悬浮甲烷向上运移。此外，富二氧化碳水体具有腐蚀性，可以溶解矿物，可能会降低盖层、井筒和水泥塞的封闭能力。这一过程会形成新的裂缝和通道，供甲烷和二氧化碳逸散。在 CCS 系统中甲烷渗漏的激活和第 8 章所讨论的油气开采时发生的情况是两个截然相反的过程。在后一种情况下，储层流体压力的降低会导致天然气渗漏减弱。

总之，即便现今没有发生天然气渗漏，也很难确定二氧化碳或甲烷在将来是否会发生泄漏。有文献报道过气体在地下储层中封存很多年以后发生渗漏的情况（Coleman *et al.*，1977；Araktingi *et al.*，1984；AAPG Explorer，2002）。由于这些数据大部分都归各个公司所有，鉴于法律原因，无法公开发表。绿色和平组织（Greenpeace）2008 年报告列举了CCS 项目的一系列问题及其对缓解气候变化发挥的作用和存在的风险。重要的是该报告关注了来自天然气渗漏的潜在影响。在报告中谈到"即便是很低速率的渗漏都会葬送 CCS对改善气候变化所可能带来的益处。对 600Gt 封存的碳而言（2160Gt 的二氧化碳或化石燃料约 100a 的二氧化碳排放量），即便是 1% 的渗漏率，就可以每年将最多 6Gt 的碳（21.6Gt 的二氧化碳）反排回大气圈。据粗略统计，这一数字相当于现代化石燃料释放到大气中的二氧化碳的总量"（Greenpeace，2008）。

参 考 文 献

AAPG Explorer. 2002. Cores got to root of Kansas problem. http://archives. aapg. org/explorer/2002/07jul/core_preserv_side. cfm. Accessed Dec 2014

Araktingi R E, Benefield M E, Bessinyei Z, Coats K H, Tek M R. 1984. Leroy storage facility, Uinta County, Wyoming: a case history of attempted gas-migration control. J Pet Technol, 36:132−140

Archer D, Buffet B, Brovkin V. 2009. Ocean methane hydrates as a slow tipping point in the global carbon cycle. Proc Natl Acad Sci USA, 106:20596−20601

Bachu S. 2002. Sequestration of CO_2 in geological media in response to climate change: road map for site selection using the transform of the geological space into the CO_2 phase space. Energy Convers Manag, 43:87−102

Baciu C, Etiope G, Cuna S, Spulber L. 2008. Methane seepage in an urban development area (Bacau, Romania): origin, extent and hazard. Geofluids, 8:311−320

Bradley E S, Leifer I, Roberts D A, Dennison P E, Washburn L. 2011. Detection of marine methane emissions with AVIRIS band ratios. Geophys Res Lett, 38:L10702

Brunskill G J, Burns K A, Zagorskis I. 2011. Natural flux of greenhouse methane from the Timor Sea to the atmosphere. J Geophys Res, 116:G02024

Burton M R, Sawyer G M, Granieri D. 2013. Deep carbon emissions from volcanoes. Rev Mineral Geochem, 75: 323−354

Chang H C, Sung Q C, Chen L. 2010. Estimation of the methane flux from mud volcanoes along Chishan Fault, southwestern Taiwan. Environ Earth Sci, 61:963−972

Chao H C, You C F, Sun C H. 2010. Gases in Taiwan mud volcanoes: chemical composition, methane carbon isotopes, and gas fluxes. Appl Geochem, 25:428−436

Chilingar G V, Endres B. 2005. Environmental hazards posed by the Los Angeles Basin urban oilfields: an historical perspective of lessons learned. Environ Geol, 47:302−317

Ciais P, Sabine C, Bala G, Bopp L, Brovkin V, Canadell J, Chhabra A, DeFries R, Galloway J, Heimann M, Jones C, Le Quéré C, Myneni RB, Piao S, Thornton P. 2013. Carbon and other biogeochemical cycles. In: Stocker T F *et al* (eds). Climate Change 2013: the Physical Science Basis. Contribution of Working Group I to the Fifth Assessment Report of IPCC. Cambridge: Cambridge University Press

Cicerone R J, Oremland R S. 1988. Biogeochemical aspects of atmospheric methane 1978−1983. J Atmos Chem, 4:43−67

Ciotoli G, Etiope G, Florindo F, Marra F, Ruggiero L, Sauer P E. 2013. Sudden deep gas eruption nearby Rome's airport of Fiumicino. Geophys Res Lett, 40:5632−5636

Clark J F, Washburn L, Schwager K. 2010. Variability of gas composition and flux intensity in natural marine hydrocarbon seeps. Geo-Mar Lett, 30:379−388

Coleman D D, Meents W F, Liu D L, Keogh R A. 1977. Isotopic identification of leakage gas from underground storage reservoirs—a progress report. Report 111, Illinois State Geological Survey

Dando P R, Jensen P, O' Hara S C M, Niven S J, Schmaljohann R, Schuster U, Taylor L J. 1994. The effects of methane seepage at an intertidal/shallow subtidal site on the shore of the Kattegat, Vendsyssel, Denmark. Bull Geol Soc Den, 41:65−79

Darrah T H, Vengosh A, Jackson R B, Warner N R, Poreda R J. 2014. Noble gases identify the mechanisms of fugitive gas contamination in drinking-water wells overlying the Marcellus and Barnett Shales. Proc Natl Acad Sci USA, 111:14076−14081

Day S J, Dell'Amico M, Fry R, Javarnmard Tousi H. 2013. Fugitive methane emissions from coal seam gas production in Australia. In: International conference on coal science and technology. Pennsylvania: Penn State University

Denman K L, Brasseur G, Chidthaisong A, Ciais P, Cox P M, Dickinson R E, Hauglustaine D, Heinze C, Holland E, Jacob D, Lohmann U, Ramachandran S, da Silva Dias P L, Wofsy S C, Zhang X. 2007. Couplings between changes in the climate system and biogeochemistry. In: Solomon S, Qin D, Manning M *et al* (eds). Climate Change 2007: the Physical Science Basis. Cambridge: Cambridge University Press: 499-587

Dimitrov L. 2002. Mud volcanoes — the most important pathway for degassing deeply buried sediments. Earth Sci Rev, 59: 49-76

Duffy M, Kinnaman F S, Valentine D L, Keller E A, Clark J F. 2007. Gaseous emission rates from natural petroleum seeps in the upper Ojai Valley, California. Environ Geosci, 14: 197-207

EEA. 2004. Joint EMEP/CORINAIR atmospheric emission inventory guidebook, 4th edn. Copenhagen: European Environment Agency. http://reports. eea. eu. int/EMEPCORINAIR4/eni

Emeis K-C, Brüchert V, Currie B, Endler R, Ferdelman T, Kiessling A, Leipe T, Noli-Peard K, Struck U, Vogt T. 2004. Shallow gas in shelf sediments of the Namibian coastal upwelling ecosystem. Cont Shelf Res, 24: 627-642

EMEP/EEA (European Monitoring and Evaluation Programme/EEA). 2009. EMEP/EEA Air Pollutant Emission Inventory Guidebook—2009. Technical Guidance to Prepare National Emission Inventories, EEA Technical Report No. 6/2009, Copenhagen: European Environment Agency. doi: 10. 2800/23924

Etiope G. 2009. Natural emissions of methane from geological seepage in Europe. Atmos Environ, 43: 1430-1443

Etiope G. 2010. Geological methane. Chapter 4. In: Reay D, Smith P, van Amstel A (eds). Methane and Climate Change. London: Earthscan: 42-61

Etiope G. 2012. Methane uncovered. Nature Geosci, 5: 373-374

Etiope G, Ciccioli P. 2009. Earth's degassing — a missing ethane and propane source. Science, 323: 478

Etiope G, Klusman R W. 2002. Geologic emissions of methane to the atmosphere. Chemosphere, 49: 777-789

Etiope G, Klusman R W. 2010. Microseepage in drylands: flux and implications in the global atmospheric source/sink budget of methane. Global Planet Change, 72: 265-274

Etiope G, Milkov A V. 2004. A new estimate of global methane flux from onshore and shallow submarine mud volcanoes to the atmosphere. Environ Geol, 46: 997-1002

Etiope G, Schoell M. 2014. Abiotic gas: atypical but not rare. Elements, 10: 291-296

Etiope G, Caracausi A, Favara R, Italiano F, Baciu C. 2002. Methane emission from the mud volcanoes of Sicily (Italy). Geophys Res Lett, 29. doi: 10. 1029/2001GL014340

Etiope G, Feyzullaiev A, Baciu CL, Milkov AV. 2004. Methane emission from mud volcanoes in eastern Azerbaijan. Geology 32: 465-468

Etiope G, Papatheodorou G, Christodoulou D, Favali P, Ferentinos G. 2005. Gas hazard induced by methane and hydrogen sulfide seepage in the NW Peloponnesus petroliferous basin (Greece). Terr Atmos Ocean Sci, 16: 897-908

Etiope G, Papatheodorou G, Christodoulou D, Ferentinos G, Sokos E, Favali P. 2006. Methane and hydrogen sulfide seepage in the NW Peloponnesus petroliferous basin (Greece): origin and geohazard. AAPG Bull, 90: 701-713

Etiope G, Martinelli G, Caracausi A, Italiano F. 2007a. Methane seeps and mud volcanoes in Italy: gas origin, fractionation and emission to the atmosphere. Geophys Res Lett, 34: L14303. doi: 10. 1029/2007GL030341

Etiope G, Fridriksson T, Italiano F, Winiwarter W, Theloke J. 2007b. Natural emissions of methane from geothermal and volcanic sources in Europe. J Volcanol Geotherm Res, 165: 76-86

Etiope G, Lassey K R, Klusman R W, Boschi E. 2008. Reappraisal of the fossil methane budget and related emission from geologic sources. Geophys Res Lett, 35:L09307. doi:10. 1029/ 2008GL033623

Etiope G, Zwahlen C, Anselmetti F S, Kipfer R, Schubert C J. 2010. Origin and flux of a gas seep in the northern Alps(Giswil, Switzerland). Geofluids, 10:476-485

Etiope G, Nakada R, Tanaka K, Yoshida N. 2011a. Gas seepage from Tokamachi mud volcanoes, onshore Niigata Basin(Japan):origin, post-genetic alterations and CH_4-CO_2 fluxes. Appl Geochem, 26:348-359

Etiope G, Schoell M, Hosgormez H. 2011b. Abiotic methane flux from the Chimaera seep and Tekirova(Turkey): understanding gas exhalation from low temperature serpentinization and implications for Mars. Earth Planet Sci Lett, 310:96-104

Etiope G, Christodoulou D, Kordella S, Marinaro G, Papatheodorou G. 2013a. Offshore and onshore seepage of thermogenic gas at Katakolo Bay(western Greece). Chem Geol 339:115-126

Etiope G, Drobniak A, Schimmelmann A. 2013b. Natural seepage of shale gas and the origin of eternal flames in the northern Appalachian Basin, USA. Mar Pet Geol, 43:178-186

Friedrich J, Janssen F, Aleynik D, Bange HW, Boltacheva N, Çağatay M N, Dale A W, Etiope G, Erdem Z, Geraga M, Gilli A, Gomoiu M T, Hall P O J, Hansson D, He Y, Holtappels M, Kirf M K, Kononets M, Konovalov S, Lichtschlag A, Livingstone D M, Marinaro G, Mazlumyan S, Naeher S, North R P, Papatheodorou G, Pfannkuche O, Prien R, Rehder G, Schubert C J, Soltwedel T, Sommer S, Stahl H, Stanev E V, Teaca A, Tengberg A, Waldmann C, Wehrli B, Wenzhöfer F. 2014. Investigating hypoxia in aquatic environments:diverse approaches to addressing a complex phenomenon. Biogeosciences, 11:1215-1259

Frunzeti N, Baciu C, Etiope G, Pfanz H. 2012. Geogenic emission of methane and carbon dioxide at Beciu mud volcano (Berca-Arbanasi hydrocarbon-bearing structure, Eastern Carpathians, Romania). Carpathian J Earth Environ Sci, 7:159-166

GEIA-ACCENTDatabase. 2005. An international cooperative activity of AIMES/IGBP, sponsored by the ACCENT EU network of excellence. http://www. geiacenter. org and http://www. accent-network. org

Greenpeace. 2008. False hope. Why carbon capture and storage won't save the climate. Amsterdam, the Netherlands, Greenpeace. http://www. greenpeace. org/international/press/reports/false-hope. Accessed October 2014

Guliyev I S, Feizullayev A A. 1997. All about Mud Volcanoes. Baku:Baku Pub House, NAFTA-Press:120

Hitchon B, Gunter W D, Gentzis T, Bailey R T. 1999. Sedimentary basins and greenhouse gases:a serendipitous association. Energy Convers Manag, 40:825-843

Hong W L, Etiope G, Yang T F, Chang P Y. 2013. Methane flux of miniseepage in mud volcanoes of SW Taiwan: comparison with the data from Europe. J Asian Earth Sci, 65:3-12

Hornafius J S, Quigley D, Luyendyk B P. 1999. The world's most spectacular marine hydrocarbon seeps(Coal Oil Point, Santa Barbara Channel, California):quantification of emissions. J Geophys Res, 20(C9):20703-20711

Hovland M, Judd A G. 1988. Seabed Pockmarks and Seepages:Impact on Geology, Biology and the Marine Environment. London:Graham and Trotman:293

Hovland M, Judd A G, Burke R A Jr. 1993. The global flux of methane from shallow submarine sediments. Chemosphere, 26:559-578

IEA GHG. 2008. Geologic storage of carbon dioxide—staying safely underground. International Energy Agency Greenhouse Gas R&D Programme, Cheltenham. http://www. ieagreen. org. uk/glossies/geostoragesfty. pdf

Jackson R B, Vengosh A, Darrah T H, Warner N R, Down A, Poreda R J, Osborn S G, Zhao K, Karr J D. 2013. Increased stray gas abundance in a subset of drinking water wells near Marcellus shale gas extraction. Proc Natl Acad Sci USA, 110:11250-11255

Jessen G L,Pantoja S,Gutierrez M A,Quiñones R A,Gonzalez R R,Sellanes J,Kellermann M Y,Hinrichs K-U. 2011. Methane in shallow cold seeps at Mocha Island off central Chile. Cont Shelf Res,31:574−581

Jones V T. 2000. Subsurface geochemical assessment of methane gas occurrences. Playa Vista development. First Phase Project. Los Angeles,CA. Report by Exploration Technologies,Inc. http://eti-geochemistry. com/Report-04-2000

Judd A G. 2004. Natural seabed seeps as sources of atmospheric methane. Environ Geol,46:988−996

Judd A G,Davies J,Wilson J,Holmes R,Baron G,Bryden I. 1997. Contributions to atmospheric methane by natural seepages on the UK continental shelf. Mar Geol,137:165−189

Judd A G,Hovland M,Dimitrov L I,Garcia Gil S,Jukes V. 2002. The geological methane budget at continental margins and its influence on climate change. Geofluids,2:109−126

Kanakidou M,Singh H B,Valentin K M,Crutzen P J. 1991. A 2-dimensional study of ethane and propane oxidation in the troposphere. J Geophys Res,96:15395−15413

Kessler J D,Reeburgh WS,Southon J,Varela R. 2005. Fossil methane source dominates Cariaco Basin water column methane geochemistry. Geophys Res Lett,32:L12609

Kessler J D,Valentine D L,Redmond M C,Du M,Chan E W,Mendes S D,Quiroz E W,Villanueva C J,Shusta S S,Werra L M,Yvon-Lewis S A,Weber T C. 2011. A persistent oxygen anomaly reveals the fate of spilled methane in the deep Gulf of Mexico. Science,331:312−315

Klusman R W. 2005. Baseline studies of surface gas exchange and soil-gas composition in preparation for CO_2 sequestration research:Teapot Dome,Wyoming. AAPG Bull,89:981−1003

Klusman R W. 2006. Detailed compositional analysis of gas seepage at the national carbon storage test site,Teapot Dome,Wyoming,USA. Appl Geochem,21:1498−1521

Klusman R W. 2011. Comparison of surface and near-surface geochemical methods for detection of gas microseepage from carbon dioxide sequestration. Int J Greenhouse Gas Control,5:1369−1392

Klusman R W,Jakel M E. 1998. Natural microseepage of methane to the atmosphere from the Denver-Julescburg Basin,Colorado. J Geophys Res,103(D21):28041−28045

Klusman R W,Jakel M E,LeRoy M P. 1998. Does microseepage of methane and light hydrocarbons contribute to the atmospheric budget of methane and to global climate change? Assoc Petrol Geochem Explor Bull,11:1−55

Klusman R W,Leopold M E,LeRoy M P. 2000. Seasonal variation in methane fluxes from sedimentary basins to the atmosphere:results from chamber measurements and modeling of transport from deep sources. J Geophys Res,105(D20):24661−24670

Kopf A,Delisle G,Faber E,Panahi B,Aliyev C S,Guliyev I. 2009. Long-term in-situ monitoring at Dashgil mud volcano,Azerbaijan:a link between seismicity,pore-pressure transients and methane emission. Int J Earth Sci, 99:227−240 (and erratum 99:241)

Kvenvolden K A,Rogers B W. 2005. Gaia's breath — global methane exhalations. Mar Pet Geol,22:579−590

Kvenvolden K A,Lorenson T D,Reeburgh W. 2001. Attention turns to naturally occurring methane seepage. EOS, 82:457

Lacroix A V. 1993. Unaccounted-for sources of fossil and isotopically enriched methane and their contribution to the emissions inventory:a review and synthesis. Chemosphere,26:507−557

Lassey K R,Lowe D C,Smith A M. 2007. The atmospheric cycling of radiomethane and the fossil fraction of the methane source. Atm Chem Phys,7:2141−2149

Leifer I,Patro R K. 2002. The bubble mechanism for methane transport from the shallow sea bed to the surface:a review and sensitivity study. Cont Shelf Res,22:2409−2428

Lelieveld J, Crutzen P J, Dentener F J. 1998. Changing concentration, lifetime and climate forcing of atmospheric methane. Tellus, 50B: 128-150

LTE. 2007. Phase II Raton Basin gas seep investigation Las Animas and Huerfano counties, Colorado. Project # 1925 Oil and Gas Conservation Response Fund. http://cogcc. state. co. us/Library/Ratoasin /Phase% 20II% 20Seep% 20Investigation% 20Final% 20Report. pdf

Lundegard P D, Sweeney R E, Ririe G T. 2000. Soil gas methane at petroleum contaminated sites: forensic determination of origin and source. Environ Forensics, 1: 3-10

MacDonald I R, Sassen I L R, Stine P, Mitchell R, Guinasso N J. 2002. Transfer of hydrocarbons from natural seeps to the water column and atmosphere. Geofluids, 2: 95-107

Mazzini A, Etiope G, Svensen H. 2012. A new hydrothermal scenario for the 2006 Lusi eruption, Indonesia. Insights from gas geochemistry. Earth Planet Sci Lett, 317-318: 305-318

McGinnis D F, Greinert J, Artemov Y, Beaubien S E, Wüest A. 2006. Fate of rising methane bubbles in stratified waters: how much methane reaches the atmosphere? J Geophys Res, 111: C09007

Metz B, Davidson O, de Coninck H C M, et al. 2005. IPCC Special Report on Carbon Dioxide Capture and Storage. Prepared by Working Group III of the Intergovernmental Panel on Climate Change. Cambridge: Cambridge University Press: 442

Molofsky L J, Connor J A, Wylie A S, Wagner T, Farhat S K. 2013. Evaluation of methane sources in groundwater in northeastern Pennsylvania. Groundwater, 51: 333-349

Monteiro P M S, van der Plas A, Mohrholz V, Mabille E, Pascall A, Joubert W. 2006. Variability of natural hypoxia and methane in a coastal upwelling system: oceanic physics or shelf biology? Geophys Res Lett, 33: L16614. doi: 10. 1029/2006GL026234

Mörner N A, Etiope G. 2002. Carbon degassing from the lithosphere. Global Planet Change, 33: 185-203

Nagao M, Takatori T, Oono T, Iwase H, Iwadate K, Yamada Y, Nakajima M. 1997. Death due to a methane gas explosion in a tunnel on urban reclaimed land. Am J Forensic Med Pathol, 18: 135-139

Olivier J G J, Bouwman A F, van der Maas C W M, Berdowski J J M, Veldt C, Bloos J P J, Visschedijk A J J, Zandveld P Y J, Haverlag J L. 1996. Description of EDGAR version 2. 0: a set of global inventories of greenhouse gases and ozone-depleting substances for all anthrophogenic and most natural sources on a per country 1×1 grid. RIVM Rep 771060002, Rijksinstituut, Bilthoven, The Netherlands

Osborn S G, Vengosh A, Warner N R, Jackson R B. 2011. Methane contamination of drinking water accompanying gas-well drilling and hydraulic fracturing. Proc Natl Acad Sci USA, 108: 8172-8176

Paull C K, Brewer P G, Ussler W III, Peltzer E T, Rehder G, Clague D. 2003. An experiment demonstrating that marine slumping is a mechanism to transfer methane from seafloor gas-hydrate deposits into the upper ocean and atmosphere. Geo-Mar Lett, 22: 198-203

Pozzer A, Pollmann J, Taraborrelli D, Jöckel P, Helmig D, Tans P, Hueber J, Lelieveld J. 2010. Observed and simulated global distribution and budget of atmospheric C_2-C_5 alkanes. Atmos Chem Phys, 10: 4403-4422

Prather M, Ehhalt D, Dentener F, Derwent R G, Dlugokencky E, Holland E, Isaksen I S A, Katima J, Kirchhoff V, Matson P, Midgley P M, Wang M. 2001. Chapter 4. Atmospheric chemistry and greenhouse gases. In: Houghton J T, et al (eds). Climate Change 2001: the Scientific Basis. Cambridge: Cambridge University Press: 239-287

Ryan S, Dlugokencky E J, Tans P P, Trudeau M E. 2006. Mauna Loa volcano is not a methane source: implications for Mars. Geophys Res Lett, 33: L12301. doi: 10. 1029/2006GL026223

Schmale O, Greinert J, Rehder G. 2005. Methane emission from high-intensity marine gas seeps in the Black Sea into the atmosphere. Geophys Res Lett, 32: L07609. doi: 10. 1029/ 2004GL021138

Schneider von Deimling J, Rehder G, Greinert J, McGinnnis D F, Boetius A, Linke P. 2011. Quantification of seep-related methane gas emissions at Tommeliten, North Sea. Cont Shelf Res, 31:867-878

Shakhova N, Semiletov I, Salyuk A, Yusupov V, Kosmach D, Gustafsson O. 2010. Extensive methane venting to the atmosphere from sediments of the east Siberian Arctic shelf. Science, 327:1246-1250

Singh H B, O'Hara D, Herlth D, Sachse W, Blake D R, Bradshaw J D, Kanakidou M, Crutzen P J. 1994. Acetone in the atmosphere: distribution, sources, and sinks. J Geophys Res, 99:1805-1819

Sobkowicz J C, Morgenstern N R. 1984. The undrained equilibrium behavior of gassy sediments. Can Geotech J, 21:439-448

Solomon E A, Kastner M, MacDonald I R, Leifer I. 2009. Considerable methane fluxes to the atmosphere from hydrocarbon seeps in the Gulf of Mexico. Nat Geosci, 2:561-565

Spulber L, Etiope G, Baciu C, Malos C, Vlad S N. 2010. Methane emission from natural gas seeps and mud volcanoes in Transylvania(Romania). Geofluids, 10:463-475

Stein O, Rudolph J. 2007. Modeling and interpretation of stable carbon isotope ratios of ethane in global chemical transport models. J Geophys Res, 112:D14308. doi:10.1029/2006JD008062

Tang J, Yin H, Wang G, Chen Y. 2010. Methane microseepage from different sectors of the Yakela condensed gas field in Tarim Basin, Xinjiang, China. Appl Geochem, 25:1257-1264

Tassi F, Fiebig J, Vaselli O, Nocentini M. 2012. Origins of methane discharging from volcanic- hydrothermal, geothermal and cold emissions in Italy. Chem Geol, 310-311:36-48

Thielemann T, Lucke A, Schleser G H, Littke R. 2000. Methane exchange between coal-bearing basins and the: the Ruhr Basin and the lower Rhine Embayment, Germany. Org Geochem, 31:1387-1408

US Environmental Protection Agency (US-EPA). 2010. Methane and nitrous oxide emissions from natural sources. EPA Rep 430-R-10-001, Off of Atmos Programs, Washington, DC

Vidic R D, Brantley S L, Vandenbossche J M, Yoxtheimer D, Abad J D. 2013. Impact of shale gas development on regional water quality. Science, 340. doi:10.1126/science.1235009

Walter Anthony K M, Anthony P, Grosse G, Chanton J. 2012. Geologic methane seeps along boundaries of Arctic permafrost thaw and melting glaciers. Nat Geosci, 5:419-426

Warner N R, Jackson R B, Darrah T H, Osborn S G, Down A, Zhao K, White A, Vengosh A. 2012. Geochemical evidence for possible natural migration of Marcellus formation brine to shallow aquifers in Pennsylvania. Proc Natl Acad Sci USA, 109:11961-11966

Warner N R, Kresse T M, Hays P D, Down A, Karr J D, Jackson R B, Vengosh A. 2013. Geochemical and isotopic variations in shallow groundwater in areas of the Fayetteville Shale development, north- central Arkansas. Appl Geochem, 35:207-220

Weber T C, Mayer L, Jerram K, Beaudoin J, Rzhanov Y, Lovalvo D. 2014. Acoustic estimates of methane gas flux from the seabed in a 6000 km^2 region in the northern Gulf of Mexico. Geochem Geophys Geosyst, 15:1911-1925

Wuebbles D J, Hayhoe K. 2002. Atmospheric methane and global change. Earth- Sci Rev, 57:177-210

Yamamoto A, Yamanaka Y, Tajika E. 2009. Modeling of methane bubbles released from large sea- floor area: condition required for methane emission to the atmosphere. Earth Planet Sci Lett, 284:590-598

Yang T F, Yeh G H, Fu C C, Wang C C, Lan T F, Lee H F, Chen C H, Walia V, Sung Q C. 2004. Composition and exhalation flux of gases from mud volcanoes in Taiwan. Environ Geol, 46:1003-1011

第 7 章　蛇纹石化橄榄岩和火星上的天然气渗漏

截至目前，本书主要都在介绍经典的自然来源有机成因天然气（生物成因气和热成因气）渗漏。但众所周知，无机过程（即没有有机质直接参与的化学反应）同样也可以生成甲烷和其他轻烃组分。无机成因生气作用可以发生在一个很宽的温度和压力范围内，存在于各种各样的地质系统中。无机成因甲烷的生成过程主要可分为两类，分别为岩浆作用和气-水-岩的相互作用。如果需要进一步了解详细的信息，读者可以参考 Etiope 和 Sherwood Lollar（2013）发表的综述。这里，我们需要始终牢记的重要概念是：尽管岩浆或地幔来源的甲烷都是无机成因的，但并非所有的无机成因甲烷都是地幔来源的。火山和地热系统中的岩浆作用和高温热液作用所形成的气体混合物主要是由二氧化碳（CO_2）构成的，而无机成因甲烷仅占其中极少的一部分。事实上，现场观测发现，在地球表面大部分的无机成因气是通过气-水-岩相互作用形成的。特别令人感兴趣的是费-托型（FTT）合成作用，该作用被最广泛地运用于解释渗漏到地表的大量无机成因甲烷的来源。在下面的章节中，我们只关注渗漏到地表的富甲烷无机成因气。这些天然气渗漏通常出现在蛇纹石化超基性岩（橄榄岩）中。蛇纹石化作用（橄榄石和辉石矿物的水合作用生成氢气，进而通过费托合成作用生成甲烷）被认为是生命起源的基础过程，代表了从无机化学演变到有机化学的原始途径（Russell *et al.*，2010）。蛇纹石化作用同样是一些非常规含油气系统中甲烷的来源。在这些含油气系统中，烃类储层由火成岩构成，或者邻近火成岩（见 7.1.2 节）。此外，蛇纹石化作用还是火星等其他星球上甲烷的潜在来源（见 7.2 节）。

7.1　活跃蛇纹岩系统中的气苗和含气泉

7.1.1　无机成因甲烷渗漏从何而来

自 20 世纪 80 年代以来，越来越多的国家发现了无机成因甲烷气苗。Abrajano 等（1988）和 Lyon 等（1990）做出了开创性的工作。他们在菲律宾［三描礼士（Semail）的永恒之火］和新西兰（Poison 湾）的超基性岩中发现了具有高含量甲烷和氢气的奇特气体。此后，有报道称在也门（Fritz *et al.*，1992；Semail 蛇绿岩含气泉）和土耳其（Hosgormez *et al.*，2008；Etiope *et al.*，2011b；Chimaera 圣火；图 7.1）也发现了相似的气体。近期的同位素分析表明，意大利［Boschetti *et al.*，2013；Genova 超碱性泉，图 7.2（d）］、希腊（Etiope *et al.*，2013b；Othrys 蛇绿岩）、葡萄牙（Etiope *et al.*，2013c；Cabeço de Vide 含气泉）、日本［Suda *et al.*，2014；Hakuba-Happo 含气泉）、西班牙（Etiope *et al.*，2014；Ronda 橄榄岩，

图 7.2（b）、（c）]、阿联酋［Etiope *et al.*, 2015；图 7.2（a）]、土耳其（Yuce *et al.*, 2014；Amik 盆地）和新西兰（Pawson *et al.*, 2014；Dun 山脉蛇绿岩）等地蛇纹石化橄榄岩中渗漏出的甲烷也都主要是无机成因的。塞尔维亚（Milenic *et al.*, 2009；Zlatibor 蛇绿岩）、挪威（Okland *et al.*, 2012；Leka 蛇绿岩）、加拿大（Szponar *et al.*, 2013；Tablelands）、美国加利福尼亚（Morrill *et al.*, 2013；Cedars 泉）、新喀里多尼亚（Monnin *et al.*, 2014；Prony 湾）和哥斯达黎加（Sanchez-Murillo *et al.*, 2014；Santa Elena 蛇绿岩）等地也有关于类似的来自蛇纹石化岩石的天然气的报道。但是，在这些地区缺少评估甲烷成因来源所需的同位素数据，或者数据不完整（在一些研究中只提供的了甲烷的稳定碳同位素组成数据）。表 7.1 归纳了更新到 2014 年的含甲烷的蛇纹岩气苗和含气泉的数据。第 2 章图 2.8 展示了那些至少碳、氢同位素组成表现出无机成因特征的甲烷的地理分布情况。

图 7.1　希拉里（土耳其）附近的 Chimaera 燃烧气苗

（a）拥有天然火焰的橄榄岩露头的全貌；（b），（c）来自地面裂缝的两个永恒火焰；（d）位于 Chimaera
以北数几百千米的奥林匹斯山的另一处天然气渗漏点，从图中可以看到被烧焦的树木

图 7.2　含气泉

(a) 阿联酋（Al Farfar；照片由 J. Judas 拍摄）；(b)，(c) 西班牙 Ronda 橄榄岩地体（释放气泡羽流的 Del Puerto 含气泉；
照片由 I. Vadillo 拍摄）；(d) 意大利 Genova 附近（位于 Acquasanta 的气泡排放口；照片由 M. Whiticar 拍摄）

表 7.1　已报道发现了甲烷渗漏（或甲烷通过超碱性水体输运）
的陆上蛇纹石化地区（更新至 2014 年 12 月）

国家	地点	背景	参考文献
测定了甲烷的碳、氢同位素组成			
希腊	Othrys 山脉（Archani, Ekkara）	蛇绿岩	Etiope *et al.*，2013b
意大利	Voltri-Genova（如 Acquasanta）	蛇绿岩	Boschetti *et al.*，2013
日本	Hakuba-Happo	蛇绿岩地体	Suda *et al.*，2014

续表

国家	地点	背景	参考文献
测定了甲烷的碳、氢同位素组成			
新西兰	Poison 湾	蛇绿岩	Lyon et al.，1990
新西兰	Red 山，Dun 山脉	蛇绿岩	Pawson et al.，2014
也门	Semail（如 Al Khaoud，Nizwa）	蛇绿岩	Fritz et al.，1992；Boulart et al.，2013
菲律宾	三描礼士（永恒之火）	蛇绿岩	Abrajano et al.，1988
葡萄牙	Cabeço de Vide	火山岩侵入体	Etiope et al.，2013c
西班牙	Ronda 橄榄岩	蛇绿岩地体	Etiope et al.，2014
土耳其	Chimaera	蛇绿岩	Etiope et al.，2011b
土耳其	Amik 盆地（Kurtbagi，Tahtakopru）	蛇绿岩	Yuce et al.，2014
阿联酋	Al Farfar	蛇绿岩	Etiope et al.，2015
无碳、氢同位素分析数据或数据不完整			
加拿大	Tablelands	蛇绿岩	Szponar et al.，2013
哥斯达黎加	Santa Elena	蛇绿岩	Sanchez-Murillo et al.，2014
新喀里多尼亚	Prony Bay Fiordland	蛇绿岩	Monnin et al.，2014
挪威	Leka	蛇绿岩	Okland et al.，2012
菲律宾	三描礼士（Manleluag）	蛇绿岩	Meyer-Dombard et al.，2013
菲律宾	Palawan（Brooke's Point）	蛇绿岩	Meyer-Dombard et al.，2014
塞尔维亚	Zlatibor	蛇绿岩	Milenic et al.，2009
美国-加利福尼亚	Cedars	蛇绿岩	Morrill et al.，2013

　　陆地上的橄榄岩通常属于蛇绿岩（岩浆岩冲击大陆形成的），是造山带橄榄岩地体或基岩侵入体的一种。无机成因气可以溶解在地下水中并运移至地表（在泉水或浅层地下水井中的浓度约为 0.1~10mg CH$_4$/L），或者在气苗（体积分数最高可达 87%）和土壤（见下文）微观渗漏中以游离气的形式运移至地表。地下水主要是大气降水成因的，水化学特征表现为氢氧化钙型（Ca^{2+}-OH$^-$），具有超碱性特征，pH 大于 9；在橄榄石和辉石发生水合作用时，释放出 Ca^{2+} 和 OH$^-$，这是活跃蛇纹石化系统的典型特征。Barnes 和 O'Neil（1969）、Bruni 等（2002）和 Marques 等（2008）都详细地报道了蛇纹石化水体的水化学特征。在大西洋中脊（Lost City、Logatchv、Rainbow 和 Ashadze）、印度洋中脊（Kairei）和马里亚纳弧前（Charlou et al.，2002；Proskurowski et al.，2008；Schrenk et al.，2013）的深海热液区也发现了一些与蛇纹石化作用有关的无机成因甲烷。但是，截止本章撰稿时，仅获得了 Lost City 和 Logatchev 两地无机成因甲烷完整的碳、氢同位素组成数据。此外，在前寒武结晶地盾的深部钻孔中也发现了无机成因甲烷（如 Sherwood Lollar et al.，1993），但目前还没有关于其渗漏到地表的报道。

　　实际上，大部分陆上无机成因甲烷气苗主要与沿阿尔卑斯-喜马拉雅造山带（侏罗世—白垩世）、西太平洋和科迪勒拉蛇绿岩带（古生代—新近纪）和古生代深成岩体发育的蛇纹石化超基性岩有关。下面的章节讨论了在这些环境中发现的甲烷，但不包括那些在深海高温蛇纹石化背景下形成的气体。关于后者，读者可以参考 Schrenk 等（2013）发表的综述。

7.1.2　陆上蛇纹石化系统中的无机成因甲烷是怎样形成的

在 1913 年，首次在实验室发现了无机成因甲烷的生成过程，Paul Sabatier 也因为通过二氧化碳和氢气在金属催化物的参与下合成了甲烷而获得了当年的诺贝尔奖。在 1925 年，Franz Fischer 和 Hans Tropsch 使用 CO 和 H_2 成功地合成了更为复杂的烃类。萨巴捷 Sabatier 反应也称之"二氧化碳加氢"作用，现在它和 Fischer-Tropsch 反应（包含 CO 的参与）一起被统称为费–托型（FTT）反应。

在蛇纹石化系统中，无机成因甲烷的来源通常都归因于 FTT 反应，包含了 H_2 和含碳化合物（CO_2、CO 和 HCOOH）的参与。在大量的文献中都对上述反应进行了讨论（Etiope and Sherwood Lollar, 2013；McCollom, 2013 及文中引用文献）。FTT 反应的总体过程如下：

$$n\mathrm{CO}+(2n+1)\mathrm{H_2} \longrightarrow \mathrm{C}_n\mathrm{H}_{(2n+2)}+n\mathrm{H_2O} \tag{7.1}$$

当 CO_2 为水溶液时：

$$\mathrm{CO_2(aq)}+[2+m/(2n)]\mathrm{H_2(aq)}=\!=\!=(1/n)\mathrm{C}_n\mathrm{H}_m+2\mathrm{H_2O} \tag{7.2}$$

当 CO_2 为气相时：

$$\mathrm{CO_2}+4\mathrm{H_2}=\!=\!=\mathrm{CH_4}+2\mathrm{H_2O} \tag{7.3}$$

最后一个反应也称之为萨巴捷反应［式（7.3）］。在海水（海底环境）和大气降水（陆上）的驱动下，蛇纹石化过程中橄榄岩（橄榄石和辉石）发生水合作用可以直接生成 H_2（如 McCollom and Seewald, 2007；Schrenk *et al.*, 2013）。另一种可能的无机成因甲烷生成机制是橄榄石在二氧化碳存在的情况下发生水合作用，但没有 H_2 作为初始的媒介；这种过程在理论上是可行的（Oze and Sharma, 2005；Etiope *et al.*, 2013b；Suda *et al.*, 2014），但不易被识别（Whiticar and Etiope, 2014a），因此至今还没有在实验室得到证实。

蛇纹石化作用导致的无机成因甲烷的合成被认为是前生命化学研究与生命物质起源的关键步骤（Russell *et al.*, 2010）。发生在太古宙的蛇纹石化作用提供了一个高 pH 的还原环境及相对较低的温度，这对于支持早期生命的存在是非常有利的。特别是甲烷，其对于早期地球上的生物分子和微生物而言是一个有效的能量源（给电子体）。这种情况到底是发生在海底热液系统还是发生在大陆岩石中仍是一个开放的议题。

FFT 反应发生在金属（催化剂）表面，降低了反应所需的活化能（图 7.3），温度越高，越容易生成甲烷。

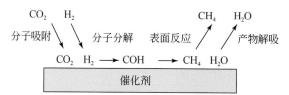

图 7.3　CO_2 和 H_2 在金属表面被催化发生萨巴捷反应并生成甲烷的示意图

在高温条件下（通常在200℃以上），许多金属（Fe、Ni、Co和Cr）都是已知的有效催化剂（如Horita and Berndt，1999；Taran et al.，2007；McCollom，2013）。在水溶状态下，FTT反应是十分迟缓的。因此，高温对于水饱和岩石而言变得更为重要。尽管如此，陆上蛇纹石化岩石系统主要还是表现出相对较低的温度特征，通常低于100℃（Bruni et al.，2002；Etiope et al.，2013b；Suda et al.，2014；Monnin et al.，2014）。例如，蛇绿岩推覆体的厚度通常约为几千米，最高可达4~5km，地温梯度较低，最深处超基性岩的温度在100~120℃。例如，在位于土耳其的Tekirova蛇绿岩深达3km的底部（Chimaera气苗所在位置），最高温度仅为80℃（Etiope et al.，2011b）。在如此低的温度下，FTT反应和产甲烷作用都不明显。因此，就产生了以下几个问题：

（1）甲烷是不是在橄榄岩仍然受到海洋热液环境影响时在相对较高的温度下（>200℃）生成的（天然气在橄榄岩发生仰冲或侵入造山带后仍被保留下来）？

（2）甲烷是不是在陆上橄榄岩侵入的早期阶段形成的？例如，甲烷是不是在蛇绿岩底部的高温"变质基底"（剪切带）附近，在相对较高的温度下（>200℃）生成的？

（3）相反，如果甲烷是在橄榄岩侵入大陆后，在现今温度条件下形成的，那么FTT反应是在干燥岩石中发生还是以水溶形式发生？

（4）如果是这样的［情况（3）］话，那么哪些催化剂可以在温度小于100℃的条件下支持这种反应？

尽管下文给出了一些解释，但目前我们还无法得到上述问题完整的答案。

位于蛇绿岩、造山岩体或侵入带的一些陆上橄榄岩中可能保存了一些残留气体。这些气体是在岩浆侵入海底的热液环境下形成或已经存在的。这些岩浆来源的氢气、甲烷及高温水-岩作用形成的甲烷可能会出现在现今陆上橄榄岩矿物及其周围的镁铁质岩石的流体包裹体中（如Sachan et al.，2007）。事实上，这些在流体包裹体内的气体保存完好，它们在经历了仰冲或造山构造运动和破碎过程后仍能在橄榄岩中保存下来。分散在海底橄榄岩裂缝中的天然气几乎都没有保存下来；很难想象现今陆地橄榄岩中发现的大量天然气全部来自于这些流体包裹体或它们和古代海洋热液系统中形成的天然气是同一类气体。一个更合理的解释是在现今气苗中发现的丰富的甲烷是在蛇绿岩形成的初始阶段生成的，此时，"变质基底"（在蛇绿岩底部沉积地壳之上的剪切带）仍然是"热"的。针对上述可能性，详细研究蛇绿岩在仰冲之后的冷却过程是十分有必要的。但是，如果真是这样的话，从成因关系上来说，甲烷与低温（<100℃）蛇纹石化作用及在许多陆上橄榄岩中发现的氢气没有关系。

相反，如果甲烷是在现今低温条件下形成的，我们就需要了解如何能发生低温FTT反应。当温度低于100℃时，水溶状态下的FTT反应是极其迟缓的。但是，一些学者认为甲烷是在海底发现的超碱性水体或陆上泉水中形成的。对甲烷中所含的放射性碳（$^{14}C_{CH_4}$）的分析表明，这些碳的年龄通常都超过50000a（现代碳的含量几乎为0；Abrajano et al.，1990；Etiope and Schoell，2014；Whiticar and Etiope，2014b；Etiope et al.，2014），而在超碱性水体中碳的典型年龄仅有几千年（如Marques et al.，2008；Whiticar and Etiope，2014b）。因此，形成甲烷的碳和（超碱性）水体中的碳并无关联。此外，在高pH的情况下，CO_3^{2-}是水溶条件下唯一的碳来源，水溶液的反应为（如Mottl et al.，2004）：

$$4H+CO_3^{2-} \rightleftharpoons CH_4+H_2O+2OH^- \tag{7.4}$$

催化剂专家们认为问题在于 CO_3^{2-} 在金属表面并不会和 H_2 发生剧烈的反应，尤其是在低温条件下。当温度低于 $100℃$ 的时，生成甲烷最简单的途径是在干燥条件下发生萨巴捷反应 [式 (7.3)]。甲烷可以来自 H_2 和不同独立系统中的无 ^{14}C 的古代 CO_2。H_2 可能来自橄榄岩的蛇纹石化作用。古代 CO_2 可能来自石灰岩、任何一种含碳岩石、地幔或甚至是来自古代（年龄超过 $50000a$）大气。无机成因甲烷的烃源岩可能就是那些能够为 FTT 反应提供最佳反应条件的岩石，如充足的催化剂（金属）及 H_2 和 CO_2 的混合。到底是哪些"神奇"的岩石和催化剂可以使得二氧化碳在低温条件下发生加氢作用呢？

目前已知的在 $100℃$ 以下（至少是在实验室时间尺度内）有效的催化剂仅有铑（Rh）（Jacquemin et al., 2010）和钌（Ru）（Thampi et al., 1987）。铑在超基性岩中极其稀少且分散，浓度仅为十亿分之几。钌在海洋热液系统中十分少见（Pasava et al., 2007），但是在很多分布于陆上蛇绿岩和火成杂岩体的铬铁矿中，它属于主要的铂族元素（Platinum Group Element, PGE），浓度可以达到百万分之几的级别（如 Economou-Eliopoulos 1996）。Ru 主要以硫化矿物的形式存在，如硫钌矿（RuS_2）、钌镍黄铁矿 [（Ni，Fe）$_8RuS_8$]、Ru-Ir-Os 合金或氧化物（RuO_2）（Garuti and Zaccarini, 1997）。所有这些不同形式的 Ru 都出现在层状或豆荚状的铬铁矿中，其浓度通常在 $0.1 \sim 1ppm$（相对于铬铁矿的质量），在一些富 Cr 脉体中最高可以达到几个 ppm（如 Page and Talkington, 1984；Bacuta et al., 1990）。在蛇绿岩地层中，Ru 通常在构造岩和莫霍界面，尤其是在地壳的纯橄榄岩中选择性富集（Prichard and Brough, 2009；Mosier et al., 2012）。因此，富 Ru 铬铁岩和甲烷显示之间存在着惊人的耦合关系。目前有记载的大部分陆上蛇纹石化气苗都邻近铬铁矿或者位于包裹了富 Ru 铬铁岩的超基性岩之上。相关的实例包括位于土耳其 Cirali 一处古代铬矿附近的 Chimaera 圣火（Juteau, 1968）、也门的 Semail 蛇绿岩（Page et al., 1982）、希腊的 Othrys 蛇绿岩（Garuti et al., 1999）、菲律宾的三描礼士（Bacuta et al., 1990）、加拿大的纽芬兰（Page and Talkington, 1984）及葡萄牙的 Cabeço de Vide（Dias et al., 2006）。加拿大 Sudbury 前寒武系结晶岩体深部钻孔中也发现了无机成因天然气（Sherwood Lollar et al., 2008），该区是北美 Ru 矿最富集的地区之一（Ames and Farrow, 2007）。此外，在位于南非布什维尔德的全世界最大的 Ru 复合矿曾报道发生了由于大量甲烷释放引起的爆炸（Cook, 1998）。最近的实验室分析已经表明在温度低于 $100℃$ 的条件下（甚至是在室温条件下，$20 \sim 25℃$）使用与蛇绿岩或火成杂岩体中铬铁矿相同浓度的钌就可以通过萨巴捷反应合成无机成因甲烷（Etiope and Ionescu, 2014）。因此，在陆上蛇纹岩系统中，富钌铬铁矿对无机成因气而言是一类很好的候选烃源岩。此外，尽管目前还无法在实验室得到证实，但在更长的地质时间尺度内，我们可以假设 Fe、Ni 和 Cr 等丰度更高的传统催化剂可能同样也是有效的。

概括起来，针对上述问题似乎有以下三个最符合逻辑的答案：

（1）在"变质基底"附近发生蛇绿岩侵入的早期阶段，在当时的高温条件下（$>200℃$）可以生成甲烷，但在海底热液系统中则无法发生上述情况；甲烷的生成与低温蛇纹石化作用及氢气无关。

（2）在地质时间尺度内且有催化剂（Fe、Ni 和 Cr）夹持的情况下，低温条件（$<100 \sim$

150℃）同样可以生成甲烷，但这一过程无法在现代人类时间内通过实验室模拟实验来实现。

（3）在低温条件下（<100℃），在铬铁矿中钌催化剂的参与下，可以通过更快的速率生成甲烷，这一过程已经可以在实验室得到证实。

如果这些无机成因烃源岩出现在总含油气系统（见引言中的定义）内或位于其附近，那么其生成的一部分无机成因天然气就有可能发生运移并和沉积岩中的有机成因天然气发生混合。由于蛇纹石化作用会产生微裂缝并增加橄榄岩的渗透率，因此在非常规和深部含油气系统中，这类火成岩还可以直接作为烃类储层（Farooqui *et al.*，2009；Schutter，2003）。例如，在得克萨斯和古巴的一些油田中，蛇纹石化岩石就被作为油气的储集岩（Smith *et al.*，2005）。油气藏还会吸收火成岩储层中的痕量金属（Szatmari *et al.*，2011），反映了烃类流体和围岩矿物之间的物质交换。据报道，在一些商业油气田中也发现了少量的无机成因气，如中国的松辽盆地（Dai *et al.*，2005；Ni *et al.*，2009）及美国的部分地区（Jenden *et al.*，1993）。直到 20 世纪 90 年代早期，石油工业界还没有发现具有商业价值的无机成因甲烷气藏，在大部分油气田中无机成因甲烷的含量远远低于 1%（Jenden *et al.*，1993）。但是，如 7.1.3 节中所述，无机成因甲烷的碳同位素组成可能会和有机成因甲烷发生重叠，仅仅依靠碳、氢同位素组成可能无法识别混入有机成因甲烷的少量无机成因甲烷。此外，正如最近一些实验室的实验发现的那样（Etiope and Ionescu，2014），低温 FTT 反应同样可以生成甲烷，同时发生 CH_4 和 CO_2 之间强烈的碳同位素分馏，从而导致甲烷碳同位素组成相对变"轻"（贫 ^{13}C），表现出更接近于生物成因气的特征。因此，在以火成岩为代表的非常规含油气系统中，必须用现代化的地球化学解释手段重新审视天然气的成因来源（Etiope and Sherwood Lollar，2013）。

7.1.3　如何区分无机成因和有机成因甲烷

正如第 1 章所述，碳、氢同位素分析是确定甲烷成因来源的第一步，也是根本性的一步。直到前几年，人们还基于有限的数据认为无机成因甲烷的碳同位素组成通常富集 ^{13}C，其 $\delta^{13}C$ 值大于 −25‰。现在，得益于更多的数据，我们对无机成因甲烷的碳同位素组成有了一个新的认识。在陆上蛇纹石化超基性岩系统中，甲烷的 $\delta^{13}C$ 值最轻可达 −37‰，而来自前寒武系地盾的甲烷碳同位素组成甚至可能更轻（Etiope and Sherwood Lollar，2013）。图 7.4（a）展示了一幅更新后的 $\delta^{13}C$ 和 δ^2H 交会图，用以反映陆上蛇纹石化气苗和含气泉释放的甲烷。图 7.4（b）将这些甲烷和以下四种地质条件下发现的甲烷做了比较，这四种地质条件分别是：前寒武系结晶地盾、蛇纹石化大洋中脊、碱性侵入岩中的包裹体及火山、地热流体。无机成因气和有机成因气在同位素组成上的差别十分明显。但是，该图版仅仅是确定无机成因气的第一步，无法反映样品是不是完完全全的无机成因气或是否发生了和有机成因气的混合。这就有必要引入更多的解释手段，包括稀有气体（氦同位素）的应用、最可几分布（Schulz-Flory）测试、伴生气（其他烃类气体和二氧化碳）的分子和同位素组成及甲烷和乙烷混合模型等（Etiope and Sherwood Lollar，2013）。在任何情况下，了解研究区的地质背景始终是获得最终解释结论的先决条件。

　　图 7.4（a）、（b）说明陆上蛇纹石化地区渗漏的甲烷，其碳、氢同位素组成具有很宽的分布区间。这样的结果可能源于以下几个因素：在甲烷生成过程中碳源（来自地幔、石灰岩、大气或变质沉积区的二氧化碳或其他含碳分子）中碳同位素组成的变化；甲烷生成机制所需的温度；有水存在的情况下同位素发生的分馏（尤其是对于 $\delta^2 H_{CH_4}$）；反应本身的强弱程度（Etiope and Ionescu，2014）。

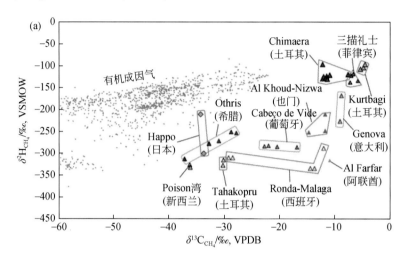

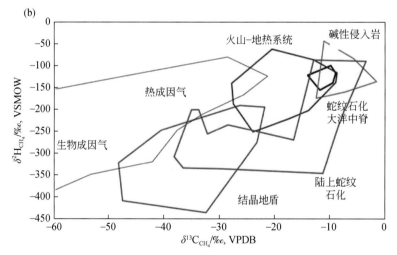

图 7.4　表 7.1 中所列的陆上蛇纹石化橄榄岩气苗和含气泉释放的甲烷碳、氢同位素组成交会图（a）及用于区分图（a）中无机成因气和其他类型无机成因气的图版（b）

后者包含大洋中脊（Mid-ocean Ridges，MOR；即 Lost City 和 Logatchev）、前寒武系结晶地盾（南非、加拿大和斯堪的纳维亚）、火山热液系统（如东太平洋海隆、西南印度洋中脊、索科鲁和米洛斯岛）及碱性侵入岩包裹体（Lovozero、Khibina 和 Illimaussaq）中的无机成因甲烷。有机成因天然气（生物成因气和热成因气）的数据来自于全球各大油气田的天然气数据库（Etiope et al.，2013a；Etiope and Schoell，2014）。图版根据 Etiope 和 Sherwood Lollar（2013）、Etiope 等（2013c）、Etiope 和 Schoell（2014）更新。此外，还补充了 Etiope 等（2014；西班牙）、Yuce 等（2014；土耳其 Amik 盆地的 Tahakopru 和 Kurtbagi）及 Etiope 等（2015；阿联酋）的数据

7.1.4　渗漏至地表的无机成因气

尽管有些时候很难获知无机成因甲烷的确切来源，但对无机成因天然气渗漏而言，故事就没有那么神秘了。正如意大利、土耳其、希腊和西班牙等地获得的气体通量数据所反映的那样，气苗或含气泉和当地地质条件之间的关系是相当清楚的。通常，无机成因气苗或含气泉所在地都具有如下特征：

（1）气苗或含气泉通常位于断层附近或多条断层的交汇处；

（2）断层位于超基性岩和富碳酸盐岩石（石灰岩、复理石和变质碎屑岩等）的构造结合部；

（3）在肉眼可见的气苗或含气泉附近经常可以发现迷你气苗（相关定义见第 2 章）；

（4）即便是在远离气苗和含气泉的情况下，同样还存在着沿断层发育的微观渗漏。

在陆上蛇纹石化气苗和泉水中探测到的甲烷数量是相当可观的。这些水体中甲烷的浓度为 0.01mg/L 到 14mg/L（当和大气达到平衡时，正常水体中甲烷的浓度仅为 0.00003mg CH_4/L）。当水体流速维持约 1L/s 时（以希腊和意大利的含气泉为例），水从单个含气泉排水口携带至地表的甲烷量为每年数百 kg。对于不排水的干气苗而言，甲烷的浓度约为 20%（以新西兰的气苗为例）～50%（以菲律宾三描礼士气苗为例），最高可达 90% 左右（以土耳其的 Chimaera 气苗为例）。在 Chimaera 气苗和它周围的超碱性水体及位于希腊、意大利和西班牙的气泡泉中都开展了气体通量的测定工作。

位于 Antalya 湾 Çiraly 附近的 Chimaera 可能是地球上规模最大的陆地无机成因气苗。天然气燃烧形成至少 20 处火焰，高度最高可达半米［图 7.1（a）～（c）］。天然气从岩石裂缝中的可见排气口或以不可见的迷你气苗的形式穿过橄榄岩露头喷涌而出，沿奥林匹斯山脉侧翼分布，方圆约 5000m²。利用密闭腔技术（见第 4 章）测量发现，这一宏观渗漏每年释放到大气圈中的甲烷量至少有 190t（Etiope et al.，2011b）。在另一处近期发现的位于山顶处的橄榄岩露头，发现了与 Chimaera 气苗数量级相当的甲烷释放量（Etiope and Schoell，2014）。该处有两个正在燃烧的排气口和无数被烧焦的树木，面积至少有 2000m²。从周围被烧焦的土壤来看，这些树可能死于地下渗漏出的气体的幕式燃烧［图 7.1（d）］。以上两处天然气渗漏总的气体通量很明显要高于其他任何一处陆上蛇纹石化气苗或含气泉。

此外，沿着 Çirali 海滩，在离 Chimaera 气苗约 3km 的另一处橄榄岩露头，沿断层测量到了甲烷微观渗漏，通量最高可达 1040mg/（m²·a）（Etiope et al.，2011b）。放射性碳（^{14}C）分析表明，Chimaera 甲烷的碳年龄大于 50000a（对现代碳而言，该值约为 0；Etiope and Schoell，2014）。考虑到"永恒火焰"至少已经活跃了两千年（老普林尼在《博物志》一书中就有记载，<79 A.D.），每年数百吨甲烷连续的释放肯定有较高的压力梯度来驱动。从已发现的热成因气苗推断，只有在超压气藏存在的情况下，上述结果才可能发生。简单的计算表明，截至目前甲烷总释放量约为 400Mm³。因此，原始气藏中所存储的甲烷（最终储量）大约会达到几千个 Mm³，和常规的有机成因气田规模相当。因此，很难想象这些气体是在海底热液蛇纹石化作用发生时生成的，并且在蛇绿岩仰冲后仍能保

存下来。

在意大利（Genova 附近的 Voltri 蛇绿岩；Boschetti *et al.*，2013）、希腊（Othrys 蛇绿岩；Etiope *et al.*，2013b）和西班牙（位于 Ronda 和 Malaga 之间的 Ronda 橄榄岩地体；Etiope *et al.*，2014）的超碱性泉中，天然气以水池中气泡羽流或迷你气苗和微观渗漏的形式（见第 2 章的定义）通过水的携带或自主的气相渗漏运移至地表。对于气泡直径约为 1cm 的单个气泡串而言，甲烷通量大约可以达到 1～2kg/a。位于含气泉周围的甲烷迷你气苗的通量大约为几百 mg/（m² · a）。即便是在距离含气泉以外 100m 处进行测量，微观渗漏释放的甲烷通量通常都可以达到几十 mg/（m² · a）。在所有地区，含气泉、气泡串和微观渗漏的发育位置都严格受断层控制。有趣的是，即便不发育有机土壤，从明显没有裂缝发育且均质的橄榄岩露头中也可以直接检测到来自微观渗漏的天然气（Etiope *et al.*，2013a）。考虑到在密闭腔中测定的气体通量大且压力迅速增加，岩石中气体的运移应该主要是由于压力梯度驱动的对流作用引起的（达西定律），而不是扩散，后者受浓度梯度的控制（菲克定律）（见第 3 章）。呼气作用肯定是通过岩石中广泛发育的微裂缝完成的。通常，部分蛇纹石化橄榄岩的小尺度渗透率与页岩的渗透率具有可比性。但是，橄榄石的水合作用会导致较大的体积变化，因此，局部应变和应力较高，导致岩石发生幕式破裂（Macdonald and Fyfe，1985）。在整个橄榄岩露头上广泛发育微尺度裂缝，通常会发生碳酸盐矿化作用。作为中、新生界沉积地层之上发生构造逆冲的结果，蛇绿岩露头还会表现为规模相对较大的缝合线和断层特征。因此，对超基性岩中生成的甲烷而言，和蛇纹石化作用有关的微裂缝和构造裂缝是其重要的逸散通道。

7.1.5 无机成因天然气渗漏对大气圈甲烷收支是否重要？

6.4 节讨论了全球地质成因甲烷对大气圈的排放，包括了陆上和海洋沉积盆地中来自各种类型天然气渗漏的生物成因气、热成因气及地热系统中的有机、无机成因混合气。今天，正如在最近 IPCC 评估报告中所言，地质成因甲烷的总排放量约为 54Mt/a（第 6 章中所述为 60Mt/a），是仅次于湿地的大气圈中甲烷的第二大天然排放源（Ciais *et al.*，2013）。同样需要指出的是，上述估算的甲烷释放量不包括蛇纹石化超基性岩中的无机成因天然气渗漏。尽管如此，正如上文所广泛报道的那样，这些无机成因天然气渗漏并不少见，甚至在一些地区数量相当可观。无机成因甲烷会成为大气圈中地质成因甲烷的另一个全球性来源吗？目前，还没有足够的数据来彻底回答这个问题。需要专项研究和更多的气体通量测定数据去更好的评估排放系数，至少需要估算得到这种类型的无机成因天然气渗漏在全球分布面积的数量级。目前，我们已知的就有 16 个国家发现了通过天然气渗漏运移至地表的无机成因甲烷（同时还可能混合了有机成因甲烷）（见表 7.1）。在波斯尼亚和塞浦路斯发现的超碱性泉很有可能会释放无机成因甲烷，但目前还没有看到相关报道。相比于含气泉肉眼可见的气体释放，迷你气苗和微观渗漏等不可见的天然气渗漏分布面积可能更广，在全球大气圈甲烷释放中可能扮演着更为重要的角色。在其他一些蛇绿岩或超基性岩地体中不发育超碱性泉和气苗，但在这些环境中肉眼不可见的天然气渗漏（微观渗漏和迷你气苗）仍然广泛分布，因此不能将其排除在外。例如，无机成因微观渗漏可能发生在蛇纹石化土壤中。这是一种特殊的土壤类型，源自超基性基岩，拥有特殊的植物群丛，能够适应低钙镁比、缺少氮、钾、磷等营养物质并具有高浓度的镍和铬的极端土壤环境（如 Proctor and Woodell，1975）。这些类型的超基性岩土壤约占全球陆地面积的 1%（即 148000km^2；Garnier et al.，2009），但地球表面至少有 3% 的面积是由蛇纹石化橄榄岩组成的（Guillot and Hattori，2013）。目前，关于在整个分布区有多少面积比例的橄榄岩能生成无机成因微观渗漏，以及对它们平均气体通量的任何估算和猜测都具有高度的推测性，甚至是不恰当的。无论如何，对这些观点仍有必要开展进一步的研究。

在潜在的甲烷排放和二氧化碳消耗之间存在这一个有趣的联系。由于橄榄岩可以将二氧化碳转化为固体的碳酸盐矿物，橄榄岩露头实际上还是潜在的大气二氧化碳吸收汇。例如，在也门，近地表幔源橄榄岩在风化过程中发生的碳酸化作用每年就可以消耗约 $10^3 t/km^3$ 的二氧化碳（Kelemen and Matter，2008）。据此，人们提出可以探索在橄榄岩中注入温室气体，以人工封存大气圈中的二氧化碳。研究在注入二氧化碳气体的过程中有多少能和 H_2 发生反应并生成 CH_4（一类比 CO_2 更强的温室气体）是一项有趣的探索。

7.2 火星上潜在的甲烷渗漏

7.2.1 在火星上寻找甲烷

通多对地球上天然气渗漏的研究所获得的信息为我们认识和理解在其他已知大气或地表含有甲烷的星球上可能存在的天然气渗漏提供了基本的参考。这些星球中，火星是在这方面开展研究最多的行星之一。火星上同样存在蛇纹石化超基性岩和水化硅酸盐（Mustard et al.，2008；Ehlmann et al.，2010），被认为是甲烷的一种合理来源（Oze and Shama，2005；Atreya et al.，2007；Etiope et al.，2013a）。研究火星上是否有可能存在甲烷具有十分重要的意义，因为在地球上，甲烷理论上可以来自细菌，或者可以成为一些细菌有机质的能量源，甚至成为与生命起源有着密切关系的前生命作用机制。鉴于上述情况，甲烷也可能成为火星生命的"代言人"。

在撰写本章的时候，火星上是否存在甲烷仍然是一个争议性的话题，因为早前关于火星大气圈存在甲烷的报道是比较含糊的。最早的电子望远镜测量报告指出在火星大气圈发现了 10～20ppb 的甲烷（Mumma et al.，2003；Formisano et al.，2004；Krasnopolsky et al.，2004），暗示在火星上存在活跃的气源。在火星地区发现的甲烷羽流被称为"北境之夏2003"，其反映出从地下释放的甲烷量达 19000t/a（Mumma et al.，2009）或 150000t/a（Lefevre and Forget，2009），甚至最高有可能达到 570000t/a（Chizek et al.，2010）。尽管很有可能仅是一个巧合，我们在火星的 Syrtis Major、Terra Sirenum 和 Nili Fossae 等区域的含橄榄岩岩体中已经探测到了具有相对较高浓度的甲烷，这些橄榄岩体常常发生了蛇纹石化作用（Hoefen et al.，2003；Ehlmann et al.，2010）。

尽管如此，火星上是否存在甲烷仍然受到质疑，因为大气光化学和传送模型无法合理解释短暂的甲烷羽流，而且对（火星）甲烷的陆基观测会受到大地电磁干扰的严重影响

(Zahnle *et al.*，2011)。此外，自 2009 年首次报道以后，就再也没有关于甲烷羽流的报道。但"好奇心"号着陆器近期似乎已经在近火星表面发现了一些微量的甲烷，浓度最高可达 7.2ppbv（Webster *et al.*，2014），尽管测量的位置（Gale Crater）不是生成无机成因甲烷的理想地点，因为在该地区（至少是在地表）缺少蛇纹石化岩石。在任何情况下，甲烷生成和运移到地表过程（如天然气渗漏）的特殊性决定了在地表以上一米的大气中可能无法探测到甲烷气流。地球上蛇纹石化岩石中的低通量天然气渗漏支持了上述观点，随着距离地表高度的增加，甲烷通量迅速减少。

火星上不太可能存在像土耳其 Chimaera 和菲律宾永恒之火那样的宏观渗漏，因为这需要大量的天然气和超压储层。即便是在地球上，Chimaera 气苗也代表了一类罕见的现象。相反，微观渗漏可能是火星上一种更容易且更合理的排气方式，少量的分散气体可以通过扩散的形式缓慢地运移至地表。在一个面积为 500～5000km² 的地区，气体扩散的通量如果达到 100～1000mg/(m²·a) 就足以支持 Mumma 等（2009）和 Lefevre 和 Forget（2009）估算的火星上甲烷的释放量。如果假设整个 Nili Fossae 地区 30000km² 的富橄榄石露头（Hoefen *et al.*，2003）都发生排气作用，那么只要这些微观渗漏的排气量达到 15mg/(m²·a)（即土耳其蛇绿岩中探测到的最低值的 1/5～1/4），就可以解释 Mumma 等（2009）所发现的火星甲烷羽流了。火星甲烷释放模型确实也表明"北境之夏 2003"甲烷羽流是由很多来源而非单点的气体释放形成的（Mischna *et al.*，2011）。微观渗漏可以是幕式的（如 Mischna *et al.*，2011 提出的火星模型所要求的那样）或季节性的（如 Geminale *et al.*，2008 所要求的那样），也可以是准永久性的，不同的状态取决于地下气体的压力梯度、运移机制及一些外在因素（大气）的变化（Etiope and Klusman，2010）。问题的关键在于低通量的微观渗漏可能无法在大气中被探测到。在地球上，由于风的作用及少量渗漏甲烷被大规模稀释，导致在大部分情况下土壤之上几厘米的位置就无法探测到甲烷微观渗漏。因此，为了证明火星上存在地质来源的无机成因甲烷，对这类气体测定工作的尝试应该集中在含橄榄石岩石发育区（如 Syrtis Major、Terra Sirenum Nili Fossae 和 Claritas Fossae 等地区；图 7.5），最理想的方法是钻入土壤深部或在地表靠近构造断层的位置使用密闭集气腔。如果没有这些测试，我们就无法说明火星上是否存在与蛇纹石化作用有关的产甲烷过程。

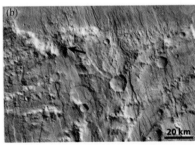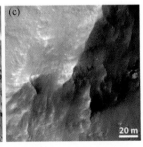

图 7.5　出现在火星古 Noachian 高地的蛇纹石

如在火星 Tharsis 地区南端的 Claritas Fossae 高地（26.8°S，101.2°W）。（a）火星轨道飞行器激光测高仪（Mars Orbiter Laser Altimeter，MOLA）测得的 Claritas 隆起的地理位置；（b）高分辨率立体照相机拍摄的发育裂缝的古 Noachian 高地的彩色影像；（c）高分辨率影像科学实验（High Resolution Imaging Science Experiment，HiRISE）数据得到的一些岩石露头中出现的蛇纹岩，最初它们是通过可见光/近红外光谱仪探测到的（Ehlmann *et al.*，2010）。照片承蒙 B. Ehlmann 惠允（Caltech/JPL）

7.2.2　一个理论上的火星天然气渗漏（模型）

火星地下生成的甲烷在地表的潜在释放依赖于地下基质的物理性质，包括是否含水、渗透率、孔隙度、温度和压力梯度等。所有这些因素都可以影响第 3 章所讨论的天然气运移过程中的对流和扩散。总的来说，火星地形似乎具有很好的气体运输性质。基于研究冰层分布的汽-冰沉积模型，预测火星地下最上部的几十到几百米地层都发生了和大气的交换作用。大尺度含水层模型预测流体通过孔隙的运移深度达到几千米（Mellon et al.，1997；Grimm and Painter，2009）。由于陨石的反复影响及在火山岩浆冷却过程中的压裂作用，火星地壳发育不同规模的断裂。正如上文所述，蛇纹石化作用还会造成额外的裂缝。因此，含橄榄石岩石可能具有相对较高的裂缝（含断裂）渗透率，可以提升微观渗漏中天然气渗出地表的潜力。

正如第 3 章所述，在这些裂缝性岩石中，作为天然气在地球土壤之下最重要的运移机制，气体的对流作用可以根据土壤是否含水，通过两种形式发生。在干燥的多孔或裂缝介质中，天然气通过孔隙空间或裂缝空间发生流动（气相对流）。在饱和多孔或裂缝介质中，可能存在两种不同的现象：天然气溶解于水中并发生运移（水相对流）或者天然气发生运移并驱替水（气相对流）。现今，在火星的赤道和中纬度地区地表，水通常只有在气相下才是稳定的（Haberle et al.，2001）。但是，近地表的盐和薄膜型风化表明在很近的过去（地质时间尺度），地表曾出现少量的水（Arvidson et al.，2010）。尽管目前通常认为在过去火星上曾经存在地下水，引起了化学改造作用（Ehlmann et al.，2010），但现今是否仍存在地下水是一个需要广泛研究的命题。尽管现代卤水渗漏表明在火星的一些地区可能存在幕式的地下水体（McEwen et al.，2011），但雷达调查并没有发现现今地下发育任何含水层。在深度小于 4km 的范围内，现今液态水可能会以卤水的形式存在（Oze and Sharma，2005）。地下的冰可能成为气体通过对流作用渗出地表的障碍；但有证据表明这些冰会发生季节性的融化或升华，因此那些被孔隙空间中的冰所捕获的各种成因来源的气体就可以偶尔被释放出来。因此，火星上最常见的气体对流形式，至少在相对较浅的部位，应该是干燥孔隙介质中的气相对流。在这些情况下，对于那些裂缝空间达到约几个 mm 的高渗裂缝性岩石而言，气流速度的范围约为 $10^0 \sim 10^3$ m/d（见第 3 章）。一个简单的一阶气体对流估算模型表明火星岩石释放甲烷通量约为 mg/（$m^2 \cdot d$）（Etiope et al.，2013a），与陆地橄榄岩中所发现的微观渗漏相似（如前文所述）。总体而言，火星上的蛇纹石化超基性岩可能既是生成甲烷所需的必要的化学物质来源，此外其裂缝还可以成为天然气渗漏到大气圈的通道，这与地球上的蛇纹石化超基性岩十分相似。

但是，除蛇纹石化超基性岩以外，火星上的甲烷渗漏还可能发生在其他发育大规模断层和裂缝或具有特殊构造形态的区域（图 7.6）：例如，位于 Acidalia Planitia 的岩丘，这和地球陆上发育甲烷渗漏的泥火山可以类比（Oehler and Allen，2010；Etiope et al.，2011a）；在 Arabia Terra 地区可能还有与断层和倾斜岩层有关的古间歇泉（Allen and Oehler，2008）；以及 Chryse 和 Acidalia 地区大规模的多边形断裂（通常被称为"巨型多边形"）。

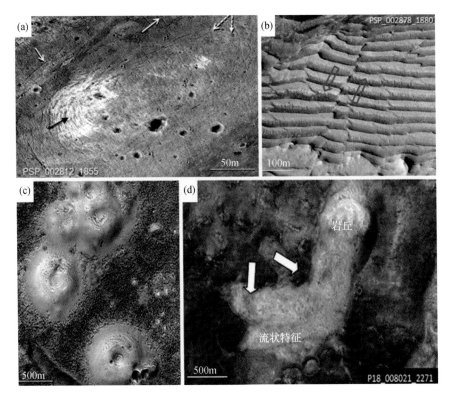

图 7.6　火星上潜在的天然气渗漏构造

（a）Arabua Terra 地区一处椭圆形的色调异常，解释为古泉丘（Allen and Oehler，2008）。白色实线箭头指向了线性断裂；白色虚线箭头指向了和椭圆形特征有关的周边断层；黑色箭头指向了可能的台阶。（b）Arabia Terra 地区的断层沉积物。如断层两侧层状沉积物发生的翘曲作用所示，箭头代表了穿过断层的相对运动方向。（c）Acidalia Planitia 岩丘，解释为泥火山遗迹。（d）岩丘中高反射率物质的流状延伸（箭头）。HiRISE 图像由 D. Dehler 处理（NASA/JPL/亚利桑那大学）

　　得益于三维地震成像技术，火星的裂缝多边形与地球上所发现的含流体断层多边形极其相似（如 Goulty，2008；Oehler and Allen，2012；Allen *et al.*，2013）。大型裂缝系统的发育既可以为地下流体提供烃源，又可以为这些流体提供运移通道。此外，这些多边形断裂还常常与泥火山和甲烷渗漏有关。同样地，火星"巨型多边形"经常和那些与地球上泥火山具有可比性的岩丘有关。因此，火星上那些既发育"巨型多边形"又发育相关岩丘的地区是将来寻找甲烷和过去生命证据的重点区域（Oehler and Allen，2012）。

参 考 文 献

Abrajano T A，Sturchio N C，Bohlke J K，Lyon G L，Poreda R J，Stevens C M. 1988. Methane-hydrogen gas seeps，Zambales Ophiolite，Philippines：deep or shallow origin? Chem Geol，71：211−222

Abrajano T A，Sturchio N C，Kennedy B M，Lyon G L，Muehlenbachs K，Bohlke J K. 1990. Geochemistry of reduced gas related to serpentinization of the Zambales Ophiolite，Philippines. Appl Geochem，5：625−630

Allen C C，Oehler D Z. 2008. A case for ancient springs in Arabia Terra，Mars. Astrobiology，8：1093−1112

Allen C C，Oehler D Z，Etiope G，van Rensbergen P，Baciu C，Feyzullayev A，Martinelli G，Tanaka K，Van Rooij D. 2013. Fluid expulsion in terrestrial sedimentary basins：a process providing potential analogs for giant polygons and mounds in the martian lowlands. Icarus,224:424–432

Ames D E,Farrow C E G. 2007. Metallogeny of the sudbury mining camp, Ontario. In: Goodfellow W D (ed).
Mineral deposits of Canada: a synthesis of major deposit- types, district metallogeny, the evolution of geological
provinces, and exploration methods. Geological Association of Canada, Mineral Deposits Division, 329 – 350,
Special Publication No. 5

Arvidson R E,Ruff S W,Morris R V,Ming D W,Crumpler L S,Yen A S,Squyres S W,Sullivan R J,Bell III J F,et
al. 2010. Spirit mars rover mission: overview and selected results from the northern home plate winter haven to the
side of Scamander crater. J Geophys Res,115: E00F03. http://dx. doi. org/10. 1029/2008JE003183

Atreya S K,Mahaffy P R,Wong A S. 2007. Methane and related trace species on Mars: origin, loss, implications for
life, and habitability. Planet Space Sci,55:358–369

Bacuta G C, Kay R W, Gibbs A K, Bruce R L. 1990. Platinum- group element abundance and distribution in
chromite deposits of the Acoje Block, Zambales ophiolite complex, Philippines. J Geochem Explor,37:113–143

Barnes I,O' Neil J R. 1969. The relationship between fluids in some fresh Alpine-type ultramafics and possible
modern serpentinization, Western United States. Geol Soc Am Bull,80:1947–1960

Boschetti T,Etiope G,Toscani L. 2013. Abiotic methane in hyperalkaline springs of Genova, Italy. Procedia Earth
Planet Sci,7:248–251

Boulart C,Chavagnac V,Monnin C,Delacour A,Ceuleneer G,Hoareau G. 2013. Differences in gas venting from ul-
tramafic- hosted warm springs: the example of Oman and Voltri ophiolites. Ofioliti,38:143–156

Bruni J,Canepa M,Cipolli F,Marini L,Ottonello G,Vetuschi Zuccolini M. 2002. Irreversible water- rock mass
transfer accompanying the generation of the neutral, Mg-HCO_3 and high-pH, Ca-OH spring waters of the Genova
province, Italy. App Geochem,17:455–474

Charlou J L,Donval J P,Fouquet Y,Jean-Baptiste P,Holm N. 2002. Geochemistry of high H_2 and CH_4 vent fluids
issuing from ultramafic rocks at the Rainbow hydrothermal field(36°14′N,MAR). Chem Geol,191:345–359

Chizek M R, Murphy J R, Kahre M A, Haberle R M, Marzo G A. 2010. A shortlived trace gas in the martian
atmosphere: a general circulation model of the likelihood of methane. Lunar Planet Sci,41 Abstract 1527

Ciais P,Sabine C,Bala G,Bopp L,Brovkin V,Canadell J,Chhabra A,DeFries R,Galloway J,Heimann M,Jones C,
Le Quéré C,Myneni R B,Piao S,Thornton P. 2013. Carbon and other biogeochemical cycles. In: Stocker T F,et
al (eds). Climate Change 2013: the Physical Science Basis. Contribution of Working Group I to the Fifth
Assessment Report of IPCC. Cambridge, New York: Cambridge Univ Press

Cook A P. 1998. Occurrence, emission and ignition of combustible strata gases in Witwatersrand gold mines and
Bushveld platinum mines, and means of ameliorating related ignition and explosion hazards, part 1: literature and
technical review. Safety in Mines Research Advisory Committee, GAP 504

Dai J,Yang S,Chen H,Shen X. 2005. Geochemistry and occurrence of inorganic gas accumulations in Chinese sedi-
mentary basins. Org Geochem,36:1664–1688

Dias P A,Leal Gomes C,Castelo Branco J M,Pinto Z. 2006. Paragenetic positioning of PGE in mafic and ultramafic
rocks of Cabeço de Vide — alter do Chão Igneous Complex. Book of abstracts, VII Congresso Nacional de
Geologia,1007–1010

Economou-Eliopoulos M. 1996. Platinum-group element distribution in chromite ores from ophiolite complexes: im-
plications for their exploration. Ore Geol Rev,11:363–381

Ehlmann B L,Mustard J F,Murchie S L. 2010. Geologic setting of serpentine deposits on Mars. Geophys Res Lett,
37:L06201. http://dx. doi. org/10. 1029/2010GL042596

Etiope G,Ionescu0 A. 2014. Low-temperature catalytic CO_2 hydrogenation with geological quantities of ruthenium: a possible abiotic CH$_4$ source in chromitite- rich serpentinized rocks. Geofluids. doi: 10. 1111/gfl. 12106 (first published online)

Etiope G, Klusman R W. 2010. Microseepage in drylands: flux and implications in the global atmospheric source/sink budget of methane. Global Planet Change, 72: 265-274

Etiope G, Schoell M. 2014. Abiotic gas: atypical but not rare. Elements, 10: 291-296

Etiope G, Sherwood Lollar B. 2013. Abiotic methane on Earth. Rev Geophys, 51: 276-299

Etiope G, Ehlmann B, Schoell M. 2013a. Low temperature production and exhalation of methane from serpentinized rocks on Earth: a potential analog for methane production on Mars. Icarus, 224: 276-285

Etiope G, Oehler D Z, Allen C C. 2011a. Methane emissions from Earth's degassing: implications for Mars. Planet Space Sci, 59: 182-195

Etiope G, Schoell M, Hosgormez H. 2011b. Abiotic methane flux from the Chimaera seep and Tekirova ophiolites (Turkey): understanding gas exhalation from low temperature serpentinization and implications for Mars. Earth Planet Sci Lett, 310: 96-104

Etiope G, Tsikouras B, Kordella S, Ifandi E, Christodoulou D, Papatheodorou G. 2013b. Methane flux and origin in the Othrys ophiolite hyperalkaline springs, Greece. Chem Geol, 347: 161-174

Etiope G, Vance S, Christensen L E, Marques J M, Ribeiro da Costa I. 2013c. Methane in serpentinized ultramafic rocks in mainland Portugal. Mar Pet Geol, 45: 12-16

Etiope G, Vadillo I, Whiticar M J, Marques J M, Carreira P, Tiago I, Benavente J, Jiménez P, Urresti B. 2014. Methane seepage at hyperalkaline springs in the Ronda peridotite massif (Spain). AGU 2014 Fall Meeting Abstracts

Etiope G, Judas J, Whiticar M J. 2015. First detection of abiotic methane in the eastern United Arab Emirates ophiolite aquifer. Arab J Geosci (in press)

Farooqui M Y, Hou H, Li G, Machin N, Neville T, Pal A, Shrivastva C, Wang Y, Yang F, Yin C, Zhao J, Yang Z. 2009. Evaluating volcanic reservoirs. Oilfield Rev, 21: 36-47

Formisano V, Atreya S, Encrenaz T, Ignatiev N, Giuranna M. 2004. Detection of methane in the atmosphere of Mars. Science, 306: 1758-1761

Fritz P, Clark I D, Fontes J C, Whiticar M J, Faber E. 1992. Deuterium and ^{13}C evidence for low temperature production of hydrogen and methane in a highly alkaline groundwater environment in Oman. In: Kharaka Y K, Maest A S, (eds). Proceedings of 7th International Symposium Water- rock Interaction: Low Temperature Environments, vol 1. Rotterdam: Balkema: 793-796

Garnier J, Quantin C, Guimaraes E, Garg V K, Martins E S, Becquer T. 2009. Understanding the genesis of ultramafic soils and catena dynamics in Niquelandia, Brazil. Geoderma, 151: 204-214

Garuti G, Zaccarini F. 1997. In situ alteration of platinum- group minerals at low temperature: evidence from serpentinized and weathered chromitite of the Vourinos complex, Greece. Can Miner, 35: 611-626

Garuti G, Zaccarini F, Economou- Eliopoulos M. 1999. Paragenesis and composition of laurite from chromitites of Othrys (Greece): implications for Os- Ru fractionation in ophiolitic upper mantle of the Balkan peninsula. Min Deposit, 34: 312-319

Geminale A, Formisano V, Giuranna M. 2008. Methane in martian atmosphere: average spatial, diurnal, and seasonal behaviour. Planet Space Sci, 56: 1194-1203

Goulty N R. 2008. Geomechanics of polygonal fault systems: a review. Petrol Geosci, 14: 389-397

Grimm R E, Painter S L. 2009. On secular evolution of groundwater on Mars. Geophys Res Lett, 36: L24803

Guillot S, Hattori K. 2013. Serpentinites: essential roles in geodynamics, arc volcanism, sustainable development, and the origin of life. Elements,9:95-98

Haberle R M,McKay C P,Schaeffer J,Cabrol N A,Grin E A,Zent A P,Quinn R. 2001. On the possibility of liquid water on present-day Mars. J Geophys Res,106(E10):23317-23326

Hoefen T M,Clark R N,Bandfield J L,Smith M D,Pearl J C,Christensen P R. 2003. Discovery of olivine in the Nili Fossae region of Mars. Science,302:627-630

Horita J,Berndt M E. 1999. Abiogenic methane formation and isotopic fractionation under hydrothermal conditions. Science,285:1055-1057

Hosgormez H,Etiope G,Yalçın M N. 2008. New evidence for a mixed inorganic and organic origin of the Olympic Chimaera fire(Turkey):a large onshore seepage of abiogenic gas. Geofluids,8:263-275

Jacquemin M,Beuls A,Ruiz P. 2010. Catalytic production of methane from CO_2 and H_2 at low temperature:insight on the reaction mechanism. Catal Today,157:462-466

Jenden P D,Hilton D R,Kaplan I R,Craig H. 1993. Abiogenic hydrocarbons and mantle helium in oil and gas fields. In:Howell D(ed). Future of energy gases. USGS Professional Paper,1570:31-35

Juteau T. 1968. Commentaire de la carte geologique des ophiolites de la region de Kumluca(Taurus lycien,Turquie meridionale):cadre structural,modes de gisement et description des principaux fades du cortege ophiolitique. MTA Bull,70:70-91

Kelemen P B,Matter J M. 2008. In situ carbonation of peridotite for CO_2 storage. Proc Nat Acad Sci USA,105:17295-17300

Krasnopolsky V A,Maillard J P,Owen T C. 2004. First detection of methane in the martian atmosphere:evidence for life? Icarus,172:537-547

Lefevre F,Forget F. 2009. Observed variations of methane on Mars unexplained by known chemistry and physics. Nature,460:720-723

Lyon G,Giggenbach W F,Lupton J F. 1990. Composition and origin of the hydrogen rich gas seep,Fiordland,New Zealand. EOS Trans,51(10):1717

Macdonald A H,Fyfe W S. 1985. Rate of serpentinization in seafloor environments. Tectonophysics,116:123-135

Marques J M,Carreira P M,Carvalho M R,Matias M J,Goff F E,Basto M J,Graça R C,Aires-Barros L,Rocha L. 2008. Origins of high pH mineral waters from ultramafic rocks,Central Portugal. App Geochem,23:3278-3289

McCollom T M. 2013. Laboratory simulations of abiotic hydrocarbon formation in Earth's deep subsurface. Rev Min Geochem,75:467-494

McCollom T M,Seewald J S. 2007. Abiotic synthesis of organic compounds in deep-sea hydrothermal environments. Chem Rev,107:382-401

McEwen A S,Ojha L,Dundas C M,Mattson S S,Byrne S,Wray J J,Cull S C,Murchie S L,Thomas N,Gulick V C. 2011. Seasonal flows on warm martian slopes. Science,333:740-743

Mellon M T,Jakosky B M,Postawko S E. 1997. The persistence of equatorial ground ice on Mars. J Geophys Res,102:19357-19369

Meyer-Dombard D R,Woycheese K M,Cardace D,Arcilla C. 2013. Geochemistry of Microbial Environments in Serpentinizing Springs of the Philippines. AOGS 2013,Brisbane. Abstract # IG19-D2-PM2-P-007

Milenic D,Dragisic V,Vrvic M,Milankovic D,Vranjes A. 2009. Hyperalkaline mineral waters of Zlatibr ultramafic massif in Western Serbia,Europe. Abstract Proceedings of the AWRA International Water Congress—Watershed Management for Water systems,Seattle,USA

Mischna M A,Allen M,Richardson M I,Newman C E,Toigo A D. 2011. Atmospheric modelling of Mars methane surface releases. Planet Space Sci,59:227-237

Monnin C,Chavagnac V,Boulart C,Ménez B,Gérard M,Gérard E,Quéméneur M,Erauso G,Postec A,Guentas-Dombrowski L,Payri C,Pelletier B. 2014. The low temperature hyperalkaline hydrothermal system of the Prony bay (New Caledonia). Biogeosciences Discuss,11:6221-6267

Morrill P L,Gijs Kuenen J,Johnson O J,Suzuki S,Rietze A,Sessions A L,Fogel M L,Nealson K H. 2013. Geochemistry and geobiology of a present-day serpentinization site in California:the Cedars. Geochim Cosmochim Acta,109:222-240

Mosier D L,Singer D A,Moring B C,Galloway J P. 2012. Podiform chromite Deposits — database and grade and tonnage models. US Geological Survey Scientific Investigations Report,2012-5157

Mottl M J,Wheat C,Frier P. 2004. Decarbonateion,serpentinization,abgiogenic methane,and extreme pH beneath the Mariana Forearc. AGU Fall Meeting 2004,Abstract V13A-1441

Mumma M J,Novak R E,DiSanti M A,Bonev B P. 2003. A sensitive search for methane on Mars. Am Astron Soc Bull,35:937-938

Mumma M J,Villanueva G,Novak RE,Hewagama T,Bonev B P,DiSanti M A,Mandell A M,Smith M D. 2009. Strong release of methane on Mars in Northern summer 2003. Science,323:1041-1045

Mustard J F,Murchie L S,Pelkey S M,et al. 2008. Hydrated silicate minerals on Mars observed by the Mars Reconnaissance Orbiter CRISM instrument. Nature,454:305-309

Ni Y,Dai J,Zhou Q,Luo X,Hu A,Yang C. 2009. Geochemical characteristics of abiogenic gas and its percentage in Xujiaweizi Fault Depression,Songliao Basin,NE China. Petrol Explor Dev,36:35-45

Oehler D Z,Allen C C. 2010. Evidence for pervasive mud volcanism in Acidalia Planitia,Mars. Icarus,208:636-657

Oehler D Z,Allen C C. 2012. Giant polygons and mounds in the lowlands of Mars:signatures of an ancient ocean? Astrobiology,12:601-615

Okland I,Huang S,Dahle H,Thorseth I H,Pedersen R B. 2012. Low temperature alteration of serpentinized ultramafic rock and implications for microbial life. Chem Geol,318-319:75-87

Oze C,Sharma M. 2005. Have olivine,will gas:serpentinization and the abiogenic production of methane on Mars. Geophys Res Lett,32:L10203. doi:10. 1029/2005GL022691

Page N J,Talkington R W. 1984. Palladium,platinum,rhodium,ruthenium and iridium in peridotites and chromitites from ophiolite complexes in Newfoundland. Can Miner,22:137-149

Page N J,Pallister J S,Brown M A,Smewing J D,Haffty J. 1982. Palladium,platinum,rhodium,iridium and ruthenium in chromite-rich rocks from the Samail ophiolite,Oman. Can Miner,20:537-548

Pašava J,Vymazalová A,Petersen S. 2007. PGE fractionation in seafloor hydrothermal systems:examples from mafic- and ultramafic-hosted hydrothermal fields at the slow spreading Mid Atlantic Ridge. Min Deposita,42:423-431

Pawson J F,Oze C,Etiope G,Horton T W. 2014. Discovery of new methane-bearing hyperalkaline springs in the serpentinized Dun Mountain Ophiolite,New Zealand. AGU 2014 Fall Meeting Abstracts

Prichard H M,Brough C P. 2009. Potential of ophiolite complexes to host PGE deposits. In:Chusi L,Ripley E M (eds). New Developments in Magmatic Ni-Cu and PGE Deposits. Beijing:Geological Publishing House:277-290

Proctor J,Woodell S R J. 1975. The ecology of serpentine soils. Adv Ecol Res,9:255-365

Proskurowski G,Lilley M D,Seewald J S,Früh-Green G L,Olson E J,Lupton J E,Sylva S P,Kelley D S. 2008. Abiogenic hydrocarbon production at lost city hydrothermal field. Science,319:604-607

Russell M J,Hall A J,Martin W. 2010. Serpentinization as a source of energy at the origin of life. Geobiology,8:355-371

Sachan H K,Mukherjee B K,Bodnar R J. 2007. Preservation of methane generated during serpentinization of upper mantle rocks:evidence from fluid inclusions in the Nidar ophiolite,Indus Suture Zone,Ladakh(India). Earth Planet Sci Lett,257:47-59

Sanchez- Murillo R, Gazel E, Schwarzenbach E, Crespo-Medina M, Schrenk M O, Boll J, Gill B C. 2014. Geochemical evidence for active tropical serpentinization in the Santa Elena Ophiolite,Costa Rica:an analog of a humid early Earth? Geochem Geophys Geosyst,15:1783-1800

Schrenk M O,Brazelton W J,Lang S. 2013. Serpentinization,carbon and deep life. Rev Min Geochem,75:575-606

Schutter S R. 2003. Occurrences of hydrocarbons in and around igneous rocks. In:Hydrocarbons in crystalline rocks. Geol Soc London,Spec Pub,214:35-68

Sherwood Lollar B,Frape S K,Weise S M,Fritz P,Macko S A,Welhan J A. 1993. Abiogenic methanogenesis in crystalline rocks. Geochim Cosmochim Acta,57:5087-5097

Sherwood Lollar B, Lacrampe- Couloume G, Voglesonger K, Onstott T C, Pratt L M, Slater G F. 2008. Isotopic signatures of CH_4 and higher hydrocarbon gases from precambrian shield sites:a model for abiogenic polymerization of hydrocarbons. Geochim Cosmochim Acta,72:4778-4795

Smith N J P,Sheperd T J,Styles M T,Williams G M. 2005. Hydrogen exploration:a review of global hydrogen accumulations and implications for prospective areas in NW Europe. In:Doré' A G, Vining B A(eds). Petroleum geology:North-West Europe and global perspectives. Proceedings of 6th Petroleum Geology Conference,349-358

Suda K,Ueno Y,Yoshizaki M,Nakamura H,Kurokawa K,Nishiyama E,Yoshino K,Hongoh Y,Kawachi K,Omori S,Yamada K,Yoshida N,Maruyama S. 2014. Origin of methane in serpentinite- hosted hydrothermal systems:the $CH_4-H_2-H_2O$ hydrogen isotope systematics of the Hakuba Happo hot spring. Earth Planet Sci Lett,386:112-125

Szatmari P, da Fonseca T C O, Miekeley N F. 2011. Mantle-like trace element composition of petroleum— contributions from serpentinizing peridotites. In:Closson D (ed). Tectonics. InTech,3:332-358

Szponar N,Brazelton W J,Schrenk M O,Bower D M,Steele A,Morrill P L. 2013. Geochemistry of a continental site of serpentinization in the Tablelands ophiolite,gros morne national park:a Mars analogue. Icarus,224:286-296

Taran Y A, Kliger G A, Sevastyanov V S. 2007. Carbon isotope effects in the open- system Fischer- Tropsch synthesis. Geochim Cosmochim Acta. 71:4474-4487

Thampi K R,Kiwi J,Grätzel M. 1987. Methanation and photo- methanation of carbon dioxide at room temperature and atmospheric pressure. Nature. 327:506-508

Webster C R,Mahaffy P R,Atreya S K,MSL Science Team,et al. 2014. Mars methane detection and variability at Gale crate. Science. doi:10. 1126/science. 1261713

Whiticar M J, Etiope G. 2014a. Hydrogen isotope fractionation in land-based serpentinization systems. In:Suda K,et al (eds). Origin of methane in serpentinite-hosted hydrothermal systems:the $CH_4-H_2-H_2O$ hydrogen isotope systematics of the Hakuba Happo hot spring. Earth Planet Sci Lett,386:112-125

Whiticar M J, Etiope G. 2014b. Methane in land-based serpentinized peridotites:new discoveries and isotope surprises. AGU 2014 Fall Meeting Abstracts

Yuce G,Italiano F,D' Alessandro W,Yalcin T H,Yasin D U,Gulbay A H,Ozyurt N N,Rojay B,Karabacak V, Bellomo S,Brusca L,Yang T,Fu C C,Lai C W,Ozacar A,Walia V. 2014. Origin and interactions of fluids circulating over the Amik Basin (Hatay-Turkey) and relationships with the hydrologic, geologic and tectonic settings. Chem Geol,388:23-39

Zahnle K,Freedman R S,Catling D C. 2011. Is there methane on Mars? Icarus,212:493-503

第8章　天然气渗漏与过去的气候变化

本书第6章讲述了天然气渗漏在现今大气圈温室气体（甲烷）收支、光化学污染物和臭氧先质（乙烷和丙烷）中扮演的重要角色。全球（人为和自然成因）甲烷的释放贡献了所有长期温室气体直接和间接辐射强迫总量的三分之一左右（即在总量 $3W/m^2$ 中约占 $1W/m^2$；Ciais *et al.*, 2013）。现今，总的地质成因甲烷释放代表了仅次于湿地的大气甲烷第二大自然来源，在数量上和其他人为成因来源的甲烷释放不相上下（见图6.7）。正如第7章所述，地质成因甲烷的来源并不包括无机成因甲烷。这就是目前我们对上述问题的认识，多多少少有一点模糊。为了认识在过去发生了什么，天然气渗漏是否在人类出现之前就已经影响了气候变化，以下两个方面的考量十分重要。第一项考量是在工业革命以前没有人工甲烷来源的时代或早于人类起源的时代（>5000a以前），我们是否可以假设按绝对数量计算，天然气渗漏仍是大气中甲烷的第二大来源，与湿地的甲烷排放一样，成为控制大气甲烷负载变化的主要因素之一。第二项考量就是在地质时间内，天然气渗漏是否是恒定的。专门针对晚第四纪的变化，本章讨论了由于地质因素随时间变化而发生的天然气

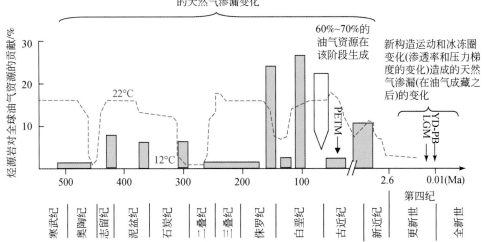

图 8.1　研究过去天然气渗漏对气候可能影响的概念图

在漫长的地质时间尺度内，可以将天然气渗漏看作是若干重要烃源岩沉积事件（蓝色矩形）和气藏形成事件（白色箭头代表了60%~70%的现今常规气藏的形成；来源于 Kroeger *et al.*, 2011 和 Klemmeh and Ulmishek, 1991）所引起的烃类周期性活动的结果。在相对较短的地质时间尺度内，如第四纪，我们首先从聚集的烃类入手研究天然气渗漏并观察那些有可能引起岩石渗透率和压力梯度发生变化的地质和外在变化，这是驱动天然气渗漏的两个主要因素（第3章）。古新世—始新世最热事件（PETM, Paleocene-Eocene Thermal Maximum）、末次冰盛期（LGM, Last Glacier Maximum）和新仙女木事件–前北方期的过渡期（YD-PB, Younger Dryas and Preboreal transition）是本章中将讨论的和天然气渗漏有关的特定气候事件。红色虚线是 C. R. Scotese（http://www.scotese.com/climate.htm）估算的平均温度变化，这是为了更形象地帮助我们观察气候的长期变化而不是比较烃源岩层

渗漏是如何影响全球气候的。这项讨论是基于 Etiope 等（2008）提出的主要观点及 Kroeger 等（2011）提出的对于地质时间尺度更长的新生代"沉积碳活化"的概念而开展的。图 8.1 提供了一个本章讨论内容的结构示意图。第四纪变化是指天然气渗流量的变化，是指天然气从已有的天然气藏开始发生的变化。新生代的观点考虑了碳埋藏及天然气生成、聚集和渗漏的整个过程和时间点。如果将天然气渗漏看作是动态碳循环的一部分 [这一循环包括了在沉积盆地中埋藏了大量有机碳（约 10^{16} t C）的巨型储层]，我们就可以了解它在漫长的地质时间尺度内给全球气候带来的潜在影响。烃类渗漏就是将被埋藏的碳以温室气体（甲烷）的形式运入大气圈的一个转移过程。碳储层是不稳定的，碳会随着时间发生流动。换而言之，天然气渗漏相对于其他任何一种地质过程所表现出的活动性都要强（Kroeger et al., 2011）。但是，这些研究仍然处在萌芽阶段，目前还没有确凿的证据能证明这些烃类气体渗漏确实对过去气候存在影响。因此，本章在烃类气体渗漏之前用了"潜在的"这个定语，并且介绍了相关解释工作所遇到的困难和局限性。

8.1　过去的天然气渗漏强于现今

作为本章的起始，有一点认识十分重要：在前工业时代，如在 19 世纪中期开展油气勘探开发工作以前，那些和深部烃类储层及运移路径有关的天然气渗漏中，甲烷通量极有可能要高于现今的情况（如 Etiope and Klusman, 2002, 2010）。如第 2 章所述，在全球超过 75% 的含油气盆地中发现了地表（宏观）渗漏。正如 20 世纪的石油地质学文献所述（如 Link, 1952），来自阿尔卑斯-喜马拉雅造山带、太平洋、加勒比沉积带的大量地表天然气和原油显示现今都消失或大大减弱了。在很多情况下，烃类渗漏中天然气通量的减弱是当地油气开采的结果。这是因为油气生产活动导致了油气藏地层压力（如与石油生产有关的压力梯度）的减少。例如，在 20 世纪大规模的油气勘探开发之前，天然（宏观）渗漏在阿塞拜疆更为常见，释放的石油和天然气也更多。很多天然的"永恒火焰"在附近油气井开采若干年之后就消失了。位于加利福尼亚（美国）海上的煤油点宏观渗漏的气体通量自 1973 年位于其附近的 Holly 平台开始油气生产以后明显地降低了（Quigley et al., 1999）。在意大利，大部分沿亚德里亚海和西西里被动大陆边缘分布的气苗和泥火山自 20 世纪 50~60 年代当地开展油气生产活动以来，变得越来越不活跃。在 19 世纪早期，地理学家就报道在意大利中部的 Pineto 附近沿亚得里亚海岸发现了一座小型泥火山，它在过去数百年间都有活跃的气泡并喷射出新鲜泥浆（Colli and De Ascentiis, 2003）。直到 2005 年，还可以在那里观察到活跃的气泡，但从 2006 年开始，气泡开始变得微弱；同年，在距此约 4km 处打了一口油井并发现了一座气田。该井的深度约为 2000m，气层位于上新世，天然气几乎为纯甲烷，与泥火山释放的天然气十分相似。同位素分析表明天然气为生物成因气（Etiope et al., 2007）。在钻探工作开始后的那几年，泥火山的活力急剧降低，当 2012 年气田投产后，泥火山的活动几乎完全停止。尽管可能性不大，上述情况还可以解释为流体压力聚集和释放周期性变化的结果，泥火山活动性的减弱可能是暂时的。对这些发现还需要开展系统的研究，模拟在同样的含油气系统中，油气钻探工作开始前后泥火山和其他类型的宏观渗漏（有可能的话最好还包括微观渗漏）活动性的变化。

8.2　过去天然气渗漏的潜在实例

通过观察与古代气苗和泥火山及其活动密切相关的地层或冰芯的地球化学和地质特征，可以研究过去的天然气渗漏特征。

例如，通过大量与周围沉积物在年龄和物理性质上存在明显差别的由泥土和岩石碎片构成的泥质角砾岩，可以识别（过去发生的）泥火山作用事件。泥火山和麻坑都会强烈地改变地表和海底地形。因此，通过地震反射、钻井或露头可以识别埋藏的泥火山和其他喷发特征（Fowler *et al.*，2000；Huseynov and Gulyiev，2004）。外来搬运的泥火山沉积物或麻坑造成的地表侵蚀与围岩之间的空间关系可以用来追溯发生强烈天然气渗漏的时代。很大一部分现代泥火山的活动是上新世—更新世沉积物快速沉积的结果，导致地下发生超压、底辟作用和流体流动（Milkov，2000）。特别是对阿塞拜疆泥火山实例的分析表明，最大规模的流体释放活动发生在晚第四纪（Etiope *et al.*，2008）。

与常规碳酸盐岩相比，甲烷成因自生碳酸盐沉积物（Methane-derived authigenic carbonate deposits，MDACs）中更加富集^{12}C，大量形成于现今发生烃类充注的地区（Greinert *et al.*，2001）。在过去，它们同样也大量出现，可以追溯到早中生代，如古老的化能合成生态系统，已被用于追踪过去的天然气渗漏事件（如 Conti *et al.*，2004；Campbell，2006）。

在位于蛇纹石化超基性岩的含甲烷热液排放口或其周围的超碱性泉水中发现了陆源石灰华，这可能为前文提到的强烈的气体充注作用提供了有力的证据。欧洲一些石灰华放射性碳定年的初步结果表明，其大规模沉积发生在中全新世（5000 ~ 10000a 前；Pentecost，1995）。需要更加详细的研究来确定石灰华（尤其是那些和富甲烷水体有关的石灰华）的年龄和分布并估算出沉淀作用形成目前观察到的石灰华沉积物所需要的气体释放量。

格林兰和北极地区冰芯捕获的空气中抽提的甲烷的碳、氢同位素组成是我们研究的最多的古代甲烷释放的实例之一。不同的自然来源，包括湿地、天然气水合物、生物体燃烧和天然气渗漏都可以释放甲烷。每一类甲烷都具有特殊的"平均"同位素指纹特征，尽管这并不绝对准确。这个故事并不像我们常常假设的那么简单。参考晚第四纪气候变化，8.3.4 节针对上述论点展开了关键的讨论。

8.3　甲烷与第四纪气候变化

8.3.1　传统模型：湿地与天然气水合物

在晚第四纪（过去约 400000a），大气中甲烷浓度的一系列快速增长似乎伴随着多个温度的快速上升期（Brook *et al.*，1996；Blunier and Brook，2001）。甲烷气源和（或）甲烷吸收汇的变化都可能会造成大气中甲烷浓度的变化。在第四纪冰期和间冰期之间，OH自由基吸收作用造成的对流层氧化作用（主要的甲烷吸收汇）的变化大约仅为 17%

（Thompson *et al*.，1993；Crutzen and Bruhl，1993），而甲烷的浓度常常可以增加一倍（Petit *et al*.，1999）。因此，可以肯定甲烷来源的某些变化是造成大气中甲烷浓度变化的主要原因。理论上，还有另外一种可能，即对流层中大量其他的物质因为某些原因争夺 OH自由基，导致了甲烷相对更长时间的滞留（Whiticar，私人通讯）。

人们提出了两种主要的假设来解释晚第四纪冰期末期大气中甲烷浓度的迅速增加：①赤道湿地的气体释放；②海底天然气水合物（笼形包合物）的释放。第一个假设基于降水和温度突然增加导致湿地面积扩大这一推断（Chappellaz *et al*.，1993；Maslin and Thomas，2003）。第二个假设认为由于水体间温度的震荡导致海床浅层沉积物中天然气水合物快速大量释放，这一假设通常称之为"可燃冰喷射假说"（Kennett *et al*.，2003）。甲烷灾难性的释放并进入大气会促进温室效应并导致气温升高。这一过程反过来又会导致天然气水合物进一步发生分解。因此，就可能发生一个正向的反馈机制，导致大量的甲烷被释放进入大气圈。"可燃冰喷射假说"是一个称为"甲烷主导假说"的更普适模型的一部分（Nisbet，2002），该模型推断海床上甲烷的释放早于并最终导致了温度的升高[图 8.2（a）]。相反，湿地假说认为甲烷释放量的增加是气候变化的一个结果，而非原因（Chappellaz *et al*.，1990）。

两种假设各自都有一些弱点。例如，湿地假说的弱点在于没有关于晚第四纪快速而大量形成湿地的地质证据，而这些证据正是解释甲烷浓度快速增长的原因所必需的。湿地的形成需要很长的时间（几百年），因此对于甲烷浓度的快速变化而言这一过程太过迟缓了。此外，由于在最后一个冰期，全球气候干燥、海平面和地下水位低，因此当时的湿地生态系统可以说是微不足道的。Kennett 等（2003）指出在过去 60000a 中记录的圣巴巴拉（Santa Bárbara）盆地底栖有孔虫记录的碳同位素组成较大的短暂偏移（最高达−6‰）可以解释成天然气水合物分解所引起的甲烷释放。但是，有很多理由让我们来质疑这个"可燃冰喷射假说"。例如，通过对现代（宏观）渗漏的测量表明生活在甲烷排放地附近的有孔虫的碳壳，其碳同位素组成和那些生活在无排气口的深海沉积物中的有孔虫相似（Torres *et al*.，2003；Etiope *et al*.，2014）。即便是碳同位素组成的偏移和甲烷有关，但也无法证明甲烷来自于天然气水合物（Hinrichs *et al*.，2003）。海洋沉积物中甲烷浓度的直接测量（Dickens *et al*.，1997；Milkov *et al*.，2003）表明大部分大陆边缘沉积物中天然气水合物的浓度不超过天然气水合物稳定带（gas hydrate stability zone，GHSZ）之上地层孔隙度的 1% ~ 2%。此外，在亚冰期–间冰期，温度升高相对温和，仅为 2 ~ 3.5℃，不足以将 GHSZ 全部消耗，大部分从 GHSZ 底部释放的甲烷会在 GHSZ 发生重结晶并形成新的天然气水合物（Milkov and Sassen，2003）。来自冰芯的同位素证据同样和"可燃冰喷射假说"不符（如 Schaefer *et al*.，2006），下文将更加详细地讨论。最后，通过天然气水合物分解所释放的甲烷有相当一部分可能被微生物消耗，在海床上形成自生碳酸盐岩（Greinert *et al*.，2001）或在水柱中被氧化（Valentine *et al*.，2001）。在这种情况下，天然气水合物不会对大气圈甲烷收支做出贡献。正如第 6 章所讨论的那样，深海天然气水合物溶解并释放的甲烷大部分都在水柱中溶解和氧化了，没有进入大气圈。因此，我们有必要继续探索一个对晚第四纪大气中甲烷浓度升高更合理的解释。

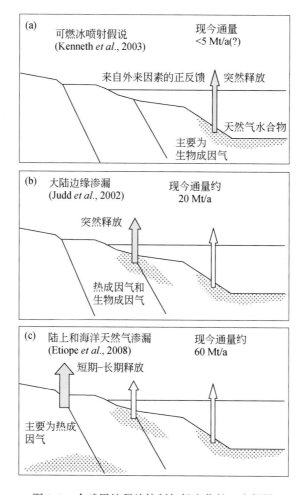

图 8.2　全球甲烷释放控制气候变化的三个假设

（a）天然气水合物；（b）海底宏观渗漏；（c）陆上和海洋天然气渗漏的总和

8.3.2　海底（宏观）渗漏的加入

Judd 等（2002）指出，除天然气水合物外，其他与各类气藏和输导体系有关的海洋（宏观）渗漏也应该被纳入一个更广义的模型中，为晚第四纪全球气候降温和变暖提供正反馈或负反馈［图8.2（b）］。例如，冰期表现为海平面的降低，导致静水压力降低、海底（宏观）渗漏暴露在地面、天然气水合物在较深的海床发生失稳。所有这些过程都会增加气体的释放量，反过来会导致与"温室效应"有关的气候变暖（负反馈）。但是，冰期在高纬度地区却会促进冰盖和海冰的形成并提高天然气水合物的稳定性，从而阻止气体的流动和释放（正反馈）。Judd 等（2002）在他们的工作中指出，大规模负反馈的发生很大程度上是由于深海天然气水合物失稳造成的。无论如何，我们必须注意到，由于深海失稳作用极其缓慢，甲烷氧化作用可能会持续进行并消耗所有的甲烷。只有滑坡才会使得甲烷能以足够快的速度进入水柱。此外，较深的海床通常缺乏足够的有机碳，无法生成数量上"对气候具有重要意义"的甲烷。

　　然而，正如上文（与第 6 章）所述，对水柱的测量表明大部分来自深海（宏观）渗漏的甲烷在水柱中发生了溶解和氧化，没有进入大气圈。正如 Luyendyk 等（2005）所述，伴随海平面降低，浅海（宏观）渗漏幕式地暴露于地表的过程可能更为重要。此外，Judd 等（2002）的模型假设所有的陆上天然气渗漏不受冰期或间冰期的影响。如下文所述，这个假设仅部分正确，因为陆上天然气渗漏会受到冰川进退所引起的地壳变形的影响。

　　所有"甲烷主导假说"都是指海洋天然气渗漏，使用的基本概念是：甲烷的释放受到冰盖面积、海平面升降和海底水温等界面条件的控制。今天，我们知道海底（宏观）渗漏仅仅是全球天然气渗漏的一个组成部分，而目前天然气水合物（可测量的部分）并不是对流层温室气体收支的主要贡献者。现代陆上地质成因甲烷的释放量可能高于同时代的海洋甲烷释放量。由于在海平面较低的时期大陆架暴露在地表，因此陆上天然气渗漏在冰期的分布范围可能更广（Luyendyk et al.，2005）。因此，需要建立一个囊括陆上和海洋各种地质成因甲烷来源的尺度更广的模型，以进一步探究第四纪甲烷释放与气候变化之间的关系。

8.3.3　综合考虑陆上和海洋天然气渗漏

　　一系列理论研究和一些实例分析表明我们没有理由先入为主地忽视包括陆上和海洋天然气渗漏在内的任何一种地质成因甲烷释放 ［图 8.2（c）］，至少在第四纪时间尺度内是这样的（Etiope et al.，2008）。

　　天然气渗漏通常主要受内因的控制，在一些情况下也受外因（例如，冰冻层的变化）控制，但这些因素在地质、几千年前和现今时间尺度内都不是一成不变的。烃类从烃源岩生成并在储层中聚集成藏后，天然气渗漏会随着一系列不断变化的地质动力学和石油地质学过程而发生调整。这些过程可以形成烃类的运移通道（提高渗透率）或在一些情况下增加地层的压力梯度。它们包括和新构造运动有关的断裂作用、盆地的抬升、地震、冰原进退变化导致的压力变化、火山和岩浆作用导致的周围含油气系统热流和气体压力的增加等。在不同年份和季节这种相对较短的时间尺度内，天然气渗漏的变化还有可能是对水文地质和外在因素的响应，其中既包括气候因素也包括气象因素。

　　如 3.1 节所讨论的那样，天然气渗漏主要遵循达西对流定律，气体的通量对于压力梯度（气体压力的形成和释放）和岩石渗透率（断裂和封闭）的变化敏感。根据 3.2 节所描述的气体运移形式，气体的流动性及其进入大气的潜力取决于岩石的有效渗透率、裂缝孔径、气泡或段塞流半径、气体黏度和气体密度等内在因素。正如在研究泥火山过程中所发现的那样，在某一时间段内渗透率和裂缝孔径的变化可能是地震活动所诱发的（如 Mellors et al.，2007）。在更新世沉积物中，新构造运动所形成的断层和裂缝已经被证实是流体从底辟和油气藏运移上升的通道（如 Milkov，2000；Revil，2002）。盐构造本身就是一个形成地壳薄弱层的强有力因素，这类薄弱层对天然气而言是十分有效的运移路径（Etiope et al.，2006）。从本质上说，任何在机械–地质条件（盆地的负载、压实、扩张和岩石形成裂缝）和物理-化学条件（温度、压力、化学反应和矿物沉淀的变化）下发生的变化都可能引起天然气渗漏的变化。这种变化同样可能是循环发生的，如气体压力的形成和释放。此外，在特定的内在和外在过程之间还存在着动力学联系。例如，大规模的冰川进退都伴随着地壳的变形（Stewart et al.，2000）。间冰期的主要特征是相较于冰期更强的地震活动（Stewart et al.，2000）。在包括芬诺斯坎迪亚和加拿大在内的很多地区，在后冰期时代断层活动变得活跃（Morner，1978；Wu et al.，1999）。在冰原消退的过程中，与之伴随的压力释放同样会激发更强的天然气渗漏。据估计，仅在密歇根盆地一地，由这一过程所驱动的甲烷释放量最高可达100Tg（Formolo et al.，2008）。因此，可以假设温暖的间冰期、大气中甲烷浓度的增加及空气中甲烷（主要为地质成因甲烷）碳同位素组成更加富集^{13}C，这三者之间的相互关系可以用内在活动的增强及其引起的间冰期天然气渗漏的增强来解释。

然而，由于冰冻圈的解体和由此产生的冰盖后撤可能在不同的时间尺度上对天然气渗漏产生相反的影响，这取决于气源的深度，因此问题并没有那么简单。冰冻圈的形成（冰原的挺进）同样对天然气渗漏会有促进作用（如Lerche et al.，1997）。对于分布在浅层沉积物中的天然气而言，冰盖的消失就相当于移除了封闭的盖层，只要几十年或几百年很快就会看到这一过程带来的结果（天然气渗漏进入大气圈）。但对埋藏更深的（热成因）气藏而言，作用效果可能有所不同，作用的时间也有可能要长得多。冰川的消退可能会干扰沉积盆地中含油气系统的水动力条件。冰冻圈的解体会导致地壳均衡抬升。这样的抬升过程可以降低沉积物的孔隙压力，反过来增加溶解在深部孔隙水中的气体释放量，导致储集岩中天然气的聚集。与此同时，由于地表压力负载的降低（退冰作用）导致已有气藏中流体压力相应降低，进而引起压力梯度向上变小，气体通量降低（流体运移能力减弱）。例如，Lerche等（1997）指出超压（冰冻圈形成）可能会导致沉积物破裂，进而引起油、气、水的渗漏。另一方面，还会给地震活动性带来间接影响：冰川消退和地壳均匀回弹引起的地震活动（以及与之相关的天然气渗漏）会增强。从根本上说，冰川消退和天然气渗漏之间并没有意义明确的联系。

重要的是要考虑到像大规模天然水合物分解这样灾难性和突发性的甲烷释放可能不是大气圈中甲烷浓度变化的先决条件。认识到这一点十分重要。持续增强的脱气作用和（或）长期强天然气渗漏可能才是导致大气圈中甲烷浓度急剧增加的主要因素。

8.3.4　冰芯中的甲烷同位素组成特征

在格林兰和北极圈冰芯中捕获的冰冻圈空气的各类同位素组成（$\delta^{13}C$、δ^2H和$\delta^{14}C$）可以用来追踪不同的气源，这些气源可能对晚第四纪温室气体效应和气候变化做出了贡献。在Kennett等（2003）、Sowers（2006）、Schaefer等（2006）、Whiticar和Schaefer（2007）、Petrenko等（2009）、Bock等（2010）、Melton等（2011）和Möller等（2013）等发表的主要文献中，都基于如下假设，即来自包括湿地、天然气水合物、生物体燃烧和气苗等来源的自然成因甲烷具有不同的碳同位素组成（表8.1）。通常认为来自湿地的甲烷是生物成因的，贫^{13}C和^2H，相对而言属于现代甲烷，换而言之，可以检测到^{14}C。天然气水合物大部分是生物成因的，同样贫^{13}C 和^{2}H，属于古代天然气，换而言之，无^{14}C。生物体燃烧生成的天然气均富集^{13}C。通常认为天然气苗都是热成因的，富集^{13}C 和^{2}H，属于古代天然气；换而言之，无^{14}C。实际上，大气中贫^{13}C 甲烷的增加通常都和湿地或天然气水合物中甲烷的释放有关。通常认为气苗只释放贫^{13}C 的甲烷。而在现实中，情况要复杂得多，因为甲烷水合物，湿地，特别是气苗中的甲烷碳同位素组成变化很大。经测定，天然气水合物甲烷的碳同位素组成变化在−74‰ ~ −39.6‰，根据不同数据库得到的平均值的范围为−67‰（Milkov，2005）~ −63‰（Whiticar and Schaefer，2007）。在很多地方出现了甲烷富含^{13}C 的天然气水合物（热成因天然气水合物）。在这些地方，来自深部含油气系统的气流沿着泥火山和断层运移和这些水合物释放的天然气聚集在一起（Milkov and Sassen，2002）。在这些高通量地区，甲烷 δ^{13}C 的全球平均值约为−58‰。但是，在全球所有的海底天然水合物中，甲烷的 δ^{13}C 值均小于−60‰。同样的，湿地释放的甲烷也是贫^{13}C 的，但赤道和北方地区湿地释放的甲烷具有不同的 δ^{13}C 值。海洋气水合物和天然气（$\delta^2 H_{CH_4}$ >−250‰）相对于湿地天然气（$\delta^2 H_{CH_4}$ <−250‰）具有更高的 D/H 值。然而，主要问题出在天然气渗漏中热成因气的碳、氢同位素特征。在第 5 章中（特别是在图 5.5 中）指出天然气渗漏释放的甲烷不都是热成因的，有约 10% 的天然气是纯生物成因甲烷，其 δ^{13}C 值与湿地和大部分天然气水合物释放的甲烷相似；有 30% 的甲烷是混合成因的，δ^{13}C 值为−50‰ ~ −60‰。此外，无机成因甲烷碳同位素组成（第 7 章）同样富集^{13}C（δ^{13}C 值大于−35‰），但它的氢同位素组成却可能是贫^{2}H 的（同位素值较轻），通常约为−300‰ ~ −200‰，和生物成因气类似（Etiope and Sherwood Lollar，2013）。在全球范围内，无机成因甲烷的释放量仍然不得而知。因此，其在过去的潜力也仍然处于推测阶段，但在区分湿地和天然气渗漏来源的天然气时，它仍代表了一个新增的未知因素。问题的关键在于，根据已有的数据（例如，第 2 章所讨论的 GLOGOS 数据库），渗漏天然气（包括热成因气、生物成因气和混合气）碳同位素组成的平均值约为−49‰，仅略小于现今和过去大气碳同位素值（现今为−47.3‰，全新世之前约为−46‰）。因此，即便是大量的热成因气的释放也可能无法改变大气中甲烷的同位素组成。为了改进如 Whiticar 和 Schaefer（2007）提出的那些古代甲烷收支模型，就必须考虑渗漏天然气同位素组成的不确定性并对其进行重新评估。

表 8.1　自然来源甲烷的碳、氢同位素组成平均值及与之相对应的全球对流层现今甲烷释放量

来源	δ^{13}C/‰，VPDB	δ^2H/‰，VSMOW	释放量/(Mt/a)
热带湿地	−59	−360	175 ~ 217
北方湿地	−62	−380	
白蚁	−63	−390	11
野生动物	−60	−330	15
火灾	−25	−225	3
水合物	−63	−190	6（?）
地质成因（WS）	−41.8	−200	—
地质成因（更新后）	—	—	60

来源	δ^{13}C/‰，VPDB	δ^{2}H/‰，VSMOW	释放量/(Mt/a)
陆上气苗和泥火山	−48.8 (−82 ~ −26)	−188 (−292 ~ −114)	13 ~ 24
微观渗漏	−45 ~ −25	—	10 ~ 25
地热系统 (无机-有机成因)	−30 ~ −5	—	2.5 ~ 6.3
海洋渗漏	−60 ~ −20	—	20
无机成因 (蛇纹石化作用)	−35 ~ −6	−198 (−333 ~ −109)	?

注：自然成因天然气的同位素数据，包括那些"地质成因（WS）"的数据均来自于 Whiticar 和 Schaefer（2007）。"陆上气苗和泥火山"和"无机成因"天然气的同位素值来自 GLOGOS 数据库（见第 2 章），基于约 600 个数据点。微观渗漏、地热系统和海洋天然气渗漏中天然气的同位素值主要为 Etiope 等（2008）报道的同位素分布区间。自然成因的气体释放数据来自 Ciais 等（2013），地质成因天然气数据来自第 6 章表 6.3。

目前，大气中甲烷 δ^{13}C 的平均值为−47.3‰，反映了相对于大气贫 ^{13}C 的生物成因甲烷（约 70%，主要基于陆地环境的甲基型发酵作用）、通常较富集 ^{13}C 的热成因甲烷（约 20%）及极为富集 ^{13}C 的生物体焚烧成因甲烷（约 10%）的混合特征。由与对流层甲烷脱羟基作用造成的同位素效应，导致大气甲烷碳同位素值（δ^{13}C 约为−47.3‰）和积分输入的同位素组成不一致。该光化学反应导致对流层残余甲烷富集 ^{13}C，同位素值增加约 5‰（如 Cantrell et al., 1990；Saueressig et al., 2001）。如 6.4.1.4 节所述，大气甲烷的来源中大约有 30% 是不含放射性碳的古代甲烷，认识到这一点同样十分重要。

假设渗漏的天然气都是富集 ^{13}C 和 ^{2}H 的热成因气，那么晚第四纪大部分甲烷来自新仙女木（Younger Dryas, YD）这一更新世末的冰期（11400 ~ 12800a B. P.）及其后向全新世前北方期过渡的阶段（YD-PB, 11400 ~ 11600a B. P.）。YD-PB 过渡期和一次突然的气候变暖有关，全球气温在 20 ~ 50a 间突然升高到 10℃（Severinghaus et al., 1998），甲烷的浓度从约 450ppbv 迅速增加到约 850ppbv。不同的学者都仅仅关注了问题的某个方面，因此关于甲烷和气候变暖之间关系的全面解释仍然有待进一步修正，目前不确定性还是非常大的。

在 YD 阶段，即 YD-PB 过渡期之前，对流层甲烷似乎相对恒定，但和现今相比，系统性的富集 ^{13}C 和贫 ^{2}H（δ^{13}C 为−46‰和 δ^{2}H 为−95‰，即相对于现今分别约富集+1‰和贫−9‰）。稳定同位素记录同样还表明，在 YD 的第一阶段，δ^{13}C 和 δ^{2}H 值都变大；此后，在 YD 的第二阶段，δ^{13}C 和 δ^{2}H 值都变小（Whiticar and Schaefer, 2007）。最后，在 YD-PB 过渡期，甲烷的浓度突然增加，但 δ^{13}C 值在该阶段基本保持恒定，而 δ^{2}H 值则减小。图 8.3 概括了这一变化趋势。

如果假设甲烷浓度的增加是由于在整个时间段内相同来源天然气成比例增加或是天然气源和（或）吸收汇之间保持良好的平衡所造成的，那么就可以解释过渡阶段的这种变化趋势。Sowers（2006）认为在甲烷增加阶段恒定的 δ^{13}C 值与湿地甲烷释放的增加是一致的。此后来自对格林兰地区 Pakitsoq 冰芯中甲烷放射性碳（^{14}C）的分析（Petrenko et al.,

2009）支持了该观点。这项工作将 YD-PB 阶段大部分甲烷的增加归因于湿地，而非海洋天然气水合物。反对大规模海洋天然气水合物释放的观点与 Pakitsoq 冰芯的 $\delta^{13}C_{CH_4}$ 值反映的情况是一致的（Schaefer *et al.*，2006；Melton *et al.*，2011）。

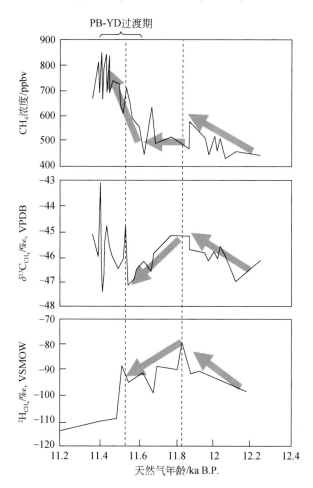

图 8.3　在格林兰冰盖测定的 YD-PB 过渡期甲烷（CH_4）浓度和稳定碳同位素组成的变化趋势
（Whiticar and Schaefer，2007 修订并重绘）

但是，YD 期相应的碳、氢同位素组成的质量平衡表明当时热成因气的释放存在波动（Whiticar and Schaefer，2007）。在 YD-PB 过渡期，δ^2H 值的降低表明天然气水合物是稳定的或并没有大量存在。在任何情况下，"可燃冰喷射假说"所提出的大量生物成因天然气水合物的释放似乎都无法解释 YD-PB 过渡期甲烷的增加。热成因气水合物逐渐的，非灾难性的释放很可能出现在 YD 的第一阶段而非后续阶段。常规的热成因气渗漏同样可以释放热成因天然气（Whiticar and Schaefer，2007）。

在第四纪，另一个被深入研究的时间段是末次盛冰期（LGM），为 26000 ~ 18000a B. P. 。该时间段，δ^2H 值急剧增加，比早全新世增大了约 20‰，这与天然气渗漏中气体释放量的增加是一致的（Sowers，2006）。研究发现，在 LGM 阶段 $\delta^{13}C$ 值同样很高。Fischer

等（2008）将这种富集^{13}C 的情况归因于北方湿地气源的关闭，同时生物体燃烧的气体来源几乎没有变化。LGM 是一个研究冰期-间冰期甲烷碳同位素组成变化的基准区间。LGM 表现出对不同成因来源气体释放的依赖，但在某些情况下主要依靠可变的对流层吸收汇，如甲烷被氯原子氧化（Levine et al., 2011）。显然，在今天只有通过现今冰芯中记录的甲烷碳同位素组成才能够约束过去大气中的甲烷释放，前提是我们能够正确地理解在不同环境和气候条件下的烃源特征和吸收汇同位素效应的变化。即便我们知道了这些信息，由于那些贫^{13}C 和^{2}H 的甲烷还可能是地质成因的，因此判别各种成因来源的不确定性增加了。很多包含现今活跃（宏观）渗漏的大型含油气系统（和油气渗漏系统，见第 1 章定义）都含有生物成因甲烷。相关实例包括伊利诺伊盆地（Coleman et al., 1988）、特兰西瓦尼亚（Transylvanian）盆地（Spulber et al., 2010）、波河（Po）盆地（Etiope et al., 2007）及位于西西伯利亚的世界最大气田——乌连戈伊（Urengoy）气田。乌连戈伊气田甲烷的δ^{13}C 值为−48‰到−54‰，δ^{2}H 值最低可达−227‰（Cramer et al., 1999）。很多大型泥火山释放的天然气是热成因气和生物成因气的混合物（Etiope et al., 2009）。相关的实例包括土库曼斯坦 Caspian 盆地东南部（甲烷δ^{13}C 值最轻达−56‰，δ^{2}H 值最轻达−216‰）、巴基斯坦的 Makran 盆地（甲烷δ^{13}C 值最轻达−59‰）及巴布亚新几内亚（甲烷δ^{13}C 值最轻达−72‰，δ^{2}H 值最轻达−230‰）。如果这些盆地由于更新世—全新世新构造运动（包括近期的盆地抬升）发生了大规模的排气作用，同时这些地区生物成因气的排放量增加，那么天然气混合物的碳同位素指纹特征就很难解释了。特别是对于冰芯而言，如果仅记录了甲烷的碳同位素组成，那么这些混合气的碳同位素组成很明显会和天然气水合物和湿地释放的贫^{13}C 的甲烷发生混淆。

8.4　在更长地质时间尺度内的变化

8.4.1　沉积有机碳活化的概念

当地质时间尺度扩大时，就不仅需要考虑烃类生成和聚集成藏之后天然气渗漏的变化，还需要考虑在有机碳聚集和埋藏之后的生烃过程中发生的变化。Kroeger 等（2011）对这个观点进行了讨论。

石油和天然气是沉积岩中巨型碳储层的"精华"，数量大致为 10^{16} t。随着时间的推移，组成原油和天然气的碳以不同的强度和速率被埋藏。石油和天然气在过去地质时间域内的生成量并不是平均分配的，认识到这一点十分有益。常规储层中，超过 50% 的石油和天然气来自两套在相对较短的地质历史时期形成的烃源岩，分别为 144～169Ma（上侏罗统）和 88～119Ma（阿尔布阶—土伦阶）（Klemme and Ulmishek, 1991）。晚侏罗世和中白垩世是两个特殊时期，表现为被冈瓦纳大陆打碎，海侵作用增强，形成了大规模的大陆架和陆缘海等有利于富有机质沉积物沉积的盆地。例如，阿拉伯盆地、北海、西伯利亚和墨西哥湾的大部分油气来自上侏罗统烃源岩。在烃源岩（"烃源灶"）形成以后，干酪根的成熟及油气的生成依赖于沉积盆地的热演化史。这些过程可能随着时间不断变化，取决于大地构造（即盆地增厚、沉降、扩张、造山运动形成山脉和海沟）的变化。理论上，干酪根的热演化过程还会受到全球大气和海洋变暖的影响（Kroeger et al.，2011）。实际上，盆地地表温度的增加会导致在地质时间尺度内地下温度也相应增加。当平均地温梯度为3℃/100m 时，据估计，地表温度增加 10℃ 所导致的地下烃源岩温度的增加相当于将生油气窗向上调整约 300m（Allen and Allen，2006）。这是一个外在因素影响生烃过程的实例。

石油和天然气在储层中运移和聚集。在这种情况下，构造运动的变化调整了有利储层和圈闭的形成。约 65% ~ 70% 以上的常规油气藏是在 80 ~ 90Ma 前形成的（图 8.1）。根据这一观点，就像 8.3 节讨论的那样，关注那些主生烃期开始之后，在较短地质时间间隔内发生的油气运移和渗漏就显得十分重要（Mathews，1996）。天然气渗漏作用在该地质时间尺度内会变得集中，由于油气藏中超压的形成和释放，这一过程又是间歇性的。但是，用地质时间尺度的观点可以很清楚地发现对于大规模的沉积碳清单而言，只要再活化作用发生很小的变化就可以给天然气渗漏和大气圈造成重要的影响。1% 的沉积碳发生再活化作用可能相当于给天然气渗漏提供了 150000Gt 的碳作为原料。

8.4.2　古近纪的变化

在整个新生代记录的气候变化既包括了长期的也包括了突然的升温（超高温），这些可能都与地质成因气体释放的变化有关。古新世—始新世最热事件（PETM）引起了科学界极大的关注。PETM 提供了一个完美的参照物去认识全球气候变暖和大量碳进入海洋和大气圈所带来的影响。PETM 反映了约 55.8Ma 前地球表面的巨变，该巨变延续了约170000a。期间，全球温度升高了约 6℃。升温作用从热带地区一直漫延到高纬度地区和深海（海底水温在约 20000a 间升高了约 4 ~ 5℃；如 Higgins and Schrag，2006）。PETM 的另一个显著特征表现为在全球范围内记录下的碳酸盐稳定碳同位素组成（$\delta^{13}C_{carb}$）显著的负异常；特别是在一些地区海洋和陆上碳酸盐的 $^{13}C/^{12}C$ 急剧降低，根据所在区域的不同，降低值在约 2‰ ~ 6‰。有充分证据表明在 PETM 时期出现了异常高含量的贫 ^{13}C 的碳，这一现象已经成一个热门的研究议题。Svensen 等（2004）指出这些同位素组成较轻的碳可能是甲烷大量释放（最高达数千 Gt 碳）造成的，这些甲烷形成于富有机质沉积盆地火山基岩侵入带周围的接触变质带。最初，甲烷气水合物是最流行的解释，但由于当时水合物气藏的规模可能比现今要小且甲烷释放引起的大气中二氧化碳的增加还不足以激发如此高强度的气候变暖过程（Higgins and Schrag，2006），因此气水合物分解造成甲烷排放量灾难性增加（Dickens et al.，1997）的可能性不大。然而，如果这些碳和热成因甲烷有关，那么 4000t 碳应该就已经足够了（Kroeger et al.，2011）。这些释放过程可能不仅仅发生在像 PETM 这样的超高温时期，在约百万年的相对更长的时间尺度内可能都在发挥作用。实际上，在始新世，由于岩浆活动加剧导致热流的普遍增加（Svensen et al.，2004）很可能会加速埋藏有机质的成熟作用，促进其转化为烃类。这种情况下，热成因烃类（$\delta^{13}C$ 值介于 -50‰ 和 -25‰）产量的增加可能会导致天然气渗漏作用的增强，进而可以解释在早始新世气候适宜期（Early Eocene Climat Optimum，EECO）$\delta^{13}C$ 值普遍出现负偏移的情况。热成因甲烷通量的增加可能还和以下几个因素有关：①上侏罗统和阿普特阶—土伦阶烃源岩中发生的在地球历史上最大规模的生烃过程；②区域性或全球性的构造变化；③上文中所讨论的由于气候变暖导致的"热成因"生烃窗的扩大（Kroeger et al.，2011）。但是，这都仅仅是一些潜在的过程。只有通过在不同时间尺度上将大气圈、水圈和岩石圈联系起来的特定地球系统模型，才能更精确地评估多个地质时期的因果关系和全球甲烷排放量。

参 考 文 献

Allen P A，Allen J R. 2006. Basin Analysis. Oxford：Blackwell：549

Blunier T，Brook E. 2001. Timing of millenial-scale climate changes in antarctica and greenland during the last glacial period. Science，291：109–112

Bock M，Schmitt J，Möller L，Spahni R，Blunier T，Fischer H. 2010. Hydrogen isotopes preclude marine hydrate CH_4 emissions at the onset of Dansgaard-Oeschger events. Science，328：1686–1689

Brook E，Sowers T，Orchardo J. 1996. Rapid variations in atmospheric methane concentration during the past 110，000 years. Science，273：1087–1091

Campbell K A. 2006. Hydrocarbon seep and hydrothermal vent paleoenvironments：past developments and future research directions. Palaeogeogr Palaeoclimatol Palaeoecol，232：362–407

Cantrell C A，Shetter R E，McDaniel A H，Calvert J G，Davidson J A，Lowe D C，Tyler S C，Cicerone R J，Greenberg J P. 1990. Carbon kinetic isotope effect in the oxidation of methane by the hydroxyl radical. J Geophys Res，95：22455–22462

Chappellaz J，Barnola J M，Raynaud D，Korotkevich Y S，Lorius C. 1990. Ice-core record of atmospheric methane over the past 160，000 years. Nature，345：127–131

Chappellaz J，Fung I Y，Thompson A M. 1993. The atmospheric CH_4 increase since the last glacial maximum（1）source estimates. Tellus，45B：228–241

Ciais P，Sabine C，Bala G，Bopp L，Brovkin V，Canadell J，Chhabra A，DeFries R，Galloway J，Heimann M，Jones C，Le Quéré C，Myneni RB，Piao S，Thornton P. 2013. Carbon and other biogeochemical cycles. In：Stocker T F，et al（eds）. Climate Change 2013：the Physical Science Basis. Contribution of Working Group I to the Fifth Assessment Report of IPCC. Cambridge，New York：Cambridge University Press

Coleman D D，Liu C L，Riley K M. 1988. Microbial methane in the shallow paleozoic sediments and glacial deposits of illinois，U. S. A. Chem Geol，71：23–40

Colli B，De Ascentiis A. 2003. Il Cenerone：vulcanello di fango di Pineto. De rerum natura. Periodico di Informazione Sull' ambiente，35–36，anno XI

Conti S，Fontana D，Gubertini A，Sighinolfi G，Tateo F，Fioroni C，Fregni P. 2004. A multidisciplinary study of middle miocene seep-carbonates from the northern apennine foredeep（Italy）. Sedim Geol，169：1–19

Cramer B，Poelchau H S，Gerling P，Lopatin N V，Litke R. 1999. Methane released from groundwater—the source of natural gas accumulations in northern West Siberia. Mar Pet Geol，16：225–244

Crutzen P J，Bruhl C. 1993. A model study of atmospheric temperatures and the concentrations of ozone，hydroxyl，and some other photochemically active gases during the glacial，the preindustrial holocene and the present. Geoph Res Lett，20：1047–1050

Dickens G R，Paull C K，Wallace P. 1997. The ODP leg 164 scientific party direct measurement of in situ methane quantities in a large gas-hydrate reservoir. Nature，385：426–428

Etiope G，Feyzullayev A，Baciu C L. 2009. Terrestrial methane seeps and mud volcanoes：a global perspective of gas origin. Mar Pet Geol，26：333–344

Etiope G,Klusman R W. 2002. Geologic emissions of methane to the atmosphere. Chemosphere,49:777-789

Etiope G,Klusman R W. 2010. Microseepage in drylands:flux and implications in the global atmospheric source/sink budget of methane. Global Planet Change,72:265-274

Etiope G,Papatheodorou G,Christodoulou D,Ferentinos G,Sokos E,Favali P. 2006. Methane and hydrogen sulfide seepage in the NW Peloponnesus petroliferous basin(Greece):origin and geohazard. AAPG Bull,90:701-713

Etiope G, Martinelli G, Caracausi A, Italiano F. 2007. Methane seeps and mud volcanoes in Italy:gas origin, fractionation and emission to the atmosphere. Geoph Res Lett,34:L14303. doi:10.1029/2007GL030341

Etiope G,Milkov A V,Derbyshire E. 2008. Did geologic emissions of methane play any role in Quaternary climate change? Global Planet Change,61:79-88

Etiope G,Panieri G,Fattorini D,Regoli F,Vannoli P,Italiano F,Locritani M,Carmisciano C. 2014. A thermogenic hydrocarbon seep in shallow Adriatic Sea(Italy):gas origin, sediment contamination and benthic foraminifera. Mar Pet Geol,57:283-293

Etiope G,Sherwood Lollar B. 2013. Abiotic methane on Earth. Rev Geoph,51:276-299

Fischer H,Behrens M,Bock M,Richter U,Schmitt J,Loulergue L,Chappellaz J,Spahni R,Blunier T,Leuenberger M, Stocker T F. 2008. Changing boreal methane sources and constant biomass burning during the last termination. Nature,452:864-867

Formolo M J,Salacup J M,Petsch S T,Martini A M,Nusslein K. 2008. A new model linking atmospheric methane sources to Pleistocene glaciation via methanogenesis in sedimentary basins. Geology,36:139-142

Fowler S R,Mildenhall J,Zalova S. 2000. Mud volcanoes and structural development on Shah Deniz. J Pet Sci Eng, 28:189-206

Greinert J,Bohrmann G,Suess E. 2001. Methane venting and gas hydrate-related carbonates at the hydrate ridge: their classification,distribution and origin. In:Paull C K,Dillon W P, (eds). Natural Gas Hydrates:Occurence, Distribution,and Detection. Geophysical Monograph, vol 124. Washington, DC: American Geophysical Union: 99-113

Higgins J A,Schrag D P. 2006. Beyond methane:towards a theory for the paleocene-eocene thermal maximum. Earth Planet Sci Lett,245:523-537

Hinrichs K U,Hmelo L R,Sylva S P. 2003. Molecular fossil record of elevated methane levels in late pleistocene coastal waters. Science,299:1214-1217

Huseynov D A, Guliyev I S. 2004. Mud volcanic natural phenomena in the South Caspian Basin:geology,fluid dynamics and environmental impact. Environ Geol,46:1012-1023

Judd A G, Hovland M, Dimitrov L I, Garcia G S, Jukes V. 2002. The geological methane budget at continental margins and its influence on climate change. Geofluids,2:109-126

Kennett J P,Cannariato K G,Hendy I L,Behl R J. 2003. Methane Hydrates in Quaternary Climate Change. The Clathrate Gun Hypothesis. Washington,DC:American Geophysical Union:216

Klemme H D, Ulmishek G F. 1991. Effective petroleum source rocks of the world:stratigraphic distribution and controlling depositional factors. AAPG Bull,75:1809-1851

Kroeger K F,di Primio R,Horsfield B. 2011. Atmospheric methane from organic carbon mobilization in sedimentary basins—the sleeping giant? Earth-Sci Rev,107:423-442

Lerche I,Yu Z,Torudbakken B,Thomsen R O. 1997. Ice loading effects in sedimentary basins with reference to the Barents Sea. Mar Pet Geol,14:277-339

Levine J G,Wolff E W,Jones A E,Sime L C. 2011. The role of atomic chlorine in glacial-interglacial changes in the carbon-13 content of atmospheric methane. Geoph Res Lett,38:L04801. doi:10.1029/2010GL046122

Link W K. 1952. Significance of oil and gas seeps in world oil exploration. AAPG Bull,36:1505-1540

Luyendyk B,Kennett J,Clark J F. 2005. Hypothesis for increased atmospheric methane input from hydrocarbon seeps on exposed continental shelves during glacial low sea level. Mar Pet Geol,22:591-596

Maslin M A,Thomas E. 2003. Balancing the deglacial global carbon budget;the hydrate factor. Quatern Sci Rev,22: 1729-1736

Mathews M D. 1996. Migration—a view from the top. In:Schumacher D,Abrams M A (eds). Hydrocarbon Migration and Its Near-surface Expression. AAPG Memoir,vol 66. Tulsa:Penn Well Publishing:139-155

Mellors R,Kilb D,Aliyev A,Gasanov A,Yetirmishli G. 2007. Correlations between earthquakes and large mud volcano eruptions. J Geophys Res,112:B04304. doi:10. 1029/2006JB004489

Melton J R,Whiticar M J,Eby P. 2011. Stable carbon isotope ratio analyses on trace methane from ice samples. Chem Geol,288:88-96

Milkov A V. 2000. Worldwide distribution of submarine mud volcanoes and associated gas hydrates. Mar Geol,167: 29-42

Milkov A V. 2005. Molecular and stable isotope compositions of natural gas hydrates;a revised global dataset and basic interpretations in the context of geological settings. Org Geochem,36:681-702

Milkov A V,Sassen R. 2002. Economic geology of offshore gas hydrate accumulations and provinces. Mar Pet Geol, 19:1-11

Milkov A V,Sassen R. 2003. Two-dimensional modeling of gas hydrate decomposition in the northwestern Gulf of Mexico;Significance to global change assessment. Global Planet Change,36:31-46

Milkov A V,Claypool G E,Lee Y J,Dickens G R,Xu W,Borowski W S. 2003. The ODP Leg 204 Scientific Party. In situ methane concentrations at Hydrate Ridge offshore Oregon;new constraints on the global gas hydrate inventory from an active margin. Geology,31:833-836

Möller L,Sowers T,Bock M,Spahni R,Behrens M,Schmitt J,Miller H,Fischer H. 2013. Independent variations of CH_4 emissions and isotopic composition over the past 160,000 years. Nat Geosci,6:885-890

Morner N A. 1978. Faulting,fracturing and seismicity as functions of glacioisostasy in Fennoscandia. Geology,6: 41-45

Nisbet E G. 2002. Have sudden large releases of methane from geological reservoirs occurred since the Last Glacial Maximum,and could such releases occur again? Phil Trans R Soc London,360:581-607

Pentecost A. 1995. The Quaternary travertine deposits of Europe and Asia Minor. Quat Sci Rev,14:1005-1028

Petit J R,Jouzel J,Raynaud D,Barkov N I,Barnola J M,Basile I,Bender M,Chappellaz J,Davis M,Delaygue G, Delmotte M,Kotlyakov V M,Legrand M,Lipenkov V Y,Lorius C,Pepin L,Ritz C,Saltzman E,Stievenard M. 1999. Climate and atmospheric history of the past 420,000 years from the Vostok ice core,Antarctica. Nature, 399:429-436

Petrenko V V,Smith A M,Brook E J,Lowe D,Riedel K,Brailsford G,Hua Q,Schaefer H,Reeh N,Weiss R F, Etheridge D,Severinghaus J P. 2009. [14] CH_4 measurements in Greenland Ice;investigating Last Glacial Termination CH_4 sources. Science,324:506-508

Quigley D C,Hornafius J S,Luyendyk B P,Francis R D,Clark J,Washburn L. 1999. Decrease in natural marine hydrocarbon seepage near Coal Oil Point,California,associated with offshore oil production. Geology,27: 1047-1050

Revil A. 2002. Genesis of mud volcanoes in sedimentary basins;a solitary wave-based mechanism. Geophys Res Lett,29:15-1-15-4

Saueressig G,Crowley J N,Bergamaschi P,Bruehl C,Brenninkmeijer C A,Fischer H. 2001. Carbon 13 and D

kinetic isotope effects in the reactions of CH$_4$ with O (1D) and OH:new laboratory measurements and their impli-
cations for the isotopic composition of stratospheric methane. J Geophys Res,106:23127–23138

Schaefer H,Whiticar M J,Brook E J,Petrenko V V,Ferretti D F,Severinghaus J P. 2006. Ice record of δ^{13}C for
atmospheric CH$_4$ across the Younger Dryas-Preboreal transition. Science,313:1109–1112

Severinghaus J P,Sowers T,Brook E J,Alley R B,Bender M L. 1998. Timing of abrupt climate change at the end of
the Younger Dryas interval from thermally fractionated gases in polar ice. Nature,391:141–146

Sowers T. 2006. Late Quaternary atmospheric CH$_4$ isotope record suggests marine clathrates are stable. Science,
311:838–840

Spulber L,Etiope G,Baciu C,Malos C,Vlad S N. 2010. Methane emission from natural gas seeps and mud
volcanoes in Transylvania (Romania). Geofluids,10:463–475

Stewart I,Sauber J,Rose J. 2000. Glacio-seismotectonics:ice sheets,crustal deformation and seismicity. Quatern Sci
Rev,19:1367–1389

Svensen H,Planke S,Malthe-Sørenssen A,Jamtveit B,Myklebust R,Eidem T,Rey S S. 2004. Release of methane
from a volcanic basin as a mechanism for initial Eocene global warming. Nature,429:542–545

Thompson A M,Chappellaz J A,Fung I Y,Kucsera T L. 1993. The atmospheric CH$_4$ increase since the Last Glacial
Maximum(2). Interactions with oxidants. Tellus,45B:242–257

Torres M E,Mix A C,Kinports K,Haley B,Klinkhammer G P,McManus J,de Angelis M A. 2003. Is methane
venting at the seafloor recorded by δ^{13}C of benthic foraminifera shells? Paleoceanography,18:1062. doi:10.
1029/2002PA000824

Valentine D L,Blanton D C,Reeburgh W S,Kastner M. 2001. Water column methane oxidation adjacent to an area
of active hydrate dissociation,Eel river Basin. Geochim Cosmochim Acta,65:2633–2640

Whiticar M J,Schaefer H. 2007. Constraining past global tropospheric methane budgets with carbon and hydrogen
isotope ratios in ice. Philos Trans R Soc London,A365:1793–1828

Wu P,Johnston P,Lambeck K. 1999. Postglacial rebound and fault instability in Fennoscandia. Geophy J Int,139:
657–670

第9章　古代世界中的宏观渗漏：神话、宗教和社会发展

最后一章介绍了古代世界里的一些动人故事，反映了宏观渗漏在当时的重要性，并以此作为本书有关天然烃类渗漏讨论的结尾。实际上，油气苗在古代文明中扮演了一个特殊的角色，产生了许多神话传说和宗教传统，为人类文明做出了贡献。由于这些概念主要属于历史学家和考古学家的研究领域，因此在地质学界对这些概念知之甚少。在本章中，我们提供了一些描述性的信息，但并不全面、广泛或重要（因为我们并没有对所参考文献中表述的正确性进行核实）。关于对事实的考证就留给那些历史学和考古学领域的专家吧。但有必要指出的是：除了用于考古学和人类学研究外，历史上关于油气显示的记载是天然气渗漏长期存在的强有力的证据，这一点十分重要。要知道，现在我们看到的所谓"永恒火焰"至少在圣经时代就已经十分活跃了，说明它们不是近期油气钻探和生产活动所引起的（恰恰相反，正如第8章中提到的那样，油气的开采往往会削弱自然成因的天然气渗漏作用）。现在可以测定的信息（例如，气体的组分及进入大气圈的气体通量）对于古代而言很可能也是成立的，至少在数量级上是相似的，这一点对我们在第6章和第8章所讨论的内容非常重要。了解现今某处宏观渗漏的气体通量并且确认该渗漏在两千年前同样活跃，我们就可以估算到目前为止该渗漏释放到大气圈的总天然气量。这些信息不仅和大气圈的甲烷收支研究有关，对于理解含油气系统的油气渗漏潜力也有十分重要的意义，它可以被用来判断油气藏是否具有商业开采价值。问题在于我们需要知道在被历史学和考古学报告记录之前，这些（宏观）渗漏真正是在什么时候形成的。

9.1　神话和宗教中的（宏观）渗漏

地质现象（地震、火山和海啸等）对古代文明的影响在考古学和古代史籍中广为流传，并冠以一个专门的名词"神话地质学"，该名词由地质学家 Dorothy Vitaliano 杜撰（Vitaliano，1973）。在该框架下，油气苗有了一个特殊的角色，它们成为神话故事、圣经和历史事件的来源（如 Yergin，1991；Piccardi and Masse，2007）。以老普林尼（23~79a A. D.）为代表的古代历史学家和自然学家是将有关油气苗的神话转化为历史记录的先驱，他们还对地中海地区油气苗的自然成因做出了解释。其中最重要的一个实例就是第7章记载的 Chimaera 气苗（图2.2，Hosgormez et al.，2008；Etiope et al.，2011）。Chimaera 是位于古利西亚（Lycia）国 Cirali 附近（土耳其安塔利亚湾）的一处大型燃烧气苗。该气苗毗邻已被焚毁的希腊赫菲斯托斯（Hephaestus）火神庙（公元前二世纪，古希腊时期）。"Chimaera"这个名称代表被柏勒洛丰所杀的具有传奇色彩的喷火女怪（Homer，2004）。因为老普林尼在他的《博物志》一书中对其进行了报道，这些从地表流出的"Chimaera"之火至少可以追溯到两千年以前。在距今更近的时间，Spratt 和 Forbes（1847）报道了他

们 1842 年的旅途见闻：

> 四月十五日，在离 Deliktash 不远的山峰上，Beaufort 船长发现了古代作家笔下称之为 "Chimaera" 的 "瓦尔纳之火" 或 "不熄之火"。我们发现它时，它就像当初被 Beaufort 船长发现时那么的宏伟，甚至还有一定程度的增强，因为除了他所描述的位于废墟角落的大型火焰外，在形似火山口，深约 5~6ft（1ft = 3.048×10¹m）深的洞穴侧翼还有少量的气体从裂缝中释放出来。在洞穴的底部，是一个较浅的含硫浑浊水塘，土耳其人视之为治疗皮肤病的神药。我们在这里遇见了两位土耳其老人，两个黑人奴隶随侍左右。他们远道而来，从火焰中取了一些烟灰，将其珍视为治疗眼疾的灵药。这些烟灰同时还具有染眉毛的功效。他们在这个古老的火焰周围已经享受了两天，用 "Chimaera" 之火做饭和煮咖啡。

今天，任何一个访问过 Chimaera 的人都能体会到这个故事的真实性。和故事里的描述唯一的差别就是那个浑浊的水塘现在已经不复存在。但是，这些水很可能和在蛇纹石化超基性岩中发现的水（见第 7 章）一样，也是超碱性的。今天，在 Gevona（意大利）和 Cabeço de Vide（葡萄牙）等地的含甲烷超碱性泉建设了一些现代化的水疗设施（Boschetti et al.，2013；Etiope et al.，2013），泉水被描述为 "能治愈各类皮肤病的万能神药"。有趣的是，最近发表的论文（Yargicoglu，2012；Meyer-Dombard et al.，2014）报道在 Chimaera 燃烧的排气口附近排出了少量碱性水体（pH 11.9），这可能是 Spratt 和 Forbes（1847）报道的 "浑浊水体" 的一丝线索。

另一个天然气渗漏和神话之间的联系出现在古希腊的德尔斐神谕中。德尔斐神殿被认为是古希腊世界最重要的宗教场所。神殿在 700B.C. 到 400A.D. 长达约 11 个世纪的时间里都是朝圣者们心中的圣地。Pythia 是一位德尔斐妇女，她坐在内殿（一个神庙内禁入的地方）的一个位于裂缝之上的三脚架上 [图 9.1（a）~（c）]。Plutarch 是一位在神庙内工作多年的祭祀，他记录到令人陶醉的蒸汽从裂缝中释放出来，使 Pythia 进入了预言状态，成为先知神的中间人（Holland，1933）。已经有两篇科学论文（Piccardi，2000；De Boer et al.，2001）报道了断层、气体和 Pythia 预言能力之间的联系。De Boer 等（2001）更是指出阿波罗神庙正好就坐落在两条断层的交汇处，乙烯这种带有香味的烃类气体从岩石中释放出来，导致这位坐在内殿的女士神经性中毒、精神恍惚和神经错乱。地球化学调查已经成功的证实明大量乙烯在那里释放的可能性不大（Etiope et al.，2006）。无论是现在还是过去，德尔斐地下深处的碳酸盐岩都无法生成足量的乙烯气体（几百 ppmv）以形成有气味的蒸汽。仅在浅部的碎屑岩中才发现了极少量（几个 ppmv）和生物成因气伴生的乙烯，目前还没有已知的地下气藏渗漏的天然气中含有几百 ppmv 乙烯的案例。德尔斐的地质结构主要表现为碳酸盐台地，当地的热演化条件导致了腐泥型干酪根形成熟度较高（深成热解阶段）。甲烷（非生物成因）和乙烷的比值（C_1/C_2）小于 100（Etiope et al.，2006 的测量数据），沥青也都是这一环境下的典型产物。通过研究，确实在阿波罗神庙地下发现了微弱的甲烷渗漏 [图 9.1（d）、（e）]。石灰华的形成（$\delta^{13}C$ 约 -18‰）说明二氧化碳的沉淀来自于甲烷的氧化作用，而在几千年以前发生的甲烷释放一定比现在要强烈的多（Etiope et al.，2006）。如果真像历史传说中所述的那样，Pythia 有与气体释放有关的神经性中毒症状，很可能是由于在通风条件极差的内殿中甲烷释放导致氧气耗尽所致。此外油、香水和药材一起在煤炉中燃烧产生一氧化碳可能会加剧这种情况。

图 9.1　（a）John Collier 笔下的德尔斐（Delphic）女祭司（1891）、（b）画家 Kodros 约 440～430B. C. 绘制的德尔斐神谕（Delphic Oracle）里的基里克斯陶杯———一种酒杯（来自 Joan Cadden 的收藏）、（c）德尔斐的阿波罗神庙及［（d）、（e）］使用密闭腔和气体探测器在神庙地下探测天然气渗漏（Etiope *et al.*，2006；照片为 Etiope 和 G. Papatheodorou 所摄）

　　大部分宏观渗漏，尤其是"永恒火焰"最早都直接记载于有关宗教活动的文献中。其中很多例子都是关于和气体或火焰释放有关的（各种宗教）圣殿的起源。永恒火焰的象征意义是一些宗教的常见概念。本书的一些讨论可能会触碰到宗教信徒的敏感神经（古代谚语说道："你可以与士兵玩耍，但不要触碰圣徒"，换而言之"不要把神圣与世俗混为一谈"）。然而，问题并不在于地质现象是否质疑或证实了那些古代宗教神迹的谬误（也有人认为超自然现象可以通过自然过程来表达）。问题的关键在于油气渗漏在历史上影响了人类的社会文化活动和行为；这并不是一个陈腐的话题。在下面的讨论中我们提供了一些重要的实例。

　　索罗亚斯德教（Zoroastrians 拜火教）的教徒崇拜古代伊朗和阿塞拜疆的圣火［如 Yanardag；图 2.2（d）］。在现今巴库附近的"火柱"已成为礼拜和朝圣的中心（图 9.2）。现代所用的阿塞拜疆（Azerbaijan）一词的词根就来自于 *Aberbadagan*（火焰花园）。老普林尼在波斯和土库曼斯坦同样发现了"永恒火焰"。位于伊拉克的 Baba Gurgur 气苗（图 2.2d）可能就是古巴比伦王尼布甲尼撒浇铸犹太人的所谓"烈焰熔炉"（Yergin，1991）。

　　在印度尼西亚爪哇岛 Manggarmas 村的一处名为 Mrapen 的"永恒火焰"至少在 15 世纪德玛克苏丹国时期就已十分活跃。Mrapen 的"永恒火焰"在爪哇文化中是神圣的，被

图 9.2　在阿塞拜疆巴库附近的索罗亚斯德教（拜火教）"火焰神庙"中的"永恒火焰"

神庙建于自然燃烧的气苗之上。现今，气苗已经熄灭。照片中的火焰是通过点燃天然气管道中人工输送的天然气形成的。
在其东北方向约 9km 的 Yanardag 可以看到目前仍活跃的天然火焰（见图 2.2）（照片为 G. Etiope 所摄）

用于一年一度的佛教祭祀活动。另外一个类似的燃烧气苗位于印度（喜马偕尔邦）的 Jwalamukhi Devi 神庙，用于供奉火焰女神 Jwalamukhi。数以百万计的朝圣者将该火焰奉若神灵。

　　据古罗马传说，公元前 38 年奥古斯都统治期间，一股原油从市中心的地下流出。当地的犹太人将这种现象解释为"上帝的眷顾即将来到人间的一种信号"。此处也成为第一批皈依基督教的罗马信徒的聚会场所，后来在此处修建了一座教堂，即现在位于特拉斯泰韦雷（Trastevere）的圣玛丽亚大教堂。在这里曾发生的神奇事件，被冠以一个拉丁文名称 "fons olei"（意为"油源"或"油泉"）。古代编年史有这样的记载："原油像一条宽阔的河流流淌至台伯河岸边，时长达一天一夜"（Rendina and Paradisi, 2004）。现今，在教堂的主祭坛，铭文 "fons olei" 仍清晰可见（图 9.3）。

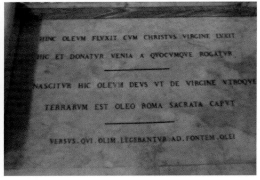

图 9.3　位于罗马特拉斯泰韦雷（Trastevere）的圣玛丽亚大教堂主祭坛附近的铭文 "fons olei"（左图）
和对它的解释（右图）（照片由 G. Etiope 拍摄）

　　离此不远，在罗马中部地区还有一个名为圣乔瓦尼·德·菲奥伦蒂尼（San Giovanni de' Fiorentini）的教堂，它的建造很明显与台伯河岸附近的地下气体释放有关（Bersani *et al.*，2013）。在古罗马时代（公元前 6 世纪），一个供奉古罗马地下神 *Ditis Patris et Proserpinae*（帕特里斯和普洛塞尔皮娜）的神坛就位于此处。罗马作家（Valerius Maximus）将这一名为塔伦图姆（*Tarentum*）的地点与泉水和气体释放联系在一起，使人相信这里就是通往地下世界的入口。这也是建立祭祀帕特里斯和普洛塞尔皮娜仪式的原因（Platner and Ashby，1929）。

位于意大利北部热那亚（位于利古里亚大区）附近的阿斯科利皮切诺（Acquasanta）的超碱性泉同样和古代宗教传说有关。泉水来自于蛇纹石化橄榄岩，含有高浓度的甲烷。相关地球化学过程已在 7.1 节中做了叙述。同样的，在这个案例中，建有一个祭祀圣母玛利亚的教堂，取代了先前祭祀女神的一个神坛（女神的属性通常和泉水相对应）。传说在1400 年前的某一时刻，一群牧羊人在神庙废墟附近一处河流的岩石中看到了一道"亮光"。这群牧羊人们还在河里发现了一尊小型的圣母玛利亚雕像。此后，在这里建立了一座基督教神坛。有趣的是，这个地区主要的特征是有气泡出现（图 7.2），甲烷浓度达到了可以点燃的级别（Boschetti *et al.*，2013）。"亮光"应该就是气体被点燃而形成的。

9.2 （宏观）渗漏在科技和社会发展中的作用

除了文化（神话、文学或宗教）影响以外，烃类渗漏还对古代许多民族的社会和科技进步产生了深远的影响，进而对世界文明做出了贡献。在一些时候，烃类气苗还在战争中发挥了作用。

约 40000a B. P. 叙利亚 Neanderthal 遗址的石器工具上发现的天然沥青可能是最早的油气开发利用的证据（Connan，1999）。早在 11000 ~ 12000a B. P. 的新石器时代，人们在死海地区就已经发现了油苗和沥青，并对其进行了开采（Forbes，1938；Mithen，2003）。此后，古波斯（伊朗的一部分）可能是当时在古代世界对油气苗开发程度最高的地区。石脑油（*Naft*）是石油的波斯-阿拉伯语表达，该词源于阿卡德语和亚述语 *Napatu*，意为"骤燃"。渗漏出的重油和沥青被用来建造美索不达米亚（3000B. C.）的乌尔（Ur）皇宫。自那时起，在中东富含油气苗的谷地繁衍下来的苏美尔人、阿卡德人、亚述人、米提亚人和波斯人就发现了油气产品的众多用途（Owen，1975）。石油和沥青在古代伊朗有很多用途：①作为建造金字塔（庙塔）、城墙和排水槽的砂浆；②为船只捻缝或制作防水容器；③制作烟花爆竹；④照明；⑤为车轮润滑；⑥在艺术品和装饰品上黏合宝石；⑦去除衣服上的污点；⑧加热和做饭；⑨药品（Sorkhabi，2005）。圣经在《创世纪》(14:10) 将沥青或泥浆称为所多玛（Sodom）和 Gomorrah 城财富的基石。人们在 Ardericca 附近的油坑进行开采活动，此处距离巴比伦（现在的希拉）不远，位于巴格达以南约 85km，现今在这些地区宏观渗漏仍然十分活跃。古埃及人用原油和沥青制作木乃伊，"木乃伊"一词就来自阿拉伯语的 *mūmiyyah*（沥青）或波斯语的 *mum*（蜡）。原油同样还被用作药物，如创伤敷料、擦剂和泻药等。因此，在古希腊和罗马的很多文献中都提到了石油和天然气。希罗多德（约 484 ~ 425B. C.）描绘了人们从泉水中生产石油和盐及利用天然沥青建造巴比伦城墙和高塔的景象。

早在公元前 9 世纪，亚述人（Assyrian）就用油苗制作了大量的燃烧弹和喷火武器。

东罗马帝国恐怖的"希腊之火"到达了当时火器的顶峰（Partington，1999）。这些武器可能是由一位名叫 Kallinikos 的希腊或叙利亚设计师发明的（约 672 A. D.），他使用了石油、硫黄和其他的原料并将其混合。大部分现代学者都认可"希腊之火"是以石油为基础的，有可能是原油也有可能是精炼的石油。拜占庭人在塔曼半岛的大量油苗中将这些原油收集起来。在古希腊一本名为 *De Adminstrando Imperio*（Moravcsik，1967）的书籍中有如下记载：

> 在塔玛塔尔查（Tamatarcha）城外有许多钻井（泉水），盛产石脑油。在 Zichia（位于 Pagi 附近，属于 Papagia 地区，是 Zichian 人的领地）有九口井在产石脑油，但这些井生产的原油颜色不一样，有的呈红色，有的呈黄色，还有的呈黑色。在 Zichia 一个称为 Papagi 的地方，位于 Sapaxi（意为灰尘）村附近，有一处涌出石脑油的泉水。

塔玛塔尔查属于古希腊殖民地 Hermonassa，现今位于特穆塔拉坎（Tmutarakan），在塔曼半岛的克拉斯诺达尔附近。考古工作复原了所谓的"特穆塔拉坎大水罐"，在其内表面发现了痕量的烃类。水罐和原油的装载和输出有关。收集当地油苗区的原油装载在这些水罐中被运往君士坦丁堡用于"希腊之火"武器的制造。Zichia 位于塔玛塔尔查的南部边界。现今在上述两个地区仍然还有大量泥火山，并且发育有活跃的原油渗漏（如 Kikvadze *et al.*，2010）。第 2 章中提到的 GLOGOS 数据库列举了位于塔曼地区的 31 座泥火山。

这些易燃液体通常被用于围城战中。但是，拜占庭人首次将其运用到与阿拉伯人的海战中。这些液体被储存在战舰的气囊里，然后被泵送到甲板上的喷嘴或管状发射器（siphōn）并点燃，产生一股长长的火焰直射敌舰。"希腊之火"实际上属于一种早期的大规模杀伤性武器，它帮助拜占庭海军在一系列决定欧洲命运的战斗中摧毁了阿拉伯和埃及的联合舰队。

美国土著人将油苗用于更加和平的目的，通常是用作药品。西班牙人描述了当地印第安人在油泉中洗澡治疗风湿病的情景。印第安人生产了一种烯烃类的凝胶状物质施加于人类和动物的皮肤，以达到保护伤口、促进愈合和保持皮肤湿润的目的。在美洲、欧洲和亚洲，有很多人用石油作为底漆或将其用于船体的密封防水。

在古代伊拉克和中国，气苗的科技用途被广泛报道。在公元前十几世纪的亚述（Assyria 现今伊拉克东北部地区），甲烷气苗就已经被用来燃烧后加热洗澡水。在公元前 500 年，中国人就通过竹制的管道输送气苗和近地表气藏中的可燃气体来煮制海水、提取海盐并提供淡水。这就是最早的蒸馏系统。甲烷同样还被用于煮饭和照明（Temple，2007）。

一个有趣的事实是，"天然气"技术在亚洲被广泛开发利用，而不是在欧洲，这一情况至少延续到 17 世纪。这可能是由于（至少部分原因）在英国、法国、德国、波兰、俄国和斯堪的纳维亚地区，有大量可供燃烧的木材和煤炭资源。正因为有了这些木材和煤炭资源，就无须使用宏观渗漏中的天然气了。而这些宏观渗漏现今也仅在意大利、罗马尼亚、克里米亚半岛和塔曼半岛较为丰富（见图 2.8）。对于天然气科技潜力的重要认识很大程度上得益于佛兰德化学家 Jan Baptist van Helmont 在 17 世纪早期的研究工作，以及在一个世纪后英国物理学家 William Brownrigg 和意大利物理学家 Alessandro Volta 的工作。

　　van Helmont 是"气体化学"的奠基人，杜撰了"气体"一词 [希腊语 χάος，Chaos 的音译，仿照帕拉塞尔萨斯（Paracelsus）命名法对"超稀有水"的命名，或是来自佛兰德语的 gheest，或是古代英语中的"gast"一词，意为鬼或灵魂]。van Helmont 首先发现了多种不同于大气的气体。从 1737 年到 1742 年，Brownrigg 更加详细地研究了出现在煤矿中的燃烧气体，认识到这些气体来自地球内部。正如下文列举的那样，Brownrigg 认识到有大量的天然气从地球内部排出（"弹性排放"）并进入到大气中（Tomory，2010）：

　　　"因此，考虑到地球内部到处都在产生大量的沼气和弹性气体，并不断释放到大气中，我们似乎很有理由相信，从大气中不断吸收的大量空气被植被和动物吸收，或通过燃烧和各种其他类型的活动被消耗，逐渐还原到一个固定的状态。在很大程度上，这一过程又被不断从地下区域产生的弹性呼气所修复"。

　　上面的这段摘录有可能是关于天然气渗漏及其对环境影响的最早的论述。几年后，从 1776 年到 1780 年，Alessandro Volta 发现了"沼泽中的易燃气体"，即甲烷。Volta 在马焦雷湖（意大利北部）度假期间，发现在水底的泥土中有气泡。他接着又研究了托斯卡纳区 Pietramala 的燃烧气苗（一类热成因气，见表 5.1），并且发现这些天然气在电火花激发后具有易燃易爆的潜能。此后，他发明了一种名为"Volta 手枪"的易燃气枪和"长明灯"。

　　上述从古至今的实例表明发现石油物质（无论是流体，半固体或是固体状态）的科技和能源价值对人类社会城市化、交通运输、市场、军事力量，以及个人和社会健康程度的提升等不同领域的发展都起到了巨大的影响。从认识气苗再到发现地下气藏的历程最早始于中国古代钻井（13 世纪），再到阿塞拜疆、波兰、罗马尼亚，以及到北美（19 世纪），后者诱发了工业革命。我们的技术进步和日常生活都深深地依赖于对烃类资源的利用，这些资源的存在是影响我们现在和将来的根本要素。

参 考 文 献

Bersani P, Nisio S, Pizzino L. 2013. Mineral waters, gaseous emissions and seismicity in the area between Rome and its Southern seashore: historical data and new contributions. Mem Descr Carta Geol It XCIII: 409-438 (in Italian)

Boschetti T, Etiope G, Toscani L. 2013. Abiotic methane in hyperalkaline springs of Genova, Italy. Procedia Earth Planet Sci, 7: 248-251

Connan J. 1999. Use and trade of bitumen in antiquity and prehistory: molecular archaeology reveals secrets of past civilizations. Philos Trans R Soc London, 354: 33-50

De Boer J Z, Hale J R, Chanton J. 2001. New evidence for the geological origins of the ancient Delphic oracle (Greece). Geology, 29: 707-710

Etiope G, Papatheodorou G, Christodoulou D, Geraga M, Favali P. 2006. The geological links of the ancient Delphic Oracle(Greece): a reappraisal of natural gas occurrence and origin. Geology, 34: 821-824

Etiope G, Schoell M, Hosgormez H. 2011. Abiotic methane flux from the Chimaera seep and Tekirova ophiolites (Turkey): understanding gas exhalation from low temperature serpentinization and implications for Mars. Earth Planet Sci Lett, 310: 96-104

Etiope G, Vance S, Christensen L E, Marques J M, Ribeiro da Costa I. 2013. Methane in serpentinized ultramafic rocks in mainland Portugal. Mar Pet Geol,45:12-16

Forbes R J. 1938. Petroleum and bitumen in antiquity. Ambix,2:68-92

Holland L B. 1933. The mantic mechanism at Delphi. Am J Archaeol,37:201-214

Homer. 2004. The Iliad (Trans:Fitzgerald R). New York:Farrar,Straus and Giroux:632

Hosgormez H,Etiope G,Yalçın M N. 2008. New evidence for a mixed inorganic and organic origin of the Olympic Chimaera fire (Turkey):a large onshore seepage of abiogenic gas. Geofluids,8:263-275

Kikvadze O, Lavrushin V, Pokrovskii B, Polyak B. 2010. Gases from mud volcanoes of western and central Caucasus. Geofluids,10:486-496

Meyer-Dombard D R,Woycheese K M,Yargicoglu E N,Cardace D,Shock E L,Güleçal-Pektas Y,Temel M. 2014. High pH microbial ecosystems in a newly discovered, ephemeral, serpentinizing fluid seep at Yanartaş (Chimaera),Turkey. Front Microbiol,5:723. doi:10. 3389/ fmicb. 2014. 00723

Mithen S J. 2003. After the Ice:A Global Human History,20,000-5,000 B. C. London:Weidenfeld & Nicolson:622

Moravcsik G. 1967. Constantine VII Porphyrogenitus, De Administrando Imperio, vol 1. Greek Text(Eng. Trans: Jenkins R J H). Washington DC:Dumbarton Oaks Center for Byzantine Studies

Owen E W. 1975. The Earliest Oil Industry:Chapter 1. In:Trek of the Oil Finders:A History of Exploration for Petroleum. Tulsa:AAPG:1647

Partington J R. 1999. A History of Greek Fire and Gunpowder. Baltimore:Johns Hopkins University Press: xxxiv+381

Piccardi L. 2000. Active faulting at Delphi,Greece:seismotectonic remarks and a hypothesis for the geological environment of a myth. Geology,28:651-654

Piccardi L,Masse W B. 2007. Myth and Geology. London:Geological Society,Special Pub:273

Platner S B, Ashby T. 1929. A Topographical Dictionary of Ancient Rome. Humphrey Milford. London:Oxford University Press

Rendina C,Paradisi D. 2004. Le strade di Roma. Roma:Newton & Compton Editori (in Italian)

Sorkhabi R. 2005. Pre-modern history of bitumen,oil and gas in Persia(Iran). Oil-Ind Hist,6:153-177

Spratt T A B,Forbes E. 1847. Travels in Lycia,Milyas and the Cibyratis,in Company with the Late Rev. London:ET Daniell (Van Voorst J):332

Temple R. 2007. The genius of China:3,000 years of science. Discovery & Invention,Inner Traditions,288

Tomory L. 2010. William Brownrigg's papers on fire-damps. Notes Rec R Soc,64:261-270

Vitaliano D. 1973. Legends of the Earth:Their Geological Origins. Bloomington:Indiana University Press

Yargicoglu E N. 2012. Experimental verifications of metabolic potential in deeply-sourced springs in western Turkey. Dissertation,University of Illinois at Chicago. http://hdl. handle. net/10027/9716

Yergin D. 1991. The Prize:the Epic Quest for Oil,Money,and Power. New York:Simon & Schuster:912

结　语

　　烃类是已知的能量最大的自然物质。烃类在深部地壳沉积物和火山岩中形成以后，其上升至地球表面的过程在生物圈和居住在生物圈的生物进化过程中扮演着重要的角色。最早发生的萨巴捷反应将二氧化碳（CO_2）转化为甲烷（CH_4），标志着从无机化学到有机化学的根本性转化，为生物学过程和地球上的生命开拓了一条康庄大道。海底甲烷的释放为微生物和依靠化学合成的底栖生物群落提供了能量。在过去的地质时间尺度内，甲烷对大气的释放可能对气候造成了一定的改变。自人类文明出现以来，"技术人员"逐渐认识到了烃类渗漏的诸多实际益处：如健康和国防；"修行者"瞥见了超自然的信号；诗人们在构思神话人物时获得了灵感。包括我本人在内，许多人被这些景象的魅力和自然之美所深深打动。尽管这些渗漏可能带来一些危险、污染土地和天然水体、通过温室效应影响全球气候变化，但经过这么多年，人类已经不得不学会如何与它们和谐相处。人们还认识到烃类渗漏是地质成因的，这些地质来源对于能源工业而言具有重要的价值。在今天，这些资源极大地影响了全球的经济、政治、科技和环境，尽管其中既有积极的影响也有消极的影响，但毋庸置疑，它们大大促进了工业的发展，改善了社会生活方式和人类的健康。从这个整体的角度来看，天然气渗漏作为一种地球的烃类气体排放过程是一个包罗万象、影响深远且至关重要的现象。就这一点来说，我和那些对"永恒火焰"表达敬意的信徒们感同身受。